2020年北京农学院学位与研究生教育改革与发展项目资助

都市型农林高校
研究生教育内涵式发展与实践
2020

何忠伟 董利民 主编

中国财经出版传媒集团
中国财政经济出版社

图书在版编目（CIP）数据

都市型农林高校研究生教育内涵式发展与实践 . 2020 /
何忠伟，董利民主编． ——北京：中国财政经济出版社，
2021.8

ISBN 978 – 7 – 5223 – 0591 – 2

Ⅰ. ①都… Ⅱ. ①何… ②董… Ⅲ. ①农学 – 研究生
教育 – 研究 – 中国②林学 – 研究生教育 – 研究 – 中国
Ⅳ. ①S3②S7

中国版本图书馆 CIP 数据核字（2021）第 112710 号

责任编辑：张怡然　高　青　　　责任校对：张　凡
封面设计：陈宇琰　　　　　　　　责任印制：张　健

都市型农林高校研究生教育内涵式发展与实践（2020）
DUSHIXING NONGLIN GAOXIAO YANJIUSHENG JIAOYU NEIHANSHI FAZHAN YU SHIJIAN (2020)

中国财政经济出版社 出版

URL：http://www.cfeph.cn

E – mail：cfeph@ cfeph.cn

（版权所有　翻印必究）

社址：北京市海淀区阜成路甲 28 号　邮政编码：100142
营销中心电话：010 – 88191522
天猫网店：中国财政经济出版社旗舰店
网址：https://zgczjjcbs.tmall.com
北京富生印刷厂印刷　各地新华书店经销
成品尺寸：170mm×240mm　16 开　19.75 印张　387 000 字
2021 年 8 月第 1 版　2021 年 8 月北京第 1 次印刷
定价：82.00 元
ISBN 978 – 7 – 5223 – 0591 – 2
（图书出现印装问题，本社负责调换，电话：010 – 88190548）
本社质量投诉电话：010 – 88190744
打击盗版举报热线：010 – 88191661　QQ：2242791300

《都市型农林高校研究生教育内涵式发展与实践（2020）》编委会

主 任 委 员：段留生

副主任委员：何忠伟

委　　　员：（按姓氏笔画排序）

马挺军　付　军　张　杰　尚巧霞

赵宇昕　胡　格　夏　龙　唐　衡

主　　　编：何忠伟　董利民

副 主 编：张芝理　夏　梦　李新毅

参编人员：（按姓氏笔画排序）

王琳琳　王　艳　王　彬　于　淼

田　鹤　吴春霞　吴春阳　杨　毅

武广平　段慧霞　高　源　高亭豪

戴智勇

前 言

2020年是不平凡的一年，在新冠肺炎病毒席卷全球、疫情防控进入常态化的背景下，全国研究生教育会议召开、博士学位授权点申报启动、第五轮学科评估和全国专业学位水平评估启动。北京农学院研究生教育攻坚克难，全面贯彻落实全国研究生教育会议精神，深入推进研究生教育改革创新发展，实现了若干重大突破。

在收官"十三五"、展望"十四五"的重要历史时刻，习近平总书记对研究生教育工作作出了重要指示指出，中国特色社会主义进入新时代，即将在决胜全面建成小康社会、决战脱贫攻坚的基础上迈向建设社会主义现代化国家新征程，党和国家事业发展迫切需要培养造就大批德才兼备的高层次人才。

全国涉农高校研究生教育在培养创新人才、提高创新能力、服务经济社会发展、推进国家治理体系和治理能力现代化方面具有重要作用。面对新形势、新要求，北京农学院全面贯彻党的教育方针，落实立德树人根本任务，以提升研究生教育质量为核心，深化改革创新，推动研究生教育内涵发展。

本书内容以反映北京农学院2020年研究生教育内涵式发展与实践的教育教学成果为主，同时收录了学科建设与研究生教育的部分工作总结与工作报告。

"律回春晖渐，万象始更新"，阔步迈入2021年，北京农学院研究生教育事业建设任重道远，需要集中力量打攻坚战，用改革创新破解发展"瓶颈"，凝心聚力再出发，不断凝练学科方向与队伍，切实增强学科实力，努力推动学校学科发展与研究生教育高质量发展。

编委会

2021年4月

下

目 录

研究论文

北京农学院研究生教育创新人才培养体系的实践 ……… 何忠伟　王琳琳（3）

第五轮学科评估视角下学科评估指标体系设置的初探 …… 高源　张芝理（10）

浅析农林院校工商管理硕士点发展现状 ……………………………… 桂琳（15）

新时期学科建设和研究生教育发展规划的思考与实践
　　——以北京农学院为例 ……………………………………… 高源（20）

大数据为研究生教育管理带来的启示
　　——以北京农学院为例 ……………………………………… 姚雨延（25）

高级动物免疫学的教学改革思考和创新 ……………… 阮文科　杨宇（29）

学科特色为导向的研究生课程教学
　　——"动物细胞培养技术"教学实践探索 ……………… 张涛　胡格（34）

研究生课程学习效果研究
　　——以"农林资源与环境管理"课程为例
　　………………………… 黄雷　赵海燕　刘笑冰　何忠伟（40）

农业院校研究生培养中课程思政教学路径的探索与实践
　　——以"农村社会工作"课程为例 ………………………… 韩芳（50）

思政元素融入"中药药理学"教学研究
　　………………………… 姚华　陆彦　李焕荣　侯晓林（57）

基于VR技术应用的研究生课程建设创新 ……… 赵宇昕　杜超　王一丁（62）

基于大数据的慕课平台专业硕士教学改革研究
　　——以北京农学院计算机与信息工程学院为例 ……… 王彬　田浩（69）

C语言课程实践项目研发 ……………………………… 刘凯　张仁龙（76）

重视课程体系建设　提升研究生培养质量 ……………… 吴春霞　张杰（83）

疫情常态化背景下研究生线上教学效果调研分析
………………………………… 王琳琳　何忠伟　董利民（88）
校企合作模式下农业管理专业学位研究生社会实践能力提升探索
………………………… 刘笑冰　张婉　王兆洋　朴杨　武广平（98）
农业管理专业研究生实践能力建设研究
………………………… 赵海燕　李德佳　马峥　刘笑冰　唐衡（104）
教学与校外实践基地深度融合的专业学位研究生培养模式初探
……………………………………………… 方洛云　蒋林树（107）
研究生学位论文质量保障体系建设研究
　　——以北京农学院为例 ………… 张芝理　高源　何忠伟（113）
硕士研究生招生考试自命题工作中存在的问题及对策
　　——以北京农学院为例 …………… 王艳　田鹤　何忠伟（118）
新形势下研究生招生工作的思考 ……………………… 戴智勇（122）
浅谈新时代师德师风建设背景下高校导师队伍的管理建设 …… 解方（128）
新时代研究生导师师德师风建设 ……………………… 王艳霞（134）
研究生导师与辅导员合力育人的现实困难与路径探索
　　——以北京农学院为例 ………………… 李向楠　安利清（141）
文化自信视域下研究生传统文化培育路径研究 ………… 杨毅（147）
生物工程专硕深造与就业、创业意向研究
　　——以北京农学院生物工程专硕为例 ………………… 俞涛（152）
研究生就业指导工作的思考与探索
　　………………… 史雅然　张明婧　杨刚　武丽　张烨桐　李国政（156）
毕业生管理工作改进之研究 ……………… 吴春阳　石燕萍（163）
高校研究生党建工作的困难及改进策略 ……… 王燕　刘续航（168）
浅谈如何推进高校基层学生党建工作 ………………… 刘续航（172）
基于两个《条例》的研究生党建工作思考
　　——以北京农学院经济管理学院为例 ………………… 邬津（178）
新形势下高校研究生党支部建设的探究 ……… 安利清　李向楠（182）
切实开展新时代高校研究生党建活动的实践探索
　　………………………………… 高亭豪　杨爱珍　刘续航（187）
党建与党史教育结合的意义与路径研究
　　………………………… 顾美聪　胡冠华　曹文博　邬津（191）

如何提升高校学生党支部理论学习与爱国主义教育的融合度
　　…………………………………………………………… 吴欣玥　邬津（196）
思想政治教育在专业学位研究生培养中的引领作用
　　………………………………………………… 高亭豪　俞涛　尚巧霞（201）
北京农学院研究生学业奖学金制度改进探析 ………………… 杨毅　夏梦（205）
农业院校研究生学业成绩与自我效能感的关系研究 ……………… 尹伊（212）
谈新冠肺炎疫情对高校研究生教育环境影响
　　——以北京农学院为例 ………………………………………… 姚雨延（217）
农林院校研究生生态文明意识调查
　　——以北京农学院为例 …………………………………………… 夏梦（221）

工作报告

北京农学院2020年学科建设质量分析报告 ………………… 研究生处（235）
北京农学院2020年研究生教育质量分析报告 ……………… 研究生处（254）
北京农学院2020年研究生招生质量分析报告 ……………… 研究生处（276）
北京农学院2020年研究生思想政治教育工作总结 ………… 研工部（286）
北京农学院2020年研究生就业工作质量报告 ……………… 研工部（291）

研究论文

北京农学院研究生教育创新人才培养体系的实践*

北京农学院研究生处　何忠伟　王琳琳

摘要：新时代、新使命对高等林业教育提出新要求，新林科视域下的高等农林院校需要持续、全面、深入的教育治理与人才培养模式改革，而高等农林院校的涉林学科建设是一项涉及全局的跨院系、跨学科的系统工程。北京农学院紧密围绕首都乡村振兴战略和都市型现代农林业发展需求，积极开展农林科技创新和科学研究。通过调整学科结构布局，全面修订专业人才培养方案，进而凝练涉林学科特色；通过师资队伍建设，打造新林科教师团队；利用科教融合、产教融合，铸造涉林学科发展平台。以此努力打造和完善都市型现代农林业科技创新体系，寻找有效的实施路径，加强高层次林科人才供给。

关键词：新林科；高等农林教育；创新人才；培养体系

2019年9月，习近平总书记在给全国涉农高校书记校长和专家代表回信中，对高等农林院校在加强人才培养和科技创新、服务"三农"事业发展等方面予以充分肯定，提出科技创新和人才培养在实现农业农村现代化发展中的重要地位和关键作用，对新时代高等农林教育的进一步发展提出殷切期望[1]。农业农村能否实现现代化，决定了整个国家能否实现现代化，新时代为高等农林教育赋予了前所未有的重要使命。

面对新时代、新使命、新要求，教育部和全国涉农高校在《安吉共识——中国新农科建设宣言》中提出了新农科的发展路径和初步架构等重大课题，同时达

---

* 基金项目：2020年北京农学院学位与研究生教育改革与发展项目资助。作者简介：何忠伟，教授，博士，主要研究方向为都市型现代农业、高等农业教育。

成了新农科的初步共识，新农科建设的"北京指南"被正式提出，启动了一批新农科研究与改革实践项目，新时代高等农林教育正在掀起新一轮变革的浪潮[2]。党的十八大以来，对林业建设与发展的重视程度被提到了前所未有的高度，赋予了林业在建设生态文明和推动绿色发展中新地位、新使命和新任务。党的十九大报告中，明确提出将建设生态文明作为中华民族永续发展的千年大计，要求像对待生命一样对待生态环境，形成绿色发展方式和生活方式。生态文明建设被纳入中国特色社会主义事业"五位一体"总体布局，为高等林业教育加快内涵质量发展提供了新的战略机遇。

新时代高等林业教育作为高等农林教育的重要组成部分，如何主动适应国家生态文明建设需求，构建与新时代林业功能新定位相符的涉林学科和专业新体系，解决现代林科创新人才培养和专业学科建设与国家需求不相适应的突出问题，产出更多支撑农业农村现代化与生态文明建设的高质量科技成果，成为高等林业教育关注的热点问题。

一、新时代、新使命对高等林业教育提出的新要求

（一）主动对接生态文明建设战略，把握山水林田湖草系统治理需求导向

新时代中国的生态文明建设，关系到中华民族永续发展的根本大计，生态文明和美丽中国建设突出地位的明确，赋予了高等林业教育全新的历史使命。新林科应是构建主动适应国家生态文明建设需求，与新时代林业功能定位相符的涉林学科和专业新体系，目的是通过结构功能调整和改革创新，解决新时代林科创新人才培养和专业学科建设与国家发展需求不相适应的突出问题。建设新林科，要顺应国际林业发展趋势，立足中国国情，借鉴国际林学学科建设经验，统筹把握山水林田湖草生命共同体综合治理新理念，实现学科专业一体化建设。

（二）积极拓展新林科教育内涵和特色，大力促进交叉融合创新

新林科是新时代高等林业教育面对新形势、新机遇和新挑战，对教育体系、方法和路径的创新发展。在新林科的概念中，"林科"是指传统的林业学科和涉林学科，"新"是指通过传统的林业学科和涉林学科与其他学科，如信息科学、生命科学、工程技术、人工智能及人文社会科学的深度交叉和融合[3]。交叉融合既可催生出林业新技术，也可以产生林业新产业。所谓"新林科"，是指传统林业或涉林学科，立足生态文明、美丽中国、乡村振兴等国家战略布局，突破传统学科知识架构和学科组织方式，通过涉林学科的交叉融通，实现涉林学科在建设理念、目标定位、内容体系、平台建设和实施路径等方面的重构、提升和拓展，

最终形成多学科、多领域、多途径、多形式的交叉融合。

（三）优化布局新林科，提升人才培养能力

构建适应新时代需要的高等林业教育体系，坚持实践创新和系统研究并行，注重实践创新。要求高等林业教育单位立足办学定位和优势特色，结合区域自然生态保护修复需求，建设一批适应时代发展、林业保护需要的林科新专业、新课程、新教材，建设一批有效支撑集体林区改革、林草融合保护体系构建和国家公园体制试点的综合实践基地，丰富林科人才培养供给类型和结构，加快建设林草科技创新中心和人才高地，培养更多不仅适应而且能够引领农业农村现代化建设，产出更多支撑农业农村现代化建设的高质量科技成果的新型人才。

二、高等林业教育学科建设的现状与存在问题

新形势、新需求、新任务在给新时代高等林业教育带来发展机遇的同时，也带来了一系列的新挑战。近年来，根据我国经济社会和人才市场的发展需要，林科人才培养体系进行了积极的调整和完善，并取得了一定进展。然而，总体来说，林科高层次人才培养模式仍缺乏系统性和前瞻性。

（一）培养方案不适应新林科建设要求

受传统教育模式和教育思维的影响，我国高等林业院校在学科建设上长期以来过度强调学术型研究生的培养，而忽视了专业型研究生发展；过多关注学科知识的灌输学习，而在研究生人文素养和综合能力的培养方面存在一定的缺陷。尽管经历了几轮涉林学科培养方案的修订，但是传统的课程体系仍然是专业性有余而缺乏人文社会科学知识方面的课程。

（二）课程质量不高，课程体系亟待更新

高等林业院校林科研究生的课程教学方法变化不多，利用信息技术提升课程质量的意识和能力不足，课堂教学仍以理论知识讲授为主，研究生分析问题和解决问题的能力没有有效提升。课程体系设计不能做到层次分明、逻辑清晰，不重视相关学科的交叉融合及实践能力的培养，尤其是实践教学环节非常薄弱，研究生的实践能力锻炼不够，不太了解现代林业产业发展需求。

（三）高素质复合型林科人才严重不足

根据《全国林业教育培训"十三五"规划》提供的数据，我国林业系统人员队伍规模仅120余万人，其中管理干部、专业技术人员和林业工人的占比分别

为 31%、26%、43%，专业技术人员比例偏低，高素质复合型林科人才严重不足，远不能满足国家重大战略需求[4]。高水平人才培养体系不够健全，高等林业教育的社会吸引力不足，林科毕业生到基层工作的动力不足、渠道不畅。

三、积极开展高等林业教育的"北农实践"

面对新时代、新使命，北京农学院紧密围绕首都乡村振兴战略和都市型现代农林业发展需求，积极开展农林科技创新和科学研究，努力打造和完善都市型现代农林业科技创新体系，寻找有效的实施路径，加强高层次林科人才供给。

（一）调整学科结构布局，构建可持续发展的学科体系

2003年，北京农学院获得硕士学位授予权，果树学、临床兽医学成为硕士学位授权点。之后，学校准确把握了 2005 年增列硕士点的机会，新增作物遗传育种、蔬菜学、基础兽医学、园林植物与观赏园艺、农产品加工及贮藏工程、农业经济管理 6 个二级学科硕士学位授权点[5]。"十二五"期间，作物学、兽医学、园艺学、林学、风景园林学、食品科学与工程、农林经济管理 7 个一级学科硕士点和农业硕士、兽医、风景园林、生物工程 4 类专业学位硕士点先后获批；"十三五"期间，生物工程、植物保护、畜牧学、工商管理 4 个一级学科硕士点和国际商务硕士、社会工作硕士、林业硕士 3 类专业学位获批。至此，学校学术学位硕士点达到 11 个，其中农学 6 个、工学 3 个、管理学 2 个；专业学位硕士点达到 7 类共 13 个。学校初步形成了"农、工、管"学科结构，为学校高层次创新型人才培养、师资队伍建设和科技创新提供了更好的支撑平台。

（二）全面修订专业人才培养方案

根据学校立足都市型现代农林业发展的办学特色，在研究生培养工作中，深入推进研究生教育综合改革，结合研究生教育规律、硕士学位标准和学校办学定位，建立和完善了适应都市型农林高校的研究生培养机制。自独立招收研究生以来，本着优化学科结构、突出学科特色、提高研究生培养质量的原则，先后形成 2004 版、2007 版、2010 版、2016 版硕士研究生培养方案。

为适应国家研究生教育发展的新形势，突出科教、产教深度融合，提高研究生的培养质量，推进学位与研究生教育教学工作，学校开展了新一轮硕士研究生培养方案的制订工作，形成 2018 版硕士研究生培养方案。该培养方案体现了"科学、规范、拓宽、求新"的原则，有利于提高研究生教育质量和办学效益，更好地适应国家对高层次人才培养的需要。

（三）结合学校办学定位，凝练涉林学科特色

北京农学院拥有林学、林业、风景园林学、风景园林等涉林学科，根据国家生态文明建设和美丽中国建设要求、新林科对高等林业教育的新要求，结合学校高水平应用型大学的办学定位，立足北京，面向全国，在不断发展中逐渐形成适合国家现代化发展的学科特色。林学、林业学科瞄准京津冀地区改善生态、美化环境、升级传统农业产业、促进农民增收致富的现实需求，立足都市林业，在林木遗传育种、园林植物与观赏园艺、森林培育与管理、城市林业等方向开展应用研究与应用基础研究。培养应用型、复合型高级专业技术人才，通过高质量人才培养、特色林木花卉材料创新、都市林业理论与技术创新，为区域生态环境改善及经济社会发展做出贡献。根据学科发展需要，林学一级学科已形成林木遗传育种、园林植物与观赏园艺、森林培育与管理、城市林业4个特色鲜明的研究方向；林业专业由林木花卉资源与育种、林木花卉繁育与栽培、林业生态环境修复与建设3个独具特色的研究方向组成。

风景园林学、风景园林专业主要进行城乡风景园林规划、设计、建设、保护和管理基础理论和实践研究；在城市建设方面，承担了大量的居住区绿地、道路绿地、校园景观、厂区景观等绿化景观规划设计项目；在乡村建设方面，承担了大量的新农村景观规划、乡村旅游规划、农业观光园规划、沟域经济规划、风景区规划等项目。学科紧密围绕首都城市战略地位对园林绿化的新要求，着力构建山水林田湖生命共同体。

（四）加强师资队伍建设，打造新林科教师团队

教师既是高校人才培养的主力，也是新林科建设的核心和关键，必须予以高度重视，加强师资队伍建设。学校现有涉林专业教师50人，高级职称占77.3%，具有博士学位的占81.8%。学科拥有北京市景观花卉科研创新团队1个、北京市教学创新团队1个、北京市教学名师2人、北京市科技新星1名、北京市领军人才1人、北京市园林绿化评标专家7人、北京市绿化美化积极分子3人、北京市青年骨干教师3人、北京市优秀人才3人、全国与北京市级学会理事以上人员3人次。校内与校外行（企）业共建导师团队，现有校外导师11人，多数为企业工程师、企业高管、CEO，具有丰富的生产研发实战经验或管理经验。遵循需求导向，按照新林科内容架构和教学实际需求，着力打造跨学科、跨专业、跨领域、跨区域、跨国界的复合型教学团队。

（五）科教融合、产教融合，铸造涉林学科发展平台

《教育部 国家发展改革委 财政部关于加快新时代研究生教育改革发展的意

见》中明确指出，加强学术学位研究生知识创新能力培养，加强专业学位研究生实践创新能力培养，强化科教融合、产教融合育人机制。新林科建设要强化高校与政府、企业、行业协会的协同以及高校间的协同，合力构建高水平人才培养体系和开展高水平科学研究。多方协同，有利于丰富教育教学资源，强化教学实习实践平台建设，优化教育教学和服务。

北京农学院涉林学科拥有与北京林业大学共建的"城乡生态环境北京实验室"省部级科研平台、省部级工程技术研究中心"北京市乡村景观规划设计工程技术研究中心"，拥有园林植物种苗繁育实验室、园林植物栽培实验室、园林植物细胞生物学实验室、园林植物生理生化实验室、园林植物分子生物实验室、森林生态实验室等科学研究实验室；同时还有植物学实验室、树木花卉实验室、林学种苗实验室、园林植物遗传育种实验室、组织培养实验室等本科实验室。实验室总面积达到3000平方米，仪器设备价值合计2820万元。校内建有现代设施花卉实践基地20亩（约13333平方米，其中含温室6000平方米）、园林苗圃实践基地20亩、林业种苗实践基地20亩；校外建有万亩实习林场。风景园林学科进行了大量乡村景观理论与方法研究，出版有关乡村景观设计和旅游发展著作30余部，发表论文近120篇，在乡村景观与游憩规划设计的理论与方法论方面有独特的见解。近5年来，在城市园林景观规划、新农村景观规划、乡村旅游规划、乡村产业发展规划、农业观光园规划、沟域经济规划、风景区规划等方面承担项目60余项，具有较高的影响力。

另外，与校外企事业单位签约联合建设培养基地或校外实践基地20余个，为研究生的科学研究及专业实践技能训练提供了良好场所。

四、结语

新时代高等林业教育的创新发展，作为一项开创性系统工程，需要涉林高等院校主动作为、积极探索、深入实践和共同谋划，更需要教育部门和林草行业主管部门的统筹规划、大力支持和宏观指导，同时也需要林草行业企业及科研院所的积极参与和共建共享，这样才能达到新林科建设的预期目标，最终建成多层次、多类型、多样化的符合新时代国家生态文明建设要求的高等林业教育创新人才培养体系。

参考文献：

[1] 习近平. 习近平给全国涉农高效的书记校长和专家代表的回信［EB/OL］.（2019-09-06）［2020-05-01］. http：//www.xinhuanet.com/politics/

leaders/2019-09/06/c_1124967725.html.

[2] 中华人民共和国教育部.安吉共识——中国新农科建设宣言[EB/OL].(2019-07-02)[2020-05-01].http：//www.moe.gov.cn/s78/A08/moe_745/201907/t20190702_388628.html.

[3] 周统建.新工科视域下林业院校一流本科教育建设研究[J].高等农业教育,2019(02)：9-14.

[4] 安黎哲.新时代林科高等教育创新发展的探索与实践[J].中国林业教育,2020,38(03)：1-5.

[5] 王琳琳,何忠伟,董利民.研究生教育体系形成及发展规划——以北京农学院为例[J].高等农业教育,2016(03)：105-109.

第五轮学科评估视角下学科评估指标体系设置的初探*

北京农学院研究生处　高源　张芝理

摘要：2020年是全国第五轮学科评估工作启动之年，学科评估工作作为高校重点任务之一，全方位检验学校人才培养质量、师资队伍实力、科学研究水平、社会服务能力等综合能力。本文以全国第五轮学科评估指标体系设置为切入点，简要分析本次评估指标体系的设置情况并提出部分思考和建议，为今后学科评估工作提供些许参考。

关键词：学科评估；指标体系

为进一步贯彻落实中共中央、国务院《深化新时代教育评价改革总体方案》精神，落实立德树人根本任务，遵循教育规律，扭转不科学的评价导向，加快建立中国特色、世界水平的教育评价体系，帮助各高校了解一级学科建设现状，促进高层次创新人才培养，推动高等教育内涵式发展，教育部学位与研究生教育发展中心（以下简称"学位中心"）经过一线调研、召开评价座谈会、多轮征求意见、委托专题组开展研究等一系列前期工作，并经教育部党组审议通过，于2020年11月3日正式面向社会公布《第五轮学科评估工作方案》，并向全国学位授予单位发出"第五轮学科评估邀请函"。此举标志着第五轮学科评估工作在全国范围内正式拉开帷幕。本文将结合北京农学院第五轮学科评估参评情况，对第五轮学科评估指标体系的设置变化等情况进行初探。

---

* 基金项目：中国学位与研究生教育学会农林学科工作委员会项目（2021 - NLZX - YB11），北京农学院学位与研究生教育改革与发展项目（2021YJS075）。作者简介：高源，助理研究员，主要研究方向：学科建设、研究生教育管理。

一、评估原则和目的

第五轮学科评估[1]以聚焦立德树人、突出诊断功能、强化分类评价、彰显中国特色为基本原则，以质量、成效、特色、贡献为导向，总结经验、查找结构性短板，增强学科内部治理能力，强化"代表作"和"典型案例"，设置开放性留白，构建中国特色评价体系，树立中国标准，采取进一步强化人才培养中心地位、坚决破除"五唯"顽疾、改革教师队伍评价、突出质量贡献和特色、提升数据可靠性和评价科学性、多元呈现评估结果等六大举措。

二、评估指标体系框架的"变"与"不变"

第五轮学科评估指标体系相对第四轮学科评估指标体系设置而言，在基本稳定的基础上更加优化和完善，仍保持以"人才培养质量""师资队伍与资源""科学研究水平"和"社会服务与学科声誉"为基本框架，整体指标体系设置稳中有变，更加切合实际，指标分类更加细化可考量（见表1）。

表1　　　　　　　第五轮学科评估指标体系框架

一级指标	二级指标	三级指标
A. 人才培养质量	A1. 思想政治教育	S1. 思想政治教育特色与成效
	A2. 培养过程质量	S2. 出版教材质量
		S3. 课程建设与教学质量
		S4. 科研育人成效
		S5. 学生国际交流情况
	A3. 在校生质量	S6. 在校生代表性成果
		S7. 学位论文质量
	A4. 毕业生质量	S8. 学生就业与职业发展质量
		S9. 用人单位评价（部分学科）
B. 师资队伍与资源	B1. 师资队伍	S10. 师德师风建设成效
		S11. 师资队伍建设质量
	B2. 支撑平台	S12. 支撑平台和重大仪器情况（部分学科）
C. 科学研究（与艺术/设计实践）水平	C1. 科研成果（与转化）	S13. 学术论文质量
		S14. 学术著作质量（部分学科）
		S15. 专利转化情况（部分学科）
		S16. 新品种研发与转化情况（部分学科）
		S17. 新药研发情况（部分学科）

续表

一级指标	二级指标	三级指标
C. 科学研究（与艺术/设计实践）水平	C2. 科研项目与获奖	S18. 科研项目情况
		S19. 科研获奖情况
	C3. 艺术实践成果	S20. 艺术实践成果（部分学科）
	C4. 艺术/设计实践项目与获奖	S21. 艺术/设计实践项目（部分学科）
		S22. 艺术/设计实践获奖（部分学科）
D. 社会服务与学科声誉	D1. 社会服务	S23. 社会服务贡献
	D2. 学科声誉	S24. 国内声誉调查情况
		S25. 国际声誉调查情况（部分学科）

注：按一级学科分别设置99套指标体系，各学科按学科特色分别设置17~21个三级指标。

一是突显人才培养的中心地位，更加注重思想政治教育工作。具体体现在为把"人才培养质量"一级指标列在第一位，新增"思想政治教育"二级指标，并将其列为二级指标的首位。采取写实为主的填报方式，要求各学位授予单位凝练本单位思想政治教育特色与成效，彰显各参评单位"三全育人"、意识形态、基层党建和社会实践等方面思政工作特色。"培养过程质量"二级指标下设"科研育人成效"三级指标，代替了原"导师指导质量"指标，突出科研对人才培养的支撑作用。"在校生质量"二级指标中，取消规模性指标授予学位数量，采用代表性评价指标，是本轮评估的一大特色与亮点，也是破除"五唯"的重要体现之一。

二是关注师资队伍建设，注重立德树人。在"师资队伍与资源"一级指标中，新增"师德师风建设"三级指标，明确立德树人的根本原则，并把教授为本科生上课和指导研究生作为观测和激励点，把立德树人贯穿在教育教学的整个环节。在"师资队伍"及"支撑平台"二级指标中，也取消规模性指标和定量评价要求，均采用代表性教师和平台来概括特色与水平，通过设置本单位工作年限等监测点，来预防和抑制人才的无序流动。

三是破除"五唯"顽疾，突出研究成效。在"科学研究水平"一级指标中，下设二级指标也有微调，不在单独采取唯数量的填报方式，采取定量基础上的定性评价与人均数值相结合的方法，更加注重已转化应用的成果情况，突出科研成果转化应用导向。

四是注重社会服务实效，强调分类监测。在"社会服务与学科声誉"一级指标中，加大对社会服务案例的采纳比例。案例数量指标有所增加，但是内容上要求更加精炼。在不同类别的学科间采用不同的监测标准，人文类强调文化传承创新与智库作用，自然类注重科技成果转化和核心关键技术应用。

三、分析与建议

（一）综合分析

学科评估结果直接影响着高校业界学术地位和社会影响力，甚至影响政府财政资源的分配与招生指标的争取等重大事项，每个因素对于高校的发展都至关重要。近些年，上级教育主管部门更加重视学科建设质量，从"双一流"到"新工科""新农科"等一系列政策发布可以看出，学科引领这一理念已得到绝大多数高校的认可。首次全国研究生教育会议召开和"破五唯""去帽子"等号召推出，给本轮学科评估定了主基调，不再以单一的评判方式来判断学术实力，主观和客观的融合评价是下一步学科评估的重要导向。

本轮评估相比较第四轮学科评估，优化了以下几个方面：交叉学科成果归属、师资队伍归属、公共数据补充、同行专家评价等。同时，根据不同学科情况，细化分类评估标准，在第四轮学科评估9个学科门类和9套学科体系的基础上，本次扩展到99套指标体系。

（二）思考建议

一是采取分层分级分类评估[2]。在目前评估的基础上，结合《学位授权审核申请基本条件》和不同高校定位，不同授权层次采用不同的指标体系和评估方式。科研高校更加注重科学研究水平，应用型大学更加注重人才培养与社会服务，让同水平、同类别的高校在统一赛道比赛，而不是采取"不限人数的拔河比赛"或者"一把尺子量到底"的评估方式。后者直接会导致两极分化严重，让原本优势高校通过评估结果获取更多的资源，让绝大多数普通高校难以实现"阶级跨越"，陷入评估结果不佳、资源获取率低、难以快速发展的死循环。

二是进一步完善公共数据库。本轮评估工作的一大亮点就是采取了"公共数据获取与单位数据相结合"的数据填报模式，目的是给各参评单位减轻负担，结合实际操作来看，确实减少了一些数据收集压力，但是数据库部分内容仍需完善补充，可以通过和其他数据采集平台后台数据共享的形式逐步建立完整的信息库，真正实现评估的动态监测。

三是优化交叉学科评估指标。根据社会经济的快速发展，原有的13个学科门类已经很难满足匹配社会的发展需求，越来越多的高校采取建设交叉学科的形式来扩展"跨界"学术研究领域。在未来的评估工作中，需要进一步分析调研各高校交叉学科建设现状，设置动态与静态相结合的学科评估指标，打造构建具有中国特色的交叉学科评估体系。

参考文献:

[1] 中国学位与研究生教育信息网.关于公布《第五轮学科评估工作方案》的通知[EB/OL].(2020-11-3)http://www.cdgdc.edu.cn/xwyyjsjyxx/2020xkpg/wjtz/285009.shtml.

[2] 樊秀娣.第五轮学科评估走出现实困境的实策思考[J].北京教育(高教),2021(01):55-57.

浅析农林院校工商管理硕士点发展现状[*]

北京市农学院经管学院/北京市新农村建设基地　桂琳

摘要： 随着经济的高速发展，工商管理学科也深受各大农林类高校的青睐，许多农林类高校也申办了工商管理硕士点。在"新农科+新文科"背景下，如何结合"新农科"，体现工商管理硕士点建设的特色尤其重要。本文通过对工商管理硕士点的发展现状及存在的问题分析，最后从人才培养、实践教学、德育教育、扩大社会影响力四个方面对工商管理硕士点建设提出了相应对策建议。

关键词： 工商管理；硕士点；人才培养

一、目前我国农林院校工商管理硕士点发展现状

（一）工商管理硕士点具备一定的农林特色

工商管理学科是一门研究企业经济行为和管理行为的学科，作为文科类学科的一门重要学科，随着经济的发展及社会对经管类人才的需求，农林类高等院校均于20世纪90年代纷纷开设了工商管理本科专业，并在国家出台的一系列工商管理学科发展政策的扶持下，申办了工商管理硕士点。至2020年9月，全国37所拥有工商管理一级学科的农林院校，纷纷以农林院校自身优势学科为基础，其工商管理硕士点建设相对其他商校类院校同类学科也凸显一定农林特色。例如，南京农业大学借助其学校优势学科农业与生命科学学科的特点，按照其立足农业、面向小微企业的发展方针，在MBA教育方面形成了一定影响力。中国农业大学则通过关注食品科学，重点发展食品安全及食品产业链方面的研究，形成了食品经济管理的特色。

---

[*] 基金项目：2020年北京农学院学位与研究生教育改革与发展项目（2020YJS053）。

（二）主要侧重于工商管理硕士（MBA）的招生与培养

为了适应工商管理实践能力要求较强的特点，一些"211"或"985"高校成为第一批工商管理硕士（MBA）项目实施单位，一些具备能力的高校还于2005年左右先后申办了EMBA项目。在工商管理硕士培养方面，农林院校则按照全国工商管理硕士（MBA）教育指导委员会的指导意见（2009年第二次修订稿）对学生进行培养，拥有工商管理硕士（MBA）的高校还将其工商管理硕士点从高校内部商学院或经管学院中以中心的方式独立出来，并赋予更大的办学自主权，还设有较完整的专业机构和专业人员对研究生进行管理，如设立了MBA教育中心，并设有主任或副主任人员，还出台了具体的教育管理规章制度，对硕士点师资建设、培养管控、学籍管理等进行管理。工商管理硕士点也成为高等教育改革创新的试验田，极大地促进了本学科的发展。从近几年工商管理硕士生招生来看，由于工商管理硕士（MBA）具有入门分数要求低的特点，在招生时相对工商管理学术类研究生较容易，年招生规模基本能达数十人甚至上百人，且在社会上具备一定的影响力。

（三）强调以理论与实践结合的经营管理人才培养发展目标

工商管理学科所涵盖的内容相对较广泛，知识面非常广，不仅有会计、人力资源，还有旅游管理、财务管理、生产运作管理、电子商务等知识。按照社会经济发展的需要，培养具有本土意识和全球视野的复合型、应用型、创新型经营管理人才也成为工商管理学科人才培养的主要目标。因此，以该目标为导向，工商管理硕士点在建设的过程中不仅要重视学生的理论水平，还需要重点关注学生的理论与实践结合的能力。为实现该目标，硕士点在课程体系建设时，还聘请校友中或工商企业界特别是社会影响力较强的政府工作人员、企业家以及知名学者担任指导老师，同时积极地通过如涉农创业训练营创业分享，推进双导师制，开展讲座和课程教学。例如，华中农业大学在其教学方案中明确规定，参加省级及以上MBA相关机构组织的竞赛活动（如创业计划大赛、案例分析大赛、企业竞争模拟大赛、GMC大赛等）并获得奖项者，每次可申请1个选修学分，累计最多不超过2个选修学分。

二、目前农林院校工商管理硕士点存在的主要问题

（一）工商管理硕士点所依靠的工商管理学科能力整体相对偏弱

从农林类高校整个学科发展来看，由于农林院校重点发展的学科更多聚集在

农林经济管理类的学科上,且许多老师也由这些学科转型过来,因此整体工商管理学科发展相对一些综合性大学和商业类大学而言,发展实力偏弱。从教育部最新发布的第四轮工商管理学科评估结果情况来看,参与工商管理学科评估排名的农林类高校仅6所,约占拥有工商管理硕士点招生资格单位的17%,其中评估等级最好的学校是中国海洋大学,其排名为B级,其次是中国农业大学,为B-级,南京农业大学和华中农业大学评估等级为C级,福建农林大学、中南林业科技大学则为C-级。总体而言,工商管理学科发展均处于中等偏下的水平。

(二) 学术类研究生招生规模总体偏小

学术型工商管理研究生入学考试需要考"数学三",而工商管理本科生许多人在高中时学习的是文科,数学较弱,因此一大批同学因为数学达不到国家要求分数线,而不能被录取。从2020年招生情况来看,21所招录工商管理学术研究生的高校,14所学校2020年招生的人数为个位数(见表1),且即使是招生人数较多的如华中农业大学等高校,其大多数研究生招生名额也来自本校本科生推免入学,许多普通地方型高校如北京农学院工商管理硕士研究生均来自其他相近专业或相近学科调剂的学生。2021年,国家对考研调剂的政策明显收紧,要求参与调剂的学生调入专业与第一志愿报考专业相同或相近,且还要求在同一学科门类范围内才能进行调剂,未来农林院校工商管理学术型研究生招生及发展将要面临更多的挑战。

表1　农林类高校工商管理学术型研究生招生高校及人数简况

序号	学校名称	2020年工商管理硕士点对外招生人数(人)
1	广东海洋大学	11
2	黑龙江八一农垦大学	3
3	大连海洋大学	6
4	中南林业科技大学	19
5	西南林业大学	4
6	南京林业大学	5
7	东北林业大学	23
8	北京林业大学	23
9	福建农林大学	11
10	北京农学院	6
11	中国农业大学	2
12	沈阳农业大学	2
13	山东农业大学	1

续表

序号	学校名称	2020年工商管理硕士点对外招生人数（人）
14	内蒙古农业大学	2
15	江西农业大学	4
16	华中农业大学	32
17	华南农业大学	15
18	湖南农业大学	3
19	河北农业大学	2
20	东北农业大学	8
21	安徽农业大学	6

三、对促进农林院校工商管理硕士点未来发展的建议

（一）搭建"农学+新商科"多学科交叉创新培养机制，增强工商管理学科的综合实力

一个完整的工商管理学科应包括"本科—硕士—博士"三个层次，并且拥有不同层次相应的学术要求和人才培养体系。现有的农林类工商管理学科主要拥有本科及硕士两个层次，其所在学院的博士点则都为农林经济管理博士点。现有的农林院校大多数的硕士生导师最初是由农林经济管理硕士点导师转型而来，这其实也是农林院校工商管理的特色优势。未来的硕士点建设应继续扎根于"农学+新商科"特色化的发展战略，组建"农学+新商科"多学科交叉创新人才培养的师资力量，通过某些涉农项目的创新硕士点品牌和社会声誉，充分利用导师的特长，满足学生在不同学习层次的差异化需求，并充分发挥涉农企业管理深度融合的办学优势，强化新文科教育与农业产业发展的有效衔接，让学生结合所学知识进行创新创业，提升学生知识的运用能力，充分体现"应用型涉农企业管理人才"的育人特色。

（二）实施"双导师"制，提升学生企业管理实践能力

针对工商管理实践能力要求高的特点，为了提升学生未来企业管理能力，应切实实施"双导师制"，把实践教学环节落到实处，可借助实习单位和校外企业的指导老师，多方联动，共同建立孵化基地和众创空间，为相关学生在专业学习、社会实践、科学研究和创新等方面提供指导，并以"创青春"大学生创业计划大赛及"挑战杯"等课外科技作品竞赛等创新创业类竞赛项目为载体，让学生将知识融汇贯穿在创新创业教育，提高学生就业适应能力和就业竞争力。

（三）将企业实践融入课程思政，强化立德树人

诚信经营是一名工商管理企业管理者的最主要准则，这样的企业文化对学生未来的价值观影响是巨大的，因此，在培养工商管理研究生的教学中，可通过邀请企业导师讲授企业诚信、伦理道德在企业经营案例中的真实运用，将以人民为中心的服务理念传递给学生。此外，在培养过程中融入乡村振兴中的产业振兴内容让学生理解涉农企业管理中的问题，引导学生爱国、爱党，彰显对学生成才成长的正确导向和价值引领。

（四）充分考虑社会需求，提升硕士点的社会影响力

目前对相关硕士点的评估更多地注重"人才培养"指标，所设计的二级指标仅包括教学成果、课程建设、研究生创新能力培养、学位论文等，而对能够彰显硕士点与社会之间关系的诸如就业、社会满意度等内容考虑得相对较少。因此，应加强对促进区域社会发展等方面取得杰出成果或产生重大影响等方向的内容进行评估，将有关科研成果转化与产业化、决策咨询服务、综合效益等用人单位、毕业生、学术同行重点关注的内容列入硕士点研究生的综合素质。为此，管理体系在实施过程中需要不断地积累经验，总结教训，加以完善。

参考文献：

[1] 李晨光，郑强国，魏秀丽，张立章. 新商科背景下多学科交叉创新人才培养探索——以工商管理专业为例 [J]. 教育教学论坛，2020，7（9）：196-197.

[2] 刘高福，叶晶，宋亚婷. 工商管理硕士创新能力评价及培养路径 [J]. 研究教育改革与发展，2020，5（10）：72-75.

[3] 罗泽意，宁芳艳，刘晓光. 专业学位与学术学位研究生培养模式异同研究——创新能力开发的视角 [J]. 研究生教育研究，2016（02）：43-46.

[4] 吴琼华. 高等农林院校研究生创新能力培养及保障机制研究 [J]. 福建农林大学学报：哲学社会科学版，2008，11（06）：97-99.

[5] 教育部. 关于做好全日制硕士专业学位研究生培养工作若干意见 [EB/OL].（2009-03-19）. http://www.moe.gov.cn/srcsite/A22/moe 826/200903/t20090319 82629.html.

新时期学科建设和研究生教育发展规划的思考与实践

——以北京农学院为例*

北京农学院 高源

摘要：2020年是"十三五"规划的收官之年，2021年是"十四五"规划的起始之年，学科建设和研究生教育工作质量是衡量高校办学水平的重要指标之一，因此做好学科建设和研究生教育"十四五"规划为未来一个时期内学校的学科设置和研究生教育结构布局等方面的工作起到关键指引作用。

关键词：学科建设；研究生教育；发展规划

北京农学院经过"十三五"时期的建设发展，在布局学位授权点、构建学科建设机制、创新研究生培养模式等方面工作取得了一定的成绩。目前学校共有11个一级学科授权点、7个专业类别授权点、1个北京高校高精尖建设学科，分布在农、工、管三个学科门类。面对新时代学科建设和研究生教育发展的规律和要求，仍需进一步提升培养质量、凝练学科特色，为建成都市特色高水平应用型现代农林大学而努力奋斗。

---

* 资助项目：中国学位与研究生教育学会农林学科工作委员会项目（2021-NLZX-YB11），北京农学院学位与研究生教育改革与发展项目（2021YJS075）。作者简介：高源，助理研究员，主要研究方向：学科建设、研究生教育管理。

一、新时代背景下农林高校面临的机遇和挑战

（一）要适应"新农科"建设对学科内涵发展的要求

2019年，"新农科"建设已奏响"三部曲"[1]。"安吉共识"从宏观层面提出了面向新农业、新乡村、新农民、新生态发展的"四个面向"新理念；"北大仓行动"从中观层面推出了深化高等农林教育改革的"八大行动"新举措；"北京指南"从微观层面实施了"新农科"研究与改革实践的"百校千项"新项目。建设目标为推动"新农科"建设"一年成型"——发生农林高校基本面的改变，"三年成势"——产生农林教育基本格局的变革，"十年结果"——形成农林教育的中国方案、中国理论、中国范式。当前和今后一段时间，走内涵式发展道路，提高学科建设水平、提高研究生培养质量已成为学科建设和研究生教育最核心、最紧迫的任务。

（二）要适应北京区域经济社会发展对农科研究生教育的需求

北京"四个中心"的城市功能定位和建设国际一流和谐宜居之都的奋斗目标，需要发展城市功能导向型产业和都市型现代农业，需要三次产业融合的现代农业，需要大力拓展农业的生态功能，需要探索推广集循环农业、创意农业、观光休闲、农事体验于一体的田园综合体模式和新型业态，需要大力挖掘浅山区和乡村的发展潜力和空间，从而满足市民日益增长的多元化高质量的农产品需求和休闲环境需求。首都城市的特殊地位和深刻转型造就了首都"三农"的特殊性，"和谐宜居"需要"三农"提供更宽更大的服务贡献，"国际一流"需要更高层次的人才支撑，这些造就了首都农科高校的特色服务面向和义不容辞的社会责任。

（三）要适应新时代学科建设和研究生教育发展的规律

"十四五"时期是积极响应落实全国研究生会议精神和总书记指示、加快推进教育现代化战略部署的关键时期，是全面深化高等教育领域综合改革，实现高等教育内涵式发展的决胜时期，也是学校推进综合改革与"高精尖"建设，实现都市特色高水平应用型现代农林大学建设目标的重要时期。面对新形势、新任务、新要求，在下一步的工作中，学科建设和研究生教育与学校人才培养、队伍建设、科学研究等重点工作要加强联动和配合，扩大优势特色学科影响力，增加高水平学科带头人和学术团队数量，提升"产学研"平台带动效应，才能更好地适应新时代学科建设和研究生教育发展的要求。

二、学校"十三五"时期发展的经验和总结

（一）优化学科专业布局

"十三五"时期，学校获批 7 个硕士学位授权点，分别是生物工程、植物保护、工商管理、畜牧学 4 个一级学科和社会工作、国际商务、林业 3 个专业类别，并以服务首都区域和学生全面成长需要作为根本出发点，组织开展一级学科内涵大讨论，梳理一级学科队伍，凝练一级学科研究方向，优化现有学科专业布局。

（二）完善学科建设机制

坚持都市型现代农林高等教育办学特色，根据新时代首都发展对农林业的需求，结合学校办学规模和人员总量的现实情况，遵循学科发展规律，设置分类建设目标。根据学科发展现状和发展目标，把现有一级学科按照发展情况划归为三个层次进行建设管理。特别是加强优势学科建设，以优势学科的发展辐射带动其他学科发展，起到良性的引领作用。同时，取消二级学科设置备案，按照一级学科进行招生，实现二级学位授权点的动态调整。

（三）提升研究生培养质量

截至"十三五"期末，学校在校各类研究生 1494 人，其中全日制在校研究生 1190 人，非全日制 304 人。2016—2020 年，研究生招生规模呈逐年增长趋势，5 年间招生规模增长达 1.95 倍（见表 1）。

表 1　　　　2016—2020 年招收硕士生规模统计表　　　　单位：人

年度	2016 年	2017 年	2018 年	2019 年	2020 年
合计	300	353	423	486	585

自 2007 年学校首次授予硕士学位以来，共授予硕士学位 2896 人。2015—2019 年，共授予硕士学位 1830 人（见表 2），其中学术硕士 617 人，全日制专硕 391 人、非全日制专硕 188 人。

表 2　　　　2015—2019 年授予硕士学位人数统计表　　　　单位：人

年度	2015 年	2016 年	2017 年	2018 年	2019 年
合计	289	307	384	408	442

2016—2020 年，共有 166 篇学位论文被评为"校级研究生优秀学位论文"（见表 3）。

表3 2016—2020年研究生优秀学位论文数量统计表 单位：篇

年度	2016年	2017年	2018年	2019年	2020年
合计	27	29	33	36	41

"十三五"时期，研究生以第一作者发表学术论文540篇，其中SCI论文53篇，以柴叶茂、贾海峰、杨拓、罗荣丽、李华等为代表的优秀研究生在PP、JXB、PJ、PCE和HR等期刊发表高水平论文；联合培养博士生徐晓龙发表高水平论文在"Top100高被引论文"排名第15名。

"十三五"时期，研究生参与各级各类科研项目290人次。研究生就业率始终保持在98%以上，其中77名硕士研究生考取国内外重点大学博士研究生。毕业生普遍职业胜任能力强、职业素质较高，受到用人单位一致好评，一批毕业生已经成为大型企业、大专院校和科研院所的中坚力量和行业领军人才。

（四）完善硕士生导师考核制度

学校制定《北京农学院硕士生导师工作职责的规定（试行）》，把导师考核纳入导师管理体系。截至"十三五"末，学校共有硕士生导师487名，其中校内导师292名、校外导师195名。2016—2020年，共新增硕士生导师120名。2018—2020年度导师考核合格率达到97%以上，切实把导师立德树人纳入培养管理环节中。

三、学校"十四五"时期学科与研究生教育发展的实践探索

面对当前的机遇和挑战，结合"十三五"期间学校在学科建设和研究生教育方面总结的经验，在谋划"十四五"期间，学校党委印发了《〈北京农学院"十四五"时期发展规划（2021—2025年）编制工作方案〉的通知》（北农党发〔2020〕26号），成立"十四五"编制规划领导小组和学科专业专项规划组，由校领导牵头带领规划组成员走访调研各级各类代表，总结分析当前学校的办学基础条件，梳理下一步发展思路和目标，确定保障目标实施的措施方案。

明确学校将聚焦应用型大学定位和都市型农林高校的特色优势，坚持"以学科建设为龙头，加强学科统领发展作用"的发展思路，创新机制、突出重点、扩大优势、彰显特色、提升水平。积极开展周期性学位点评估工作，主动进行学位点动态调整，科学进行学科结构优化，构建都市农林业学科群，加快新兴与交叉学科建设，努力培育新的学科生长点，大力推动学科整体发展和学校综合科研能力、学术水平及人才培养质量的全面提升。具体来讲，有以下几个方面：

（一）以学科建设为抓手，提升学位点建设与研究生教育整体水平

一是发展分类建设。围绕高水平应用型大学定位，优化现有学科布局，进一

步打造构建都市农林业学科群，对现有 11 个一级学科进行分类，按照优势学科、特色学科、一般学科三个层次进行建设。二是发挥引领作用。加大对园艺学、农林经济管理、兽医专业 3 个申请博士学位授权点学科的建设，以提升学校整体学科建设质量为着力点，发挥优势学科对其他学科的引领作用，注重跨学科合作和校内外协同，汇聚学科资源，整合研究力量，辐射带动其他学科快速发展。三是培育新增长点。结合首都经济社会发展需要，积极培育新型交叉学科增长点，拟培育建设食品科学与工程、风景园林学 2 个学科申请博士一级学科，生物与医药专业申请博士专业学位授权点，电子信息硕士、工商管理硕士、法律硕士 3 个专业申请硕士学位授权点，进一步夯实都市型现代农林学科专业体系。四是实施动态调整。紧密结合首都经济社会发展需要与第五轮学科评估结果，实施学科动态调整，不断提高学位授权点建设质量。

（二）重视思想政治工作，加强课程思政建设

总结现有工作经验，持续推进"课程思政"示范课程建设，积极开展课程思政教学设计，纳入专业课教学大纲和教材讲义，逐步实现课程思政全覆盖。把"三全育人"的工作理念纳入教书育人过程中，推进实现"三全育人"格局，将思政工作深入每一位学生。

（三）深化教育教学改革，完善各项保障制度

一是优化招生指标分配制度，招生指标向重点学科、国家级项目、高精尖中心等倾斜。设立研究生培养专班等单列招生项目。二是加强学位审核管理。严格执行学位授予标准，健全学术不端的预防和处理机制。三是加强导师队伍建设。全面落实立德树人根本任务，严格导师选聘标准，分类遴选导师，完善校院两级导师培训与考核制度。

"业精于勤，荒于嬉；行成于思，毁于随。"面对首都经济社会高速发展和国家教育改革的新常态，学校积极响应并顺应时代变化，不断加强顶层设计、科学谋划发展，保证充分调研的基础上，积极地探索规划特色和规划创新，下一步将继续秉承求真务实、科学严谨的态度把规划方案落地生根，努力打造北农特色规划范本，为新时期学校快速发展指明方向。

参考文献：

[1] 新华网. "北京指南"发布 新农科建设奏响"三部曲" [EB/OL] (2019 – 12 – 15). http：//www.gxcbt.com/jiaoyu/2019/1205/1685.html，2019 – 12 – 15.

大数据为研究生教育管理带来的启示
——以北京农学院为例

北京农学院国有资产管理处　姚雨延

摘要： 随着大数据时代的到来，利用大数据技术提升管理工作的质量是每所高校的发展趋势。高校在人才管理工作中，要整合大数据技术体系的要点，确保将提升研究生质量作为根本。在大数据的背景下，如何利用大数据技术提高研究生教育管理水平已经成为研究生教育管理模式改革的主要内容。

关键词： 大数据；研究生；教育；管理

一、对大数据的认识

一方面，大数据是指无法在一定时间范围内用常规软件工具进行捕捉、管理和处理的数据集合，是需要运用新处理模式才能具有更强的决策力、洞察发现力和流程优化能力的海量、高增长率和多样化的信息资产。大数据技术的战略意义不在于掌握庞大的数据信息，而在于对这些含有意义的数据进行专业化处理。换而言之，如果把大数据比作一种产业，那么这种产业实现盈利的关键，在于提高对数据的"加工能力"，通过"加工"实现数据的"增值"。大数据无法用单台的计算机进行处理，必须采用分布式架构。大数据技术的特色在于对海量数据进行分布式数据挖掘，它必须依托云计算的分布式处理、分布式数据库和云存储、虚拟化技术。

另一方面，大数据是指从数据基础结构出发，结合数据量、数据速度、数据多样性和数据价值建立的数据应用体系，象征着数据处理工作的全面变革。从发展过程和投入的角度对大数据机制进行分析可知，大数据技术本身具有应用复杂性特点，要想发挥其实际价值，就要利用数据收集、数据分析和数据存储归档等过程建立完整的数据优化控制模式，从而将视觉分析和统计分析等环节联结在一起，促进数据管理工作的全面进步。

大数据的特点是容量大、种类多、存取数据快、应用价值高。随着信息技术的发展，大数据已经逐渐应用到我们生活的各个领域。为了提高研究生教育管理的质量，教育管理者可以利用大数据时代带来的机遇和挑战，优化教育资源并为研究生教育管理提供帮助。

二、大数据推动研究生教育管理改革

进入大数据时代以来，高等教育的管理也进入了信息化、数据化的时代。研究生教育是高等教育中最高层次的教育，充分获取、分析、管理和处理研究生管理中的海量、复杂、实用的大数据，是提高研究生教育管理水平的必由之路。目前我国研究生管理系统已经得到初步的建设，其中包括研究生教务管理系统、论文评阅系统、学籍管理系统等多个种类。但是这些数据的彼此独立、繁多复杂，使研究生数据难以保存和更新。

大数据分析技术以其庞大的数据存储、分析、运算、处理能力为研究生培养保障体系的优化提供了可靠并且极具价值的依据。大数据立足于大量数据的深度挖掘与科学分析，其基础是对海量数据的记录和收集。在配备专业的技术分析硬、软件及管理人员的基础上，各培养单位实现数据共享，做好技术、管理等配套措施，积极应对大数据时代的到来，才能真正实现研究生培养管理的现代化和科学化，切实优化研究生培养质量保障体系。

（一）更新教学思想观念

大数据环境下，高校研究生教育管理者应当转变教学观念，紧跟时代步伐。教育管理者需要着重培养研究生的创新思维和实践能力，并且重视对研究生进行信息技术、数字媒介等技术素养的培养。尤其是在研究生群体多元化发展的时代背景下，大数据技术体系的应用能最大化地提升数据的丰富性和透明度，进一步促进高校主动开展信息分析和处理工作，从而在学校之间形成良性的竞争关系。一是树立大数据思维，教育管理者需要充分意识到大数据的复杂性、相关性、精确性等特点，并对教育数据的各个方面给予重视。二是教育数据本身就是一种重要资产，其具有变现功能，教育管理者可以采用信息手段对教育数据进行识别分析，并探索其价值。三是对学生实行个性化教育，每个研究生都是不同的，对其实行个性化教育可以培养学生的创新意识和独立思考能力，进而发挥每个学生的潜能。

（二）转变数据管理范式

在大数据时代的背景下，教师的授课方式正在发生变化。传统的授课方式主要是教师与学生面对面交流，如今学生可以充分利用网络资源进行自主学习，教师只需要对一些疑难问题进行集中讲解就可以了，这种教学方式称为混合教育教学模式。在大数据时代，要想真正提升数据应用价值，就要从数据驱动决策逐渐向数据形成领导力的方向转型，在提升管理水平的同时，促进高校研究生教育管理工作向着更加明确的方向发展。在大数据技术快速发展的现在，研究生教育教学产生的各种数据不仅为研究教学方法提供了技术支持，还推动了我国高等教育模式的现代化。大数据时代刚刚起步，大数据技术对高等教育的影响现在还不能确定，但有目共睹的是，大数据技术切实地提高了研究生教育教学的质量，为研究生教学管理模式的改革提供了新的技术支持。

（三）调整研究生教育管理方式

对于高校而言，研究生教育管理工作的基本目标就是培养更多的综合性人才。借助大数据技术能提升管理效率，也能进一步推动研究生增值工作的进程，确保数据反映的问题能更好地解决。大数据技术被应用在研究生的教育教学管理方面，可以有效加速我国高校教育的现代化。近年来，我国各高校都在研究生的教学管理方面投入了一定的资金，并且开发了很多便利性较强的教学管理系统，极大地方便了研究生日常的教学管理工作。例如，康奈尔大学就借助大数据技术建立了实时性数据汇总模块，该模块能有效结合数据信息获取学生参与相应活动的内容，这对于促进学生全面发展较为关键。学校可以通过可视化技术提升应用效率，为教授、导师开展相应工作提供基本的依据。为了减少资金的浪费，教育管理者可以在现有的研究生教育管理平台上进行完善和补充，优化系统的数据采集、数据分析、数据搜查等功能，并实现通过数据分析研究生的学习效果的功能，进而为研究生、教师和教育评估人员提供帮助和建议。

三、对策与建议

高校在新时代研究生教育管理工作方案的制订过程中，要结合时代发展特点和技术要求，践行标准化管理方案，深化改革，全面提升质量水平，促进研究生教育管理工作顺应时代发展的趋势。

（一）优化技术环境

大数据环境的优化是实现大数据时代高校研究生教育管理工作系统化的关

键，因此，要从多方面落实相应的管控措施。第一，高校要及时优化网络安全防护。校园网络安全防护对高校来说是必不可少的，为了防止黑客的入侵，高校在日常的网络防护中要定期进行安全检查，及时更新网络安全技术，对系统进行全面维护。第二，设置科学合理的管理权限和访问权限。在对象、功能、作用等方面明确地将管理权限和访问权限区分开来，这样可以效避免数据泄露、丢失等问题，提高信息资源的安全性。

（二）转变教育管理理念

思想认知层面的转变是提升大数据技术体系下高校研究生教育管理工作水平的重点，要切实完善管理措施，确保制定的方案更加全面，重构传统研究生教育管理体系，促进教育管理工作的全面进步。高校在办学实践过程中要紧跟时代发展脚步，积极树立大数据意识，将大数据技术充分有效地应用到教育管理中。高校要结合自身发展情况，充分运用互联网技术完善学校内部管理系统。高校管理者要充分认识到大数据技术在教育管理中的巨大意义，其并不能完全取代一切对于教育问题的理性思考，只是一种辅助的管理方式，不能使科学发展的逻辑湮没在海量的数据之中。

（三）建立研究生数据库

在大数据时代背景下，高校建立研究生教育数据库是研究生培养改革的必经之路。高校建立符合大数据特点的研究生数据库，对研究生院的管理和运作都有着很大的作用。在全面认知大数据技术优势的基础上，要结合数据要点和管理标准完善数据分析和应用运行框架，确保构建更加和谐的服务模式，实现多元主体共同参与和协同控制的目标。也就是说，不仅要关注理念的革新，也要重视顶层设计要点，在实现参与主体和参与模式全面转型的基础上，保证多元主体参与的和谐性。

参考文献：

[1] 权美琳. 大数据时代高校研究生教育管理的变革与创新 [J]. 现代交际，2020（23）.

[2] 曾炉贤，林江莉. 大数据时代研究生培养质量保障体系的优化路径探讨 [J]. 教育教学论坛，2020（32）.

[3] 周丽莉，徐洁，许晶. 大数据时代下高校研究生管理信息化创新发展路径 [J]. 区域治理，2020（72）.

[4] 黄磊. 大数据背景下的研究生教育管理模式改革的探讨 [J]. 教育现代化，2019（73）.

高级动物免疫学的教学改革思考和创新[*]

北京农学院动物科技学院　阮文科　杨宇

摘要： 免疫学是生命科学领域中的前沿学科，也是获得诺贝尔奖最多的学科之一。近年来免疫学深入发展，从理论知识到应用知识架构以及内容不断更新，新理论、新技术和新方法不断出现。同时，动物免疫学作为一门基础学科，在应用领域和研究领域均广泛涉猎。由于其具有足够的理论深度，"高级动物免疫学"课程具有教师讲解困难，学生更难理解的特点。为解决这些存在的问题，我们积极思考对高级动物免疫学教学理念和手段的创新，研究开发能够激发学生学习兴趣的案例，对他们的兴趣加以引导，深入训练，为学生之后的从业和研究生涯打好坚实的基础。

关键词： 动物免疫学；教学改革；教学创新；专题式教学

免疫学是生命科学领域中的前沿学科，也是获得诺贝尔奖最多的学科之一。近年来免疫学深入发展，从理论知识到应用知识架构以及内容不断更新，新理论、新技术和新方法不断出现[1]。"高级动物免疫学"课程是面向动物医学相关专业研究生开设的一门深入学习动物免疫学知识的课程，是动物医学的一门基础课程，其讲授内容在生命科学应用领域和研究领域均广泛涉猎。"高级动物免疫学"课程具有理论性强、抽象难懂等特点。高级动物免疫学的理论知识和实践能力很重要，对免疫现象的理解以及免疫检测和分析方法的掌握，对学生做研究型和应用型课题以及培养科研能力有很大帮助，对于动物医学的学生，能增强其对于动物医学的科学现象和研究上的独特洞察力，为其后从事本专业的工作或更深入的研究生涯提供帮助[2]。

---

[*] 作者简介：阮文科，博士，副教授，主要研究方向：动物免疫学、动物微生物学。

一、"高级动物免疫学"课程目前存在的问题和改革的思路

高级动物免疫学具有理论性强、抽象难懂等特点。在教学过程中经常是教师讲不清楚、学生听不懂。如果该课程的教学始终处在课本式教学的阶段,学生则接触不到免疫学的新知识、新方法。在后续研究和实践过程中会较难适应和创新。在教学手段方面,由于免疫学有大量难理解的理论知识,如果通过传统的理论知识灌输方法教学会使整个教学过程枯燥无味,从而严重影响学生的学习兴趣[3]。因此,如何将抽象的理论知识转化为实用性的知识传授给学生,是高级动物免疫学教学改革中的一个重要环节。通过对"高级免疫学"课程教学研究和探讨可有效地提高理论教学质量,充实和完善学生对本学科的知识积累和应用的能力,进一步提高学生的综合素质,这是教学的关键。

二、开展"高级动物免疫学"课程教学理念的创新

"高级动物免疫学"课程教学的根本是让学生掌握该学科知识重点内容、理解难点内容。在教学中宜结合研究思路,尤其是本知识点发现的过程,激发学生学习动物免疫学的兴趣,巩固加强学生的基础知识。

通过科学发展观指导免疫学的理论和实践教学工作。免疫学的许多知识点为根据现象提出理论,之后设计实验进行验证证实的过程。本课程的案例教学可结合知识点的发现史或者诺贝尔奖获得的轶事,以及挖掘科学家孜孜不倦和艰苦奋斗的精神,激发学生的学习热情,降低学生的理解难度。尤其是结合近年来免疫学对生命科学研究的巨大推动作用,让学生认识到学习高级动物免疫学知识的重要性和必要性[4]。例如,介绍2011年诺贝尔生理学和医学奖中三位获奖科学家对免疫识别分子和免疫启动细胞的发现的研究历程,挖掘跨学科研究的重要性和持之以恒精神的重要性。2018年诺贝尔生理学和医学奖获奖科学家利用对免疫的抑制分子反抑制,以启动对癌症的治疗并成功挽救众多的癌症患者。2018年诺贝尔化学奖获奖科学家研究的噬菌体展示技术应用与免疫治疗抗体分子的筛选,对于研发出有效的治疗癌症以及其他免疫相关疾病的药物有重要意义。这些挖掘免疫学实践方法攻克医学难题,甚至催生"药王"(全球销量最高)的例子,让学生深切感受到免疫学的实际应用对生命健康的巨大影响。在这类教学中充分发挥了案例教学的优势。结合实验对理论的支撑进行案例教学,尤其是针对即将开展研究工作的研究生,可以帮助他们提前进入研究角色,也更容易提高学生学习的兴趣。

三、开展"高级动物免疫学"课程教学手段的创新

为了提高学生的学习兴趣,帮助学生建立免疫学的知识架构,学院开展了高级动物免疫学的专题式教学,即每期针对某一专题进行案例教学。如开展固有免疫应答的专题教学,在案例讲述时,先进行基础知识介绍,包括免疫应答的类型和特点、固有免疫应答的作用时相、引入重要的固有免疫应答分子、病原体相关分子模式(PAMP)与模式识别受体(PRM),其中病原体相关的分子模式是存在于微生物的能被天然免疫细胞所识别的主要靶分子。PAMPs 是微生物共有的一种进化上保守的模式分子,广泛存在于病原体细胞表面。再详细介绍四类固有免疫识别分子,最后重点介绍模式识别分子,如 TLR、NLR 和 RLR,能识别特定的病原分子,并能将信号向下游传递,其中 Toll 样受体(TLR)为最重要的分子。为了提高学生的理解和兴趣,本案例讲述固有免疫中识别分子 TLR 的发现与研究进展,Toll 样受体是识别病原的关键分子,本案例介绍 Toll 样受体的功能和结构,并讲述它的发现过程。从法国科学家朱尔斯·霍夫曼(Jules Hoffmann)发现果蝇在敲除 Toll 分子后发现感染真菌而死的有趣实验讲起,到美国科学家布鲁斯·博伊特勒(Bruce Beutler)在小鼠和人体内发现类似分子 TLRs 并报道它们的功能,最后结合动物免疫学介绍人类和小鼠、禽类、猪等动物 TLRs 家族的不同点[5]。最后给学生提出案例思考问题:在哺乳动物中有 Toll 吗?Toll 样受体的功能是什么?为什么 Toll 分子很保守?

例如,在免疫细胞的教学中,讲到一种比较重要但难于理解的免疫细胞——树突状细胞时,可介绍抗原递呈细胞树突状细胞的功能、发现与研究进展。从多方资料收集整理获得案例,包括期刊、讲座课件等,案例为事实叙述型。树突状细胞是启动免疫的关键细胞,本案例介绍树突状细胞的功能,并讲述它的发现过程。抗原递呈细胞(APC)是表达 MHC-Ⅱ分子,具有摄取、加工抗原,向 TH 细胞递呈抗原功能的细胞。树突状细胞是最专业的抗原递呈细胞。案例以加拿大生物学家拉尔夫·斯坦曼(Ralph Marvin Steinman)为起点进行介绍,从 1967 年斯坦曼在《实验医学杂志》(Journal of experiment medicine)发表的一份检测免疫细胞活性的溶血蚀斑实验讲起,讲述斯坦曼是如何在这个实验中发现问题并进行思考,通过简单实验找到了解决问题的方法,到不被人认可但仍然坚持十多年的潜心研究,从而揭示了树突状细胞的重要功能[6]。斯坦曼在诺贝尔奖颁奖前死于胰腺癌,他的人生经历带有传奇性,令听者唏嘘不已[7,8]。最后提出案例思考问题,树突状细胞的主要作用是什么?为何机体中树突状细胞数量很少?树突状细胞的发现过程体现了什么科学精神?通过案例教学,将极大地提高学生学习的兴趣和专注度。

专题教学中既介绍了科学发现史,也巩固了本课程的各类基础知识,还讲解了本专题在研究生研究领域和工作实践中的具体应用,这样就形成了一套较完整的体系。课程通过这样多个小体系组成,知识在各个小体系内的反复循环,便于学生更有效、更充分地吸取。

专题式教学方法的推广,提高了学生的学习兴趣,多数案例通过提出假说—实验验证—理论创新的模式进行教学,帮助学生形成一套完整和系统的免疫学知识点。这些知识点可在动医专业研究生各项研究领域如兽医病理学、兽医药理学、兽医传染病学、中兽医学相关研究广泛应用,并可以结合研究生以后生命科学领域工作实践中的具体应用,延长和充实该课程对学生的后续知识职业助推效应。

四、结语

高级动物免疫学作为生命科学的前沿学科,其理论和技术进展之快,如果完全按照教科书为学生上课,会导致学生只能获得陈旧和无趣的知识。这就要求对高级动物免疫学教学进行不断的改革和创新,以提高教学质量。我们积极开展了高级动物免疫学教学方法的改革,通过大量教学资料的搜集、教学人员自身水平的提高等,建立完善的教学体系,通过新知识的融入和新教学方法的改革,让学生建立更立体、更深刻的免疫学知识结构,让学生有兴趣学、有方法学、学到有用的知识,为培养都市型优秀人才而努力,为研究生的研究实践工作打下基础。

参考文献:

[1] 徐胜,等. 医学免疫学教学中提高学员兴趣的体会 [J]. 基础医学教育, 2013, 15 (05): 458 – 460.

[2] 张瑞华,等. "动物免疫学"教学改革的探索与实践 [J]. 畜牧与饲料科学, 2011, 32 (03): 19 – 20.

[3] 丁剑冰,等. 医学免疫学教学中存在的问题及对策 [J]. 医学教育探索, 2009, 8 (08): 937 – 939.

[4] 陈广洁,等. 剑桥大学免疫学教学带给我们的启示 [J]. 中国高等医学教育, 2013 (07): 54 – 56.

[5] Bruce A. Beutler. TLRs and innate immunity [J]. Blood. 2009 February 12; 113 (07): 1399 – 1407.

[6] Mishell, R. I., R. W. Dutton. Immunization of dissociated spleen cell cultures from normal mice [J]. J. Exp. Med, 1967 (126): 423 – 442.

[7] Hema Bashyam (JEM News Editor). Ralph Steinman: Dendritic cells bring home the Lasker [J]. J Exp Med, 2007, 204 (10): 2245-2248.

[8] Ralph M. Steinman, Zanvil A. Cohn. Identification of a novel cell type in peripheral lymphoid organs of mice i. Morphology, quantitation, tissue distribution [J]. J Exp Med, 1973, 137 (05): 1142-1162.

学科特色为导向的研究生课程教学

——"动物细胞培养技术"教学实践探索*

北京农学院动物科学技术学院兽医学（中医药）
北京市重点实验室　张涛　胡格

摘要：细胞培养是当前生命科学研究中的重要基础技术之一，是兽医学硕士生科研试验中必备的方法。由于细胞种类繁多、细胞模型及在不同研究领域中的应用各有特点，根据专业特点和学科特色安排教学内容，更有助于硕士生学以致用。笔者以学科特色为导向，对北京农学院兽医学科硕士生课程"动物细胞培养技术"进行了改革，优化调整了教学内容、教学方法和考核评价标准，增强了课程内容的针对性和实效性，调动了学生的学习主动性，有效提升了教学效果，促进了硕士生的科研试验进展。

关键词：学科；中兽医；细胞培养；研究生

细胞是生命体进行功能活动的基本单位，对动物体生理功能和病理变化的机制研究最终都是以细胞为基础。体外细胞培养为相关研究提供了便利条件，与动物在体实验相比，具有高效率、易于重复、影响因素明确可控，以及避免诸多伦理学问题等优点，细胞培养技术已成为生命科学研究中的一项基础技术，被广泛应用于包括兽医学在内的众多研究领域。特别是随着现代生物科学领域的迅速拓展，各种分子生物学实验都是借助细胞培养技术得以实现，体外细胞培养技术可谓为细胞学、遗传学、病毒学、免疫学、病理学等的研究和应用做出了重要贡

---

* 基金项目：2020 年北京农学院学位与研究生教育改革与发展项目（2020YJS008）；第一作者/通讯作者：张涛，博士，北京农学院动物科学技术学院副教授，主要从事中兽医学相关研究，电话：010-80793027，电子信箱：zhangtao@ bua. edu. cn。

献，动物细胞培养技术也成为当前兽医学硕士研究生教育中不可或缺的内容之一。但是，由于动植物细胞的种类繁多，以体外培养细胞为基础的研究模型和实验技术方法不尽相同，不同学科领域对细胞学相关研究技术需求各有侧重，缺乏个性化和学科化的通识性教育，难以满足研究生科研实践的需要。所以，硕士研究生的专业技术课程教育更应注重专业特点和学科方向，使教学内容具有针对性。

鉴于此，笔者以学科特色为导向，对北京农学院动物科学技术学院开设的"动物细胞培养技术"进行了实践探索。针对前期课程教学过程中发现的不足和问题，结合本校兽医学科硕士生的主要研究方向，对该课程的授课内容、教学模式和考核方法等进行了调整。实践表明，以学科特色为导向的专业技术课程教学，显著提升了选课研究生的学习兴趣，更有助于其科研课题的开展，教学效果显著。

一、中兽医药学研究是北京农学院兽医学科硕士生培养的最大特色

研究生教育是更高层次的"专才教育"，是本科教育的延续与发展，教育目的已从注重培养学生的综合素质，转变为注重培养学生的专业技能和科研能力。课程教学目的要从侧重于基础知识积累和初步的专业技能训练，转变为对已有知识的开发和利用，及对新技术、新方法、新动态的了解和掌握。研究生课程的设置要注重专业性，课程内容更要凸显专业与学科特色，反映不同于本科课程内容平面式横向扩展的"高精尖"升级换代特点[1]。

北京农学院是一所具有都市型现代农林高等教育特色的高水平应用型大学，兽医学科是学校首批一级学科之一，既招收学术型研究生，又可招收兽医专业硕士研究生。尽管各专业各有侧重，但基础兽医学、预防兽医学和临床兽医学多与中兽医学有交叉，中兽医药学相关的研究在研究生的选题中所占比重较大。而且，兽医学（中医药）北京市重点实验室作为兽医学研究生培养的重要基地之一，以微血管内皮细胞开展中医药学相关研究是主要方向。所以，利用原代培养微血管内皮细胞模型开展中兽药方面的研究，可谓是北京农学院兽医学科研究生的最大特色。

二、针对性教学内容使试验研究事半功倍

虽然细胞培养技术广泛应用于生物医药学相关的各个学科领域，但适用于研究生教学的教材种类并不多，且内容多以通识性知识为主。北京农学院兽医学科硕士研究生课程"动物细胞培养技术"是专业选修课，共计24学时，每年选课

学生约 15 人，学生基本上都有在毕业课题试验时培养细胞的需求。所以，笔者以近年来对选课学生的调查反馈为基础，以刘斌编著《细胞培养》（第 3 版）和刘小玲等编著《动物细胞培养技术》等为参考教材，查阅医学和中医药学细胞培养课程的内容设置的相关文献[2-4]，对教学大纲和课程内容进行了调整和完善。

（一）理论教学重在综述知识点

"动物细胞培养技术"的理论教学以细胞培养的基本理论和基本技术为重点内容，包括基本概念与术语、体外培养条件、体外培养细胞类型、细胞的生长特点与过程、原代细胞的分离与纯化方法、传代与保存、微生物的污染和处置、中医药研究常用的细胞模型等，课时由前期的 8 学时调整为 9 学时。

各章节的知识点紧密与学科方向相结合，对其在中医药学研究中的运用或注意事项进行深入和拓展讲解。例如，在讲解细胞体外培养条件如 pH 值、渗透压等时，举例分析中药或中药成分样品的不同处理方法或来源可能产生的影响，及如何通过设置对照组消除影响。举例来说，因为中草药的成分复杂，许多中药提取物在水溶液中的溶解度小，需要添加助溶剂或者调节溶液的 pH 值[5]；或者中草药的主要有效成分尚不明确，试验研究时常使用中药或中药复方的水煎液[6,7]；或者样品为含药血清，添加量过少达不到有效浓度，添加量过大则会引入大量血液成分，造成试验结果的假阳性或假阴性，甚至产生细胞毒性[8]。总之，以基本知识为纲，运用本学科内的应用事例阐释知识点，既提高了研究生的学习兴趣，又加深了其对知识点的理解。

（二）实验教学重在强化操作技能

该课程作为一门实践性很强的实验技术课程，选课学生掌握相关技能并学以致用是最终目的。所以，在教学计划有限的学时中，最大可能地加大实验技术操作的比重，以强化实践训练，提高学生动手能力，巩固理论知识。作为研究生课程，实验内容应具有探索性，单纯的验证性实验对学生的吸引力不足，也难以适应对其主动性学习和创新性思维的培养。

笔者将该课程实验教学的 15 学时，分为 5 个专题训练，包括：器材准备及试剂配制、原代细胞的分离培养、细胞的纯化与污染处理、细胞的冻存与复苏、常用的微血管内皮细胞模型。在内容安排上，实验一和实验四参照参考教材内容进行；实验二则各组根据兴趣或研究方向，从小肠上皮细胞、主动脉内皮细胞、后腔静脉内皮细胞、肠黏膜微血管内皮细胞和肺脏微血管内皮细胞中选择其中一种，采用组织贴块法或者酶消化法进行原代细胞的分离培养。实验三、实验四以实验二培养的原代细胞为基础，操作机械刮除、差速消化、差速贴壁和免疫磁珠分选等纯化方法的应用。实验五使用的细胞模型包括 Transwell 共培养模型、体外成管模型、损伤修复模型、致炎因子损伤模型等。

实验时每 3~5 人分为 1 组，小组成员根据每次实验内容自由组合，要求各组在课前讨论确定具体实验内容并撰写实验方案，根据实验方案相互配合完成操作，并反思方案的不足之处。实验环节硕士生的主动性得以充分调动，在确定的主题下根据需要选择具体训练项目更有针对性，同时也通过观摩他人的操作项目开阔了视野，为其课题研究提供了可供选择的方法，极大地促进了学生的参与性与动手积极性，锻炼了其操作技能。

三、研究型教学方法提高了学习主动性

"研究"是研究生教育区别于其他层次教育的主要特点。研究生课程教学是为了强化研究生们的专业知识，提高其学术水平和科研能力，激发其学习动力和创造性[9]。这就要求课程内容有吸引力，研究生通过学习能够在课题研究中学以致用，同时也需要科学的教学方法以保证教学效果。课程实施过程中，笔者首先对知识点进行梳理归纳，采用具有高效和系统性特点的课堂讲授法予以呈现，其中对易于理解掌握的知识点直接列举呈现，对难点或在实践操作中易于出错的内容，探索了案例教学法和研究型教学模式的运用。

案例教学以案例为载体，以自主学习为基础，以交流讨论为手段，引导学生发现问题、分析问题和解决问题[10]。教学案例的编写紧密结合选课研究生的主要研究方向或针对往年教学中发现的典型事例。由于该课程学时少，难以留出足够时间对案例进行课堂交流分析，笔者采取要求研究生课下查阅文献、撰写案例分析报告的形式，老师对案例分析报告进行批注后在课程微信群分享，使其了解各自对案例分析的观点与不足，在课堂上讲解共同存在的问题。例如，"某中药成分抗 LPS 致猪肠黏膜微血管内皮细胞炎性反应"案例，即是根据某选课研究生开题报告的内容编写，将案例发给学生后要求其课下查阅文献资料，对该案例的研究方案进行分析，修改和补充试验设计。再如，"大鼠脑微血管内皮细胞的分离培养"案例，要求学生查阅文献资料，了解动物脑组织的细胞类型及各自生长特点，进而对案例中分离培养方案可行性进行分析，对技术方案进行修改完善；并以此案例为基础，结合自己毕业课题内容，撰写一种原代细胞分离培养的技术方案，并将此作为原代细胞培养实验课的实验内容。

一方面，课程所用案例及要求分析的内容，均与其试验研究密切相关，不是教材或网络上的素材，所以选课学生不仅有兴趣，而且必须通过自己独立思考才能完成。这样能够很好地锻炼学生的科学思维和创新意识。另一方面，要求每人都在课下撰写案例分析报告，避免了短暂课堂讨论时多是个别优秀学生展示自

己，而其他学生不参与或懒于思考、分析不充分的缺点，也大大节约了课堂时间。

四、点面结合评价综合素质

与本科生课程考核大多采用卷面考试的考核方式不同，研究生课程多采用课程论文的方式进行考核。"动物细胞培养技术"课程前期也是采用课程论文考核，但是在实施过程中发现了一些不足。一是部分研究生对课程论文不够重视，抄袭现象严重，流于形式；二是课程论文没有标准答案，而内容的选题比较宽泛，使得考核评价难以做到客观、公正；三是单一的课程论文考核不能反映研究生的实践操作能力。为了更好地使课程考核与教学模式相适应，笔者以科学实践能力为考核重点，对该课程构建了点面结合的综合化考核方式。

研究生选修该课程是为了掌握一门能够在毕业论文试验中应用的技术，对基本技术的掌握是核心，是需要考核的着重"点"，对方法技术的综合运用是"灵魂"，是体现综合素质的"面"；以学科特色为导向的细胞培养技术，是该课程要求每位学生掌握的知识"面"，而选课研究生的学位类别和研究方向有所不同，这要求对每个学生需因人而异设置考核要"点"；实验操作环节每组的结果是"面"，个人在组内的表现是"点"。鉴于此，该课程在设置了课后作业、实验操作技能和课程论文的综合考核模式下，细化了每项考核的内容和分数占比。其中，课后作业占比30%，侧重于考核基础知识或案例分析，包括细胞培养所用物品的清洗规程、无菌操作要点与注意事项、原代细胞分离培养的原理等；实验操作技能占比30%（学术型硕士）或40%（专业型硕士），根据实验方案的撰写和实验课时的操作表现（包括物品准备、洁净习惯、组织处理方法、细胞分离培养结果、细胞模型的构建结果、废液处理等）予以考核评价；课程论文占比40%（学术型硕士）或30%（专业型硕士），学术型硕士生的考察侧重科研能力，课程论文的内容以细胞试验的综合方案设计为主，专业型硕士生侧重考察实践应用能力，课程论文的内容以某一细胞的培养方案或者某一细胞模型的具体运用为主。这种考核方式在运行实践中受到了学生的欢迎，提高了研究生的学习主动性和学习质量，为后续的试验研究奠定了更为坚实的基础。

五、结语

"动物细胞培养技术"作为一门实践性很强的研究生课程，学生对相关技术的掌握和创新性应用，对其今后试验研究的开展具有重要意义。以学科特色为导向的教学内容，确保了硕士生的学以致用；研究型教学模式和案例教学法则充分调动了学生的学习主动性，锻炼了其科研思维方法，对所学内容能够举一反三、灵活运用；点面结合的综合考核模式，强化了其研究性学习过程，不仅能更全面地反映硕士生对知识点的掌握程度，还很好地反映了其综合分析应用能力。教学实践表明，以学科特色为导向的研究生实验技能课程教学，能更好地服务于硕士生的科研试验，显著提高教学效果。

参考文献：

［1］曾静平．打造符合学科特色的研究生课程体系［J］．中国高等教育，2019（11）：56－58．

［2］胡早秀，赵永和，陈亚娟．医学研究生细胞培养实验课程的教学及改进［J］．教育现化，2017，4（10）：189－191．

［3］柴艺汇，高洁，吴大梅，李静，管连城，李文，秦忠，陈云志．中医硕士研究生细胞培养教学的探索与思考［J］．中国中医药现代远程教育，2018，16（16）：1－3．

［4］魏砚明，刘必旺，栾智华，薛慧清，王永辉．中医药类硕士研究生细胞培养实验技术课程教学改革探索［J］．中国中医药现代远程教育，2019，17（13）：144－146．

［5］王春梅，乔延江．细胞模型发展现状及应用于中药研究的探讨［J］．世界科学技术，2004（03）：29－32，85－86．

［6］李江维，许润春，王鹏飞．细胞培养技术在中药炮制研究中的应用［J］．中药与临床，2015，6（05）：60－63．

［7］黄海茵，郭映华，丁尔辛．体外细胞培养应用于中药复方研究的进展［J］．中国中西医结合杂志，2000，20（05）：394－396．

［8］陈永艳，朱卫东，袁浩．细胞培养技术在中药血清药理学中的应用［J］．齐鲁护理杂志，2010，16（25）：50－51．

［9］乔慧茹．关于研究生教学方法的新思考［J］．科技风，2009，4：271．

［10］雷程红，卢亚宾，苏艳，任瑞雪，穆再排尔·阿迪力．案例教学在兽医硕士专业学位研究生教学中的应用——以现代兽医免疫学课程为例［J］．教育教学论坛，2020（32）：293－294．

研究生课程学习效果研究
——以"农林资源与环境管理"课程为例*

北京农学院经济管理学院　黄雷　赵海燕　刘笑冰
北京农学院研究生处　何忠伟

摘要：本文以研究生课程"农林资源与环境管理"为例，分别从学生个人情况、教师教学、学生学习投入、评价反馈四个维度展开分析，通过定量方法的运用构建影响研究生课程学生学习效果的模型，进而分析学习效果的影响因素，得出结论：个人因素方面，研究生的经济管理学基础对"农林业资源与环境管理"课程的学习效果有较大影响；教师教学因素方面，教师对整个课程的全局把握，包括教师对课程教授内容，课程讲授的逻辑性、理论课、讨论课、专题讲座课比例安排，课程学术性与应用性的平衡等把握对学生的学习效果有较大影响；学生投入因素方面，学生对课程的兴趣高低与投入多寡是影响学生"农林业资源与环境管理"课程学习效果不可忽视的因素。

关键词：学习效果；教师教学；学生投入；评价反馈

当前，我国研究生教育发展正在进入一个战略转型期，即从以规模发展为主转变为以内涵式发展为主。在这一时期，全面提高研究生教育质量成为我国研究生教育的核心任务。研究生教育质量取决于研究生的学习过程，从教育心理学的视角分析，研究生学习的有效性影响着最终的培养质量[1]。探讨研究生的有效学

---

* 基金项目：2020 年学位与研究生教育改革与发展项目之研究生优秀课程"农林资源与环境管理"建设项目（2020YJS009）。作者简介：黄雷，副教授，主要研究方向：林业经济、环境经济，电子邮箱：pinbodaodi517@126.com；何忠伟，教授，主要研究方向：都市农业理论、农业技术经济，电子邮箱：hzw28@126.com；赵海燕，教授，主要研究方向：都市农业政策；刘笑冰，副教授，主要研究方向：林业经济、资源经济。

习不能仅限于关注研究生学习存在的问题，必须科学地研判影响研究生有效学习的具体因素，有针对性地探讨提高研究生学习质量的途径与方法。关于有效学习，之前相关学者探讨了概念界定以及学习现状、学习适应、学习投入、学习倦怠等影响因素，但在实际学习环境中，研究生的学习存在的问题众多，如学习目标低、功利性太强、学习主动性不强，创造性不强、学习方法不变等[2]。

一、数据来源

本文的调研对象是北京农学院修过"农林资源与环境管理"或正在学习这门课的研究生，调研的目的是挖掘影响研究生课程学习的具体因素，即研究生课程学习的效果研究。2020年8月对10份问卷进行预调研，通过统计软件进行信度分析，剔除掉问卷中一些不太合理的问题。2020年9月起通过网络问卷和上课实地发放调查问卷的方式展开调查。由于"农林资源与环境管理"课程在北京农学院硕士生培养方案中（包括学术型硕士和专业硕士）均为选修课程，选课人数不多，因此本次问卷调查的方式是普查，即按照历年选修本课程的选课名单，向名单中的学生发放问卷。共发放问卷86份，其中通过网上发放问卷64份，上课直接发放22份，剔除不合格问卷6份，共回收80份问卷，问卷有效回收率为93.02%。由于本次调研的方式为普查，问卷的对象涉及研一到研三的部分学生（含学术型硕士和专业硕士），被调学生的年级分布和类型分布如图1、图2所示。

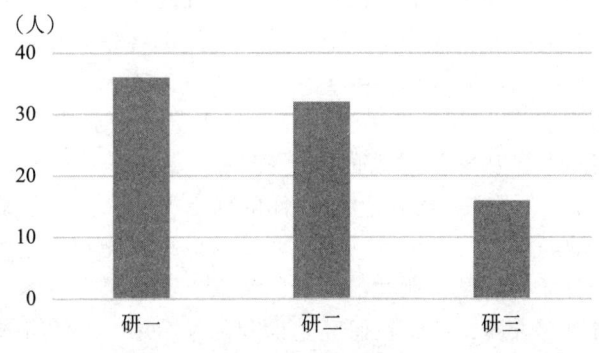

图1　调研学生的年级分布

通过统计软件对调查问卷结果进行信度分析发现，在回收的有效问卷中95%的学生能认真积极地回答问题，能真实地体现回答意愿，保证了数据的完整性和有效性。

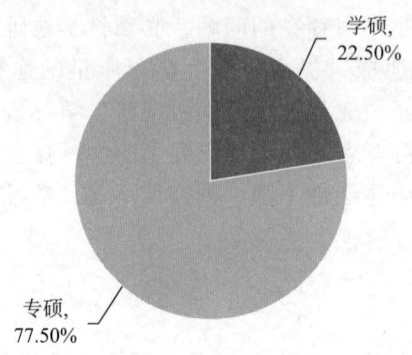

图 2　调研学生的硕士类型比重

二、问卷设计与变量设定

直接或间接影响研究生课程学习效果的因素很多,本文从课程的两个基本环节"教"与"学"设置问卷,另外考虑到了学生个人因素对学习效果的影响以及学习效果的反馈。由此,本文的调查问卷分别从学生个人因素、教学方法与内容、学生学习投入、学习效果反馈四个方面设置问卷问题和变量。

学生个人因素方面,除了性别和年级这些基本情况之外,还考虑了学生学习本门课程的基础问题和学生类型问题。学习本门课程的基础问题设置两个问题(变量),即"本科是否为经管专业"和"本科是否学习过资源环境经济学"。被调查学生如果本科为非经管专业或没有学过资源环境经济学,学习本课程需要补充学习本科阶段的资源环境经济学以及所涉及的经济学相关知识。因此,与本科阶段学过资源环境经济学的被调查学生相比,本科为非经管专业或没有学过资源环境经济学的被调查学生学习本课程存在明显差异,势必会影响课程的学习效果。学生类型问题主要从学生过去的经历和招生类型的不同设置两个问题(变量),即"你是否有全职工作经历"和"你的硕士类型(学硕还是专硕)"。学生是否有全职工作的经历,其对课程的需求和学习效果可能存在差别。此外,由于学硕和专硕培养目标的差异,在学习课程的侧重点和效果上可能存在差异。

教学方法与内容方面,由于在研究生课程的学习中,讲授环节依然占有重要地位,因此课程教授环节会直接影响学生的学习效果。由此,在调研问卷中本部分分别对课程内容、授课方式、课程讲授逻辑性、课程安排(讨论课、专题讲座等)、课程考核方式五个方面设置问题和变量。力图通过以上五个方面的研究,分析这些因素对学生学习效果的影响程度,进而提出对"农林资源与环境管理"课程在教学方面的改进建议。

学生学习投入方面,由于在研究生的学习过程中,不太可能出现教师向学生"填鸭式"地直接灌输,而是要学生自学或课堂互动。因此,学生自身对课程投入的多少直接影响学生的学习效果。由此，在学生学习投入方面，在调研问卷中本部分分别从学生选课动机、学习兴趣情况、课前预习情况、课上学习情况、课后投入状况五个方面设置问题和变量。目的是通过以上五个方面的调研，分析学生对本课程的学习投入状况对其课程学习效果的影响程度。

学习效果反馈方面，基于学生自身因素、教师的教学因素、学生的投入因素的共同影响，可能会导致学生学习效果的差异。另外，由于学术型硕士和专业型硕士对课程需求以及培养方案中培养目标的差异，因此，在问卷设计中除了设置学生课程总体满意度的评价，还设置了学生对课程学术性和课程应用性的评价。

基于以上分析，本文以学生对"农林资源与环境管理"课程的满意度为因变量，从学生自身因素、教师教学、学生投入三个角度设置 21 个指标作为自变量，分析影响"农林资源与环境管理"课程满意度的具体因素。各指标（变量）描述见表1。

表 1   变量描述

因素	变量	代码	变量赋值	均值	标准差
个人因素	性别	X_1	男 =1，女 =0	0.36	0.44
	是否有工作经历	X_2	是 =1，否 =0	0.12	0.52
	硕士类型	X_3	学硕 =1，专硕 =0	0.23	0.90
	年级	X_4	研一 =1，研二 =2，研三 =3	1.60	0.72
	本科是否为经管类专业	X_5	是 =1，否 =0	0.70	0.25
	本科是否学过资源与环境经济学	X_6	是 =1，否 =0	0.14	0.38
教师教学因素	授课内容更新程度	X_7	没有更新 =0，更新较少 =1，更新一般 =2，更新较多 =3，更新很多 =4	3.44	0.98
	授课过程互动情况	X_8	没有互动 =0，互动较少 =1，互动一般 =2，互动较多 =3，互动很多 =4	2.92	1.14
	授课安排的逻辑性情况	X_9	逻辑性不好 =0，逻辑性较差 =1，逻辑性一般 =2，逻辑性较好 =3，逻辑性很好 =4	3.24	0.86

续表

因素	变量	代码	变量赋值	均值	标准差
教师教学因素	针对某一焦点的讨论课安排情况	X_{10}	没有安排=0, 安排较少=1, 安排一般=2, 安排较多=3, 安排很多=4	2.82	0.88
	专题讲座安排情况	X_{11}	没有安排=0, 安排较少=1, 安排一般=2, 安排较多=3, 安排很多=4	2.96	0.62
	英文授课安排情况	X_{12}	没有安排=0, 安排较少=1, 安排一般=2, 安排较多=3, 安排很多=4	2.06	0.48
	考核方式多样化安排状况	X_{13}	考核方式单一=0, 考核方式两种及以上=1	0.42	0.36
	教学形式	X_{14}	课堂讲授=0, 网上授课=1	0.48	0.44
学生投入因素	选课动机	X_{15}	按导师要求,被动选课=0, 按照自己兴趣,主动选课=1	0.62	0.50
	课前预习状况	X_{16}	是=1, 否=0	0.24	0.72
	课前对环境资源热点问题关注情况	X_{17}	没有关注=0, 关注较少=1, 关注一般=2, 关注较多=3, 关注很多=4	2.30	1.85
	阅读相关文献情况	X_{18}	没有阅读=0, 阅读较少=1, 阅读一般=2, 阅读较多=3, 阅读很多=4	2.18	1.78
	课后完成作业或准备讨论课情况	X_{19}	没有准备=0, 准备较少=1, 准备一般=2, 准备较多=3, 准备很多=4	2.82	1.24

续表

因素	变量	代码	变量赋值	均值	标准差
评价反馈	课程学术性	X_{20}	很差=0，较差=1，一般=2，较好=3，很好=4	3.10	0.68
	课程应用性	X_{21}	很差=0，较差=1，一般=2，较好=3，很好=4	2.86	1.12

三、模型的构建

B – Logistic 回归模型是一个二元概率模型，其因变量 Y 变化范围被限制在区间 [0，1] 之间，特别适用于因变量为"是、否"的数据统计分析[3]。本文将"您（学生）通过研究生课程'农林业资源环境与管理'的学习，是否有显著提高？"作为衡量研究生课程教学有效性的因变量，该变量是一个二元变量，即"是=1，否=0"，因此本文研究特别适合构建 B – Logistic 回归分析模型。基于上述变量分析，本文从学生自身因素、教师教学、学生投入、评价反馈四个角度设置 21 个指标分别进行回归分析。模型形式如下：

$$\ln(p/1-p) = \beta_0 + \beta_1 x_1 + \cdots + \beta_p x_p + \varepsilon$$

在自变量 $x_1, x_2, \cdots, x_p$ 作用下，y 取"是"的概率是 p，则取"否"的概率是 $1-p$，研究的是当 y 取"是"发生的模率 p 与自变量 $x_1, x_2, \cdots, x_p$ 的关系。$\beta_0, \beta_1, \cdots, \beta_p$ 是模型的待估参数。

本文依据计量经济学相关原理，运用 SPSS 19.0 统计软件，运行输出的回归结果如表 2 所示。

表 2   回归结果表

因素	代码	B	Sig.
个人因素	X_1	0.882	0.143
	X_2	1.059	0.253
	X_3	-1.422**	0.046
	X_4	0.941	0.182
	X_5	1.603**	0.044
	X_6	1.029	0.116
教师教学因素	X_7	1.864**	0.035
	X_8	1.962**	0.047
	X_9	1.120**	0.036
	X_{10}	1.744**	0.026

续表

因素	代码	B	Sig.
教师教学因素	X_{11}	2.161**	0.017
	X_{12}	0.865	0.148
	X_{13}	0.742	0.316
	X_{14}	1.052*	0.071
学生投入因素	X_{15}	1.310	0.219
	X_{16}	0.983	0.372
	X_{17}	2.675**	0.033
	X_{18}	2.195**	0.028
	X_{19}	1.512**	0.041
评价反馈	X_{20}	1.965**	0.048
	X_{21}	2.087**	0.039

注：*、**分别表示在10%、5%的水平显著。

本文还对模型进行了多重共线性检验，统计软件检验结果为 VIF 小于 2，这说明本模型中自变量间的多重共线性不强，即不存在明显的多重共线性。此外，本回归模型的预测精度为 81.76%，模型回归的效果良好，回归分析具有较好的可靠性。

四、回归结果分析

由表 2 的回归结果可以看出，影响学生"农林资源与环境管理"课程的学习效果的因素较多。具体分析如下：

（一）个人自身因素

由表 2 中的回归结果可以看出，个人自身因素对学习效果影响是存在的，但并不是所有的具体因素均为显著的。从显著性来看，研究生的"性别""工作经历""年级""本科是否学过资源与环境经济学"均不显著，只有"硕士类型""本科是否为经管类专业"这两个变量在 5% 的水平下是显著的。从模型中两个变量的符号和数值来看，专业学位硕士的学习效果高于学术型硕士。结合北京农学院农林经济管理专业的实际情况：学术型硕士大多数为调剂生，且本科大多数为非经管类专业，而专业学位硕士的本科专业大多数为经管类专业。由此看出，由于学术型硕士和专业型硕士在经济管理知识基础上的差异，产生了课程效果的差异。

（二）教师教学因素

由表2中的回归结果可以看出，教师教学因素对学习效果影响是存在的。除了"英文授课""考核方式""教学形式"这三个变量在5%的显著性水平不显著之外，"课程内容""教学互动""授课逻辑性""讨论课设置""专题讲座设置"这些变量都是显著的。由此可以看出，教师教学因素对研究生的学习效果影响很大。从各变量的估计参数和符号来分析，"讨论课设置"和"专题讲座设置"对学生学习效果的影响较大。由此可以发现：与本科生相比，研究生对课程的需求是完全不同的，研究生对课程研究领域中某一个焦点的讨论以及外请专家专题讲座的需求更强，对其学习效果的影响更大。这体现了影响研究生学习效果已经不仅仅是对课本的讲授，而是应用"农林资源环境与管理"课程所学的知识去解决实际问题的能力，以及通过外请专家的讲座学习和了解课程较为前沿的知识和热点问题。

（三）学生投入因素

由表2中的回归结果可以看出，学生投入因素对学习效果影响是存在的。除了"选课动机"和"课前预习"这两个变量不显著之外，"焦点问题关注""阅读文献""课后复习与准备"这些变量都是显著的。由此可见，影响研究生学习效果的因素不仅仅来源于教师教学，还来源于学生对整个课程学习的投入。从各变量的估计参数和符号来分析，"焦点问题关注""阅读文献""课后复习与准备"的符号均为正，且参数估计值相差不大。由此可以发现：对焦点问题关注较多、课后复习与讨论课准备较多的学生，其学习效果更好一些。结合前文对教师教学因素的分析结果，更印证了在教师教学和学生投入相辅相成下，学生通过运用所学知识提高解决实际问题的能力可以提高学习效果。此外，阅读相关文献较多的学生，其学习效果更好一些。结合前文对教师教学因素的分析结果，正是讨论课和专题讲座的设置，进一步满足了学生对于焦点问题和研究前沿知识的需求，刺激学生进一步查找和阅读相关文献，从而提高了学生的学习效果。

（四）评价反馈

由表2中的回归结果可以看出，评价反馈对学习效果的影响是存在的。评价反馈设置的两个变量均在5%的水平下是显著的，这说明学生对课程的需求既要求课程的学习具有实用性，又要求课程的内容安排具有学术性。结合前文对教师教学因素和学生投入因素的分析，可以看出：教师教学因素中的"课程内容""教学互动""授课逻辑性""专题讲座设置"，学生投入因素中的"阅读相关文献"，这些变量均是显著的，侧重反映学生对课程学习中学术性的要求。教师教学因素中的"讨论课设置"、学生投入因素中的"焦点问题关注",这些变量也均是显著的,侧重反映学生对课程学习中应用性的要求。

五、结论与建议

(一) 结论

通过对北京农学院修过"农林资源与环境管理"课程的研究生的问卷调研以及数据分析,本文找到影响学生学习效果的显著因素,并得出以下结论:首先,无论是学硕还是专硕,研究生的经济管理学基础对"农林资源与环境管理"课程的学习效果都有较大影响。其次,教师对整个课程的全局把握,包括教师对课程教授内容,课程讲授的逻辑性,理论课、讨论课、专题讲座课比例安排、课程学术性与应用性的平衡等把握对学生的学习效果有较大影响。最后,学生对课程的兴趣高低与投入多寡是影响学生"农林业资源与环境管理"课程学习效果不可忽视的因素。

(二) 建议

1. 增加学生经济管理基础知识学习

由于经济管理学基础对"农林资源与环境管理"课程的学习效果有较大影响,而且学硕中本科为非经管专业毕业的研究生所占比例不低。因此在以后的课程设置中,可以适当增加对经济管理学基础知识的讲授课时。努力做到补充非经管专业毕业学生、巩固经管专业毕业学生的经济管理学基础,最终达到提升学生学习效果的目标。

2. 加强课程优化建设

通过对学生调查问卷原始调研数据的分析,发现学生对研究生课程的要求是要做到学术性和应用性的结合。因此在以后的课程设置中,教学内容方面定期更新教学内容,不搞纯理论教学,做到教授的理论联系实际,增加案例教学比重和学生讨论成分。既加强了上课内容的逻辑性又能够与学生需求和社会需求相适应。教学安排方面,增加专题讲座课的比重,灵活设置专题前沿讲座,将专题讲座分为教学案例为中心的应用型专题讲座和就某一前沿领域的学术性专题讲座,努力满足课程学术性和应用性的平衡,进而提升学生的学习效果。

3. 提升学生的学习兴趣

教学过程中"教"与"学"两个环节是相辅相成的,通过分析可以发现学生学习投入是影响其学习效果的重要因素,学生的学习兴趣又是影响学生学习投入的主要原因,如何提升学生的学习兴趣是关键。因此,在课堂教学中应做到教学方式和方法的多样化，做到由教授知识向教授知识和方法的转变，向学生灌输"思辨"的教学理念。在课堂教学中调动学生兴趣，激发学生运用所学知识和方法去发现问题、思考问题，并在讨论课中允许学生将这些问题提出来，以便全体师生共同思考和课堂互动，进一步激发学生的求知欲望，努力使学生适应研究生课堂中研究性的学习方法。

参考文献：

[1] 周海涛，胡万山．研究生有效教学的特征［J］．学位与研究生教育，2019（02）：24-29.

[2] 施丹，崔雪丽，李林竹．研究型农业高校专业文献阅读课程学习效果影响因素与提升对策［J］．农业教育研究，2016（10）：22-25.

[3] 王兆林，王娜．研究生课程教学有效性的影响因素分析［J］．黑龙江高教研究，2019（01）：62-65.

农业院校研究生培养中课程思政教学路径的探索与实践

——以"农村社会工作"课程为例*

韩芳

摘要： 农业院校研究生的培养目标是满足社会需要和乡村振兴人才需求，除了扎实的理论基础和专业技术，其思想道德水平的提升也是人才培养的重要衡量指标，要将研究生培养成为德智体美劳全面发展的合格人才。本文以北京农学院农村发展、社会工作专业硕士点的"农村社会工作"课程为例，分析当前农业院校研究生课程思政育人现状和制约因素，深入探讨北京农学院在培育和建设课程思政示范性课程方面，通过设立研究生课程思政项目，探索农业院校研究生课程思政教学路径，总结研究生课程思政项目的课程思政育人特点和成效。

关键词： 农林院校研究生；课程思政；教学路径；农村社会工作

高校全面贯彻党的教育方针、落实立德树人的根本育人任务，除了需要继续发挥思政课程的主渠道作用，更需要充分发挥课程思政的作用和功能，实现两者同向同行，这是当前推动高校思想政治工作的一个重要路径，已成为高校思想政治工作新的生长点。卓越创新人才的培养离不开对国情、社情、党情的充分把握，专业课程体量大、覆盖面广，专业课程的思想政治教育显得尤为重要，能够使学生尤其是农业院校的研究生提升家国情怀和奉献"三农"的愿景。本文通过探索北京农学院农村发展、社会工作专业硕士点的"农村社会工作"课程思

---

* 本论文为北京农学院 2020 年研究生教育教学改革项目"'农村社会工作实务'课程思政建设"成果。作者简介：韩芳，北京农学院文法与城乡发展学院副教授，研究方向为农村社会工作，电子邮箱：nongxueyuan2003cn@163.com。

政，试图拓展思想政治理论课程的载体，通过课程教学实践和调研走访教师和研究生，深入研究课程思政在农业高校中建设的现状、师生的需求、存在的问题和原因，最后提出有针对性的建设路径和方法。北京农学院作为高水平复合应用型高校，人才培养中对学生思想政治修养水平要求更高，因此通过本文探讨农业院校专业课程中如何挖掘课程思政内涵，达到提升人才的思想政治素质的目的。

一、农林院校研究生课程思政教育的现状及存在的问题分析

在教育理念上，高校研究生思想政治教育与专业课程教学"两张皮"现象尚未根本改变。思想政治教育仍然处于"孤岛化、空泛化、标签化"的困境，研究生思想政治教育重点放在马克思主义学院承担的课程（即科学社会主义、自然辩证法）上。而对于通过专业课程传授实现价值引领的全课程育人理念没有完全树立起来，专业课程关注专业知识的讲授而没有更多发掘专业课程中思想政治教育的元素，专业课程思政育人作用发挥不足。

在课程体系上，农业院校对研究生课程思政的认识程度高但实践效果不平衡。在传统的高等教育中不同程度地存在重理论轻实践、重专业轻思品工作现象。农业院校的定位和人才培养目标是培养懂农业、爱农村、爱农民的人才，所以对研究生的思想政治教育显得尤为重要，从事"三农"领域工作的人才要有高尚的情怀，正如中国农业大学校训"解民生之多艰，育天下之英才"、北京农学院校训"厚德笃行，博学尚农"都充分体现了德育的重要性。因此，仅靠思想政治课程进行思想道德品质的提升是不够的，要把德育渗透到每门专业课程之中。

在课程思政师资建设上，当前教师课程思政方面培训有待加强。一方面，大部分的高校专业教师博士毕业"出校门进校门"，忙于钻研业务和专业课教学，其思想政治觉悟未能被充分激发，尚未认识到课程思政的内涵、价值和意义；另一方面，专业教师在深入挖掘专业课中蕴含的思政元素、系统性设计课程思政教学实施方案、思想政治教育和专业能力训练安排等方面，在课程思政贯彻专业课程中发挥不够。

在课程思政授课效果上，研究生仍然存在重专业技能轻思想政治的问题。无论是任课教师还是研究生导师都把重点放在研究生科研训练、专业知识技能掌握、承担科研课题、撰写学术论文和毕业论文上，而很少关心学生课程思政内容和效果（见表1）。

从表1可以看到，专业硕士两年期间共约20门专业课程、5门公共课，其中专门的思政课有"中国特色社会主义理论与实践研究""马克思主义与科学方法论"。每周一次的研究生"尚农大讲堂"是北京农学院对研究生进行思想政治教

育的重要课程，主要是邀请专家学者、优秀校友进校园，与研究生沟通交流国内外"三农"政策法规、服务"三农"意识及"三农"前沿理论（见表2）。

表1　　　　　　　　　　　　研究生课表

	星期一	星期二	星期三	星期四	星期五
上午	1.农业经营法律制度； 2.农村社会学	1.社会政策分析； 2.农村社会与文化； 3.社会服务项目策划管理评估	1.农村公共管理； 2.乡村治理； 3."三农"政策与法律	高级社会工作实务	1.农村自然资源与环境保护制度； 2.社会调查和研究方法； 3.农村自然资源与环境保护制度	1.社会工作理论； 2.贫困与发展； 3.表达性艺术治疗高级实务； 4.社会组织培育与管理	农业经营法律制度	1.社会工作伦理； 2.社会研究方法
下午	1.英语； 2.中国特色社会主义理论与实践研究	1.社会工作实习专题研讨； 2.老年社会服务； 3.社会工作论文专题研讨	研究生"尚农大讲堂"		发展理论与实践	马克思主义与社会科学方法论	现代农业创新与乡村振兴战略

表2　　　　　　　　　　　"尚农大讲堂"主要内容

时间	主题	内容简介
2019年11月12日	浅谈中国茶文化	中国历代茶学文献及茶文化
2019年11月5日	初心·使命	让五星红旗在奥运赛场高高飘扬；守护·传承
2019年10月29日	学术前沿报告	栽培稻驯化的分子机理；猪重要功能基因挖掘和基因编辑；农业经济研究的热点问题与方法
2019年10月22日	中国传统礼文化与政治	中国传统文化的现代转化、非物质遗传传承与保护、区域文化（农村文化）规划
2019年10月15日	解民生多艰 立德树人育时代英才	强农兴农——曲周故事与曲周精神
2019年10月8日	新中国70年辉煌历程与基本经验	中华人民共和国成立70周年的艰辛历程和探索
2019年9月24日	探索三全育人的科技小院模式	科技小院的发展过程介绍

研究生教育属于高层次人才培养，对高层次人才应有更高的素质要求。"尚农大讲堂"在拓宽研究生的知识面，坚实专业基础，提升其科研能力，注重思想、政治、道德情操等综合素质方面起到了积极的作用。"尚农大讲堂"已经成为北京农学院研究生课程思政教育特色品牌。

党中央、教育部及各级部门高度重视研究生的课程思政工作，出台了一系列文件和政策，为各高校课程思政等思想政治工作的创新发展提供了政策支持、制度建设、实践探索等方面的保障。2017年12月公布的《高校思想政治工作质量提升工程实施纲要》要求全国高校大力推动以课程思政为目标的课堂教学改革，发挥专业教师课程育人的主体作用。但是，目前高校中关于课程思政方面的研究聚焦在挖掘专业课程中包含的教育思想、承担的教育责任、体现的教育方法、改革的方向目标等方面进行理论层面解读，在路径探索和典型案例凝练和推广方面还远远不够。农林院校培养乡村振兴、农村发展的复合应用型人才，对研究生的思想政治素质、奉献"三农"情怀的培养要求更高，因此课程思政要落地为课堂教学改革，从教学内容到教学模式深入思考，打造一批高水平的优秀课程，春风化雨培育一批懂农业、爱农村、爱农民的服务乡村振兴的优秀人才。

二、"农村社会工作"课程思政建设的探索和实践

北京农学院研究生课程"农村社会工作"为研究生院课程思政教改项目，在课程思政课程建设方面，"农村社会工作"教学团队以培养面向乡村振兴，培育具有家国情怀和行业理想的"三农"领域复合应用型创新创业人才为育人导向，立足"农村社会工作"深入挖掘专业课中蕴含的思政元素，将专业发展状况嵌入价值引领，全面推进研究生专业课程的课程思政教学改革。

北京农学院研究生课程思政教改项目基于学科的发展和专业培育目标，结合当前重大战略及规划，遴选2门专业课程（"农村社会工作""涉农法律问题研究"）进行课程思政试点建设。培训引导各试点课程授课教师充分研讨、深入挖掘专业课程中所蕴含的思政元素，既遵循专业课程建设的规律和逻辑，又遵循研究生群体思想观念变化规律和认知规律。形成思政育人效果突出的研究生课程思政试点项目课程群，对农林院校专业通过课程思政育人起到了很好的示范作用。下面结合"农村社会工作"课程思政教学路径，对课程思政教学路径的教学设计和特点进行具体阐释。

（一）专业课程中嵌入课程思政元素

根据专业课程中蕴含的丰富的爱国情怀、社会责任、文化自信等课程思政理念，将课程思政元素嵌入本科人才培养方案、课程大纲、教学过程、成绩考核

等。这一教学方法适用于教学内容不局限于专业基础知识讲授、教学形式及考核形式可灵活多样的专业基础课程，如"农村发展""社会工作"专业硕士课程"农村社会工作""农村社会与文化"等。

"农村社会工作"课程是面向"农村发展"和"社会工作"专业硕士研究生的专业基础课，由教学环节和实践环节构成，采用项目式实践和服务学习的教学方法，培养学生热爱"三农"的情怀、关注弱势群体的价值观以及创新意识和实践能力。该课程的嵌入式课程思政教学设计包括以下三个环节：

教学环节嵌入培养研究生"三农"情怀。任课教师讲授基础理论，同时引入校内师资和校外专家资源，开阔学生的科研视野和眼界。在课程中专门嵌入"三农名家讲堂"，邀请国内高校"三农"问题研究专家、科研院所"三农"领域重量级人物进课堂，在课堂知识讲授过程中注重结合重点行业领域及先进技术前沿的情况。

实践环节激发学生对弱势群体的关注。采取服务学习的模式，通过校企、校政合作，研究生组成项目小组，开展专项服务，从服务项目设计、服务地点选取、需求调研到服务开展，校内外指导教师带领研究生小组走进农村社区，完成需求调研到方案设计和开展全过程，激发学生创新意识和实务能力，在解决实际问题和专业的农村社会工作服务中提升研究生对弱势群体的关注。

考核环节重点考察学生的创新意识和实践能力。采用小组项目展示与答辩的形式对学生的综合实践能力进行评价，邀请实务部门专家、一线村干部及村民担任评委，接地气而真实地对其开展项目进行反馈评价，从而激发学生的创新动力和创业意识。

（二）整合课程资源支持课程思政建设

本专业课程需要其他学科支撑的课程思政教学，依托农业院校自然科学学术科研资源优势支撑社会科学课程思政育人。这一课程思政的教学方法适用于可以融入学术精神、学术志趣培育的专业基础、专业选修等专业课程，如依托"农村公共管理""农村自然资源与环境保护制度""现代农业创新与乡村振兴战略"等课程资源。"农村社会工作"课程的支持式课程思政教学体系建设包括以下几个环节：

首先，带领研究生参观学校教育部、农业农村部等重点实验室，邀请自然科学教师为不同专业研究生进行相关现场教学，有条件的情况下让学生动手实践和参与，开展实践教学，激发学生对农业院校的归属感和对"三农"行业的兴趣，从而树立为"三农"奉献的职业生涯目标。

其次，依托自然科学学科科研项目等学术资源加强思政教学，邀请专业教师开展课上专题研讨，使得学生近距离接触涉农学科的前沿知识，培养文科学生的国际视野和学术志趣。

（三）拓展课程思政教学路径

整合行业专家资源和行业重点单位的实践资源来补充课程思政教学，依托农业领域、涉农产业界、学术界等校外软件、硬件资源优势补充课程思政育人。该路径适用于课程内容受限于专业基础知识的讲授，但又可以融入行业认同度、行业情怀培养的专业基础、专业选修等专业课程。

首先，邀请"三农"产业界专家资源补充思政教学，邀请农业合作社、家庭农场主、农业企业负责人、市民农园等行业专家参与课堂的授课与研讨，解读乡村振兴战略以及"三农"领域若干热点和难点问题，培养学生的家国情怀。

其次，带领学生赴"金六环"、红泥沟农场、"小毛驴"等有影响力的企业进行实践学习，使学生提前接触涉农行业，培养行业认同感和责任意识。

最后，邀请社科院农发所、中国人民大学、中国农业大学等"三农"领域专家进课堂，全面解读当前国内外前沿理论，鼓励学生参与实践补充思政教学，设计"三农"主题研究项目，让学生去农村社区实践调研，激发学生的社会责任感，培养学生的行业认同度和归属感。

三、农业院校研究生课程思政建设的启示

推进课程思政教育体系下专业硕士研究生教育教学改革，主要有以下几点启示：

第一，所有的课程思政建设都要依托于专业课程，发挥专业课程对学生的吸引力、专业教师对学生的影响力、实践教学对学生的驱动力，使得毕业生兼具"三农"专业领域知识和热爱"三农"的家国情怀。

第二，课程思政建设要充分动员专业师资力量，发挥专任教师的榜样作用。专任教师从教学、科研、服务社会几个方面把课程思政和学生培养有机结合起来，打造一支有担当、有思想、有格局的课程思政专业教师队伍。

第三，实现课程思政和思政课程的相互促进，挖掘专业课程中的思政元素，同时在思政课程中激发学生对专业的认同和热爱。发挥协同育人的作用，培养一批懂农业、爱农村、爱农民的服务乡村振兴和国家发展的卓越人才。

参考文献：

[1] 成桂英，王继平．教师"课程思政"绩效考核的原则和关注点[J]．思

想理论教育，2019（01）：80.

［2］邱仁富．"课程思政"与"思政课程"同向同行的理论阐释［J］．思想教育研究，2018（04）：112.

［3］高德毅，宗爱东．课程思政：有效发挥课堂育人主渠道作用的必然选择［J］．思想理论教育导刊，2017（01）：32.

［4］闵辉．课程思政与高校哲学社会科学育人功能［J］．思想理论教育，2017（07）：22.

［5］刘承功．高校深入推进"课程思政"的若干思考［J］．思想理论教育，2018（06）：63.

［6］肖香龙，朱珠．"大思政"格局下课程思政的探索与实践［J］．思想理论教育导刊，2018（10）：134.

［7］邱伟光．论课程思政的内在规定与实施重点［J］．思想理论教育，2018（08）：62.

［8］石书臣．正确把握"课程思政"与"思政课程"的关系［J］．思想理论教育，2018（11）：61.

［9］蔡小春，刘英翠，熊振华，等．全日制专业硕士产教融合课程教学路径的案例研究——以北京农学院为例［J］．高等工程教育研究，2019（02）：162-164.

思政元素融入"中药药理学"教学研究*

北京农学院动物医学系，动物类教学示范中心
姚华 陆彦 李焕荣 侯晓林

摘要：以实现全方位育人目标，积极挖掘"中药药理学"教学内容中蕴含的思政元素，进行课程思政探索和实践，逻辑性地设计课程思政，发挥专业教学与立德树人统一。通过融入列举中药药理学家的哲学思维、先进事迹、科学研究方法等进行课程思政教学，建立民族文化自信。使学生掌握专业知识与亟待解决的科学问题，形成一分为二、克服盲目自大的辩证唯物思维习惯，吸收一切先进文化科研精神。培养北京农学院中兽医药研究和临床应用优秀人才。

关键词：中药药理教学；教学改革；思政教育融合；路径

习近平总书记在党的十九大报告中庄严宣布中国特色社会主义进入了新时代。现阶段主要任务为全面建成小康社会，夺取新时代中国特色社会主义伟大胜利，实现中华民族伟大复兴的中国梦。我国社会主要矛盾转化为人民日益增长的美好生活需要和不平衡不充分的发展之间的矛盾。人才是社会发展的根本要素，必须坚定实施人才强国战略，加快建成人力资源强国。高等教育，特别是研究生教育是现阶段高端人才培养的摇篮，担负着重大历史使命[1]。

针对当前高等教育，特别是专业教育存在政治意识不牢、专业思想不够坚定、科研态度不够端正、马克思主义原理及科学发展观等理论知识与专业知识"两张皮"、没有学以致用的普遍情形。2016年的全国高校思想政治工作会议上，习近平同志指出："要坚持把立德树人作为中心环节，把思想政治工作贯穿教育

---

* 基金项目：北京农学院学位与研究生教育改革与发展项目。通信作者：侯晓林，电子邮箱：hxlsx@163.com。

教学全过程，实现全程育人、全方位育人。"所以，加强中国优秀传统文化的教育，积极弘扬社会主义核心价值观，增强文化自信和民族自信是高校教育的重要任务之一。[2]因此，将"课程思政"引入专业课是十分必要的，专业与思政相互配合，完成对大学生思想政治教育"知行合一"的培养目标。把爱国情、强国志、报国行自觉融入坚持、发展和建设中国特色社会主义现代化强国，实现中华民族伟大复兴伟大事业中。

一、"中药药理学"教学中课程思政的重要意义

中药药理学是以中医药理论为指导，运用现代科学方法，研究中药和机体（包括人体、动物体、病原体）相互作用及作用规律的融会中西的一门科学。中医思维是在崇尚科学、实事求是中医防病治病基础上发展形成的一种特殊的思维方式。教学中当然需要对中医理论有深刻的理解，将众多学科现代知识贯穿在中药药理教学中。中药药理学是祖国医学与现代医学的一座桥梁，对现代科学研究具有重要意义，通过教学让学生了解中医药的传统文化以及中药现代研究的成果，使学生热爱中医药和中国优秀传统文化，树立民族自信和文化自信，形成利用古今中外一切先进文化，立足中国，放眼世界的思维方法论，最终达到使中药为世界医学所理解，促进中西文化科学交流融合的目的。

动物医学研究生肩负着防治动物疾病，正确规范地使用动物药品，不让抗生素残留等影响到动物性产品安全，维护人类生命健康、生态平衡，建设绿水青山的重要历史使命[3,4]。学习中药药理学对于培养具有高尚的医德，正确的价值观、人生观，服务和建设中国特色社会主义现代化强国新时代兽医具有一定作用。因此，在"中药药理学"教学中强化对学生人文素养、职业道德、思政素质的培养，将课程思政融入教学，是新时代兽医人才的需要。

二、"中药药理学"专业教学与思政教学设计融合

中药药理学是北京农学院科研的重点和重要研究方向之一。在理论课和实验课教学中挖掘专业内容中蕴含的思想政治教育资源，把育才育德与强化使命融合，大力弘扬科学（家）精神和民族精神（创造精神、奋斗精神、团结精神、梦想精神、英雄情结），以美育人，以文化人，为中华民族的伟大复兴培养德智体美劳全面发展的社会主义建设者和接班人。

引入思政元素要讲方法、重实效，遵循合理和适度的原则。"合理"指的是内容要适合，通过多维度、多路径、重实效引入思政元素，思政元素与知识点无缝连接、精准对接、潜移默化、少而精，起到画龙点睛、润物无声的作用，升华

专业教学，切忌喧宾夺主。在思政元素和专业内容的关系上具体可以从几个方面引入思政元素，主要内容见表1。

表1　　"中药药理学"教学中思政教学融入点与教学目标

授课内容	课程思政内容融入点	教学目标
总论	中药药理学发展简史，融入李时珍编著《本草纲目》和抗击新型冠状病毒疫情的故事	培养对中医药文化的自信，使学生了解祖国药学和现代医学之间内在联系，引导学生形成爱党、爱国、爱社会主义、爱人民、爱集体、有担当、勇于奉献的精神
中药药性研究	中药药性形成与内容	培养崇尚科学、调查研究、实事求是的辩证思维，归纳演绎方法论，反对本本主义
配伍	中药处方君臣佐使	培养合作协同、团队服务意识、创新精神，反对个人主义、功利主义
影响中药药效的因素	药效学研究思路和方法的教学，中药的功效主治与中医药模型，药效是药物、病症、护理环境各方面的总效应	培养学生辩证唯物思维
药物动力学	借助动力学原理，研究中药单、复方及中药药动学规律	深化事物产生、发展、成熟、消亡动态规律，认识世界和国情演变，把握时代大势，引导学生矢志不渝听党话、跟党走，把个人理想与国家发展、民族命运结合起来，争做社会主义合格建设者和可靠接班人
解表药	马兜铃酸致癌，致肾炎、肾衰竭	以辨证和发展的眼光去看待中医药，培养破立有度、自信发展的创新精神
清热药	清热解毒药物与新冠病毒发病机制与防控，中国抗疫大国担当故事，张伯礼、钟南山事迹	培养学生脚踏实地，把远大抱负落实到实际行动中，激发学生自觉把个人的理想追求融入为国家和民族奉献的事业中，勇做走在时代前列的奋进者、开拓者的信心和决心
抗虫药物	诺贝尔奖获得者研究青蒿素的事迹	科学研究方法

（一）哲学思想

哲学是对基本和普遍问题的研究，是一种思考事物的方式。中药药理学自身包含有很多的哲学思想。在"中药药理学"教学中适当融合哲学思维中的辩证逻辑思维、抽象思维、普遍联系思维、批判思维和讨论对学生学习大有裨益。比如，中药药理学强调药物与疾病共性和个体差异之间的对立统一。在课程教学过程中除了强调其科学性，还要求在教学过程中让学生充分认识作用机制，运用马克思主义的辩证唯物主义和历史唯物主义观点来培养学生的辩证思维能力。

（二）培养学生爱国爱党爱民精神

在五千年中华文明的历史长河中，人们对事物的探寻充分体现了对生命的敬畏以及对民族生息繁衍的顽强与执着。"中药药理与发展简史"部分的讲授中，教师可讲述我国中药认识发展历程：从远古时期"神农尝百草，一日遇七十毒"，到《黄帝内经》《本草纲目》等专著问世，到近代以来中医药的盛衰荣辱，中华民族对自然和社会的探索从未停止，带领学生领略我国文化的渊远流长，增强学生的民族自豪感和爱国热情。

"责任意识、奉献精神"培育是思政教育的着力点之一，在本课程中，教师可引入抗击新冠疫情过程中的英雄人物和感人事迹。通过这些英雄的崇高品质和无私无畏的奉献精神引导学生勇于担当、见贤思齐、勤勉上劲，让正确的生命意识、责任意识及奉献精神伴随其职业生涯。

（三）增强学生的文化自信

文化自信是一个国家、一个民族发展中更基本、更深沉、更持久的力量。大道之行，文化引领。对于增强学生文化自信，课堂可从两个角度出发——中医药文化与饮食文明。中医药文化是中华民族生命健康力和医药智慧的结晶，是中华传统文化的精髓。教师通过讲述中药故事、引用古训，来引导学生的文化自觉。如明代李时珍决心学医时曾给父亲写下了这样感人的诗句："身如逆流船，心比铁石坚；望父随儿志，至死不怕难。"他凭借坚定的信念，潜心钻研30余年，著成《本草纲目》这一划时代的药学专著。通过屠呦呦研读中药古籍受到启发发现青蒿素的研究历程，引导学生认识中医药是一个伟大的宝库。学习先贤，志存高远，坚忍不拔。使学生在掌握专业知识的同时，提高文化素养，提升文化自信，增强民族自豪感，将其打造成为"有文化、有品味、有情怀"的社会栋梁之材。

（四）提升学生道德修养

人无德不立，育人的根本在于立德树人。中医文化的背后是深厚的中国传统文化哲学思想，用中医文化的哲学思想助推学生的思想道德培育。例如，教师在讲解药物药性时，可强调人与自然、人与社会、自身形与神之间关系的中和与和谐之美，告诉学生应遵从大自然的基本规律，对自然有敬畏之心，过度开采资源、铺张浪费都是不可取的，绿水青山就是金山银山。

创新是国家繁荣发展的力量之源。中医药文化要与时俱进、兼收并蓄、继承发展、有扬有弃，才能永葆生机与活力。让学生意识到不但"学而时习之"（学习与继承），更要不拘一格"学然后问"（提问质疑、发展与创新）。2017年10

月30日国家食品药品监督管理总局公布《可能含有马兜铃酸的马兜铃科药材名单》《含马兜铃属药材的已上市中成药品种名单》。马兜铃属（Aristolochia）及细辛属中成药因为含有致癌物而被禁用[5]。以此案例可鼓励学生对传统中药进行创新改进甚至修正错误，继承发展传统科学。

三、教学改革与思政教学专业课融合教学的感悟

首先，课程思政教育应从教师自身做起，真正实现教学相长。通过教学改革与思政融合，提高教学质量，学生学习热情浓厚，专业教师应在教育体系中发挥价值指导作用。同时巩固学生的专业热情和专业信念与学习理念。可以帮助学生认识中医药的益处，增强专业自信和民族自信。

其次，应坚持"以学生为中心"的教学理念，勿生搬硬套，在教学设计中，恰当引导，潜移默化将思政教育融入专业课堂教学中。

最后，教师自身应充满正能量，具备正确的价值观、坚定的理想信念和高尚的道德情操。

经过近4年的教学实践，学生普遍反映这门课有意思、有兴趣，学习积极性提高了，促进了研究课题的完成，研究水平和成果逐步提高。

参考文献：

[1] 李维军，杨丽．习近平关于思想政治教育重要论述的三重逻辑析论[J]．现代教育管理，2020（05）：7-14.

[2] 佘双好．习近平关于高校思想政治工作重要论述的发展过程及基本观点探析[J]．思想政治教育研究，2020，36（02）：7-12.

[3] 高利波，等．专业认证背景下动物医学专业人才培养目标分析[J]．畜牧与饲料科学，2021，42（01）：120-124，128.

[4] 张欣，等．我国高等院校兽医教育发展现状分析[J]．畜牧与饲料科学，2021，42（01）：108-113.

[5] 褚春晓，朱国福．马兜铃酸肾病研究进展[J]．中成药，2020，42（09）：2407-2412.

基于VR技术应用的研究生课程建设创新

北京农学院计算机与信息工程学院　赵宇昕　杜超　王一丁

摘要：本文针对传统的研究生培养模式中会受到的教学环境限制，为了改善教学环境，利用当今逐渐发达的虚拟现实技术（VR），通过其具有的沉浸性、交互性、构想性等特点，将其融合计算机图像学、人工智能、仿真、多媒体技术等多个领域，在教学环境中创建虚拟世界，为教学提供有力的支持。通过在学校中对VR技术相关项目的开展，不仅仅很大限度上改善了教学环境，还突破了传统教学环境的限制，并因地制宜地将各种VR场景与各个学院的专业特色和试验特点结合起来，不仅可以非常高效地培训并实践研究生的专业技能，还可以让各位研究生具备职业背景和参赛能力，在创新创业和大赛等方面都具有非常重要的意义。

关键词：VR；研究生；培养模式；虚拟现实

随着计算机技术的快速发展，与计算机软件技术或者计算机硬件技术延伸或结合的其他方面的技术也在如火如荼地发展着，虚拟现实技术（Virtual Reality，简称VR）就是其中之一。它早些年高高在上，只是出现在某些高科技的技术展览会上，形形色色的VR头盔和手柄、偌大的幕布，都显得那么神奇，如今虚拟现实技术正在逐渐揭开它神秘的面纱，走入寻常百姓家。随着教育教学模式的不断改革，虚拟现实技术也正在和教学结合起来，这意味着将在高校教学领域中掀起一场前所未有的改革创新风暴，让个性化教学发挥出最大的创新性。

最初的教学模式都是黑板、粉笔字，发展到了现在的多媒体教学，教学改革

＊ 基金项目：2020年北京农学院学位与研究生教育改革与发展项目。作者简介：赵宇昕，北京农学院计算机与信息工程学院科研副院长。杜超，北京农学院计算机与信息工程学院农业工程与信息技术专业在读硕士研究生。王一丁，北京农学院计算机与信息工程学院农业工程与信息技术专业在读硕士研究生。

依旧没有停下大步向前,逐渐发展得更为多元化。但是,无论怎样发展,再丰富的教学模式都是以教师为授课中心,这样就可能会出现学生学习热情降低、接收知识效率低下、课堂上的参与性不够、兴趣性不高的情况。所以基于 VR 技术应用的研究生培养模式创新非常有意义,这样的培养模式为弥补教学的短板提供了新的可能性。

通过 VR 技术可以构建一种沉浸式、充满想象力以及交互性极强的三维虚拟实物场景,能够通过对想要参观展览的实物模型建模,让用户能够身临其境地体会到模型场景的逼真的交互性和真实性。这些感知都是场景中的物体的动态交互感知。学生通过亲自建立 VR 场景中的模型,并亲自进行试验操作,就可以将所学的知识迅速地融入实践中,这是对所学知识由点到面、由面到体的系统转换,这样的体验,可以让学生更好地理解和掌控所学的内容。

将 VR 技术运用到教学实践中,积极地发展基于 VR 技术应用的研究生培养模式创新,有利于通过更深层次的体验式教学充分发挥学生的主动性和创造性,更好地体现学生的主体认知作用,让学生的学习效果和学习效率迈向新的台阶,让教学模式中的重点从更重视知识的传授向学生学习的主体性和创新性倾斜。这是对学生创新能力的培养,也可以活跃高校课堂的气氛,对国家培养适应社会、具有高水平的实践能力与创新意识、全面发展的高素质人才,具有无比重要的意义。

一、AR/VR 技术应用对研究生培养模式创新的影响

虚拟现实(VR),是以计算机技术为核心,并利用电脑设备及外部设备模拟仿真三维空间环境和人类的感觉,结合相关的科学技术,最终生成一定范围内真实环境在视听、触感等方面高度近似的数字化环境。用户可以借助必要的数字化装备和与数字化环境中的对象来进行交互作用,与数字化环境中的对象来进行对话,从而达到相互影响的效果,并能够对用户产生身临其境的感受和体验。

通常 VR 技术具有三个显著的特点:强烈的身临其境的"沉浸感",用来增强体验;非常友好的人机交互性;刺激的构想性,能够实现体验者在现实中难以进入以及难以企及的时间或者空间中。

增强现实(Augmented Reality,简称 AR),是广义上的虚拟现实的拓展,AR 技术通过使用计算机技术,来将虚拟的信息叠加到真实世界,通过将真实的环境与虚拟的物体实时融合到同一个画面中,允许用户看到真实世界以及融合于真实世界之中的虚拟对象,因此增强现实是增强了现实中的种种体验,而不是替代了现实。

现在的 VR 或者 AR 技术都广泛地应用于游戏、医疗保健、城市规划、室内设计、工业、古迹、房屋建筑、户型参观展览等众多领域，来为用户提供切实可行的解决方案。VR 技术通过视听、触觉等作用于使用者，对使用者的各种行为做出动态的交互反应，其互动性和生动的表现效果与现代教育理念中的开发性、创新性，使用者主人公化的理念都不谋而合。

大量的教学实验都表明，AR、VR 技术应用对于提高学生学习兴趣，增强学生的主动性，从而最终促进教育的发展都有明显的优势，因为这样的教学模式，不再是传统模式中教师单向死板的传输、学生被动的接受局面，而是双向主动，互动性强、趣味性强。借助于 VR 技术应用强的沉浸感和想象力的独特优势，让学生提升了学习的深度和广度。通过让学生研发 VR/AR 的实际应用，就可以大力地发挥学习的主动性，让学生从以前的被动学习更多的发展成为自主学习、体验学习、探究式学习，显著提高学习效果。

高校的教学效果的提升一直与信息新技术的发展和创新关系密切，从我们过去的传统的课堂教学手段发展到图文教学，再到多媒体教学、以 VR 为代表的视化教学技术，以 VR 技术应用的研究生培养模式创新必将对高校教育产生深远的影响，也必将成为教学发展和改革的新方向。

二、AR/VR 技术应用对研究生教学模式革新的内容

教学模式通常是指在长期的教学历史经验中，在一定的教学思想或教学理论指导下建立起来的较为稳定的教学活动结构和活动程序，这样的活动程序通常是总结出来的最为高效的，适应当下教学环境条件和背景，能够最大限度激发教师和学生的教学或者学习效率。这是教学模式中可以复用的框架，包含了教学中常用的因素，例如教学思想、教学理论、教学目标、教学程序、师生的角色作用。不同的师生角色、不同的教学环境都可以形成不同的教学模式，作为整体的结构框架，突出了教学模式的有序性和可操作性。通过将 AR/VR 技术应用在教学中，会对教师和学生的角色和目标都产生一定程度的影响和转变，使老师和学生的位置发生了巨大的转变，通过提升学生的主观能动性，让学生设身处地地去感受一些逼真的试验道具，从而极大地增强学生学习的兴趣，这样的情景下，更容易触发学生的创新能力，让学生的学习能力能够更大程度地迸发出来，从而让学生在兴趣中进行学习，让学习过程事半功倍。

之所以要将传统的教学理念不断地向应用 VR 技术的新型创新教育模式转变，是因为传统的教学理念中知识往往是从教师教授给学生的，由学生被动地吸取，而变革后的新型教学模式是把学生当做主动吸取知识的主体，更加注重如今素质教育中学生学习过程的阶段。老师传输知识的作用在一定程度上弱化了，而

转变为辅助专家。借助 VR 或者 AR 应用设备的沉浸性、构想性以及交互性的特点，让学生具备了对虚拟场景的认知，情景认知理论认为，大多数的知识都是人的活动与情景的交互的产物。所以如果能够为认知者或者学习者提供真实的学习环境或仿真情景的话，可以很大程度上提高学习者的学习热情和创新能力，基于兴趣和学生自身对知识获取途径的积极改变，在对于研究生的学习和对相关领域的研究与发展中都能够起到良好的促进作用，进而提升学生的学习质量。

三、AR/VR 技术应用在教育领域的发展现状

AR/VR 技术营造出的是一系列的信息，其中有模拟现实的图形、声音、视频、动画等，今后科技的发展，甚至还可能有味觉和嗅觉等的信息。VR 技术带给人的感觉是沉浸式的，这正好符合教育理念中的"情景构建"理论，所以 VR 技术与教育领域的结合一定可以更好地辅助教学，可以为教育工作者带去全新的教学展示方式，为学生带去生动有趣的立体课堂。我们可以在一间教室中搭建多个 VR 模拟空间，进行学科的情景演示以及各种危险或较难实现的场景展示，从而让学生能够更加直观地看到实验和教学过程。如今，这项技术已经在教育领域有了多方面的应用，适合学前至大学各个学段的教学。在幼儿园里，能为幼儿提供寓教于乐的游戏化教学。例如，生活习惯模拟练习、自然科学知识的认知和探索。在小学里，能为小学生提供仿真场景学习体验。例如，历史场景的重现，防范危险的安全场景体验。在中学里，能为中学生提供虚拟实验。例如，化学实验、物理实验和生物实验。在大学里，能为大学生提供模拟职业实训，为日后的就业打下坚实基础。例如，民航模拟舱实训、医学临床模拟实训、设备维修模拟实训。

（一）儿童教育

一本名为《比林赫斯特》（*Billinghurst*）的书就应用了 AR 技术，通过构建 3D 动画让孩子戴上特殊的眼镜就能看到虚拟的场景来进行学习。对于儿童来说，游戏是他们最感兴趣的，那么通过 VR 技术的虚拟现实，就可以让孩子与教师通过虚拟环境来进行互动，这样也能够提高学习兴趣与能力。

（二）远程教育培训

由于距离或者其他原因，可能有人不能在现实的教室中上课，斯坦福商学院就解决了这样的问题，通过 VR 技术，让学生可以远程学习，如同在教室里学习一样，最终也会颁发相应的结课证书，大大地方便了不同环境下的学生学习。

（三）普通的课堂教学

在传统的教学中，老师们只能进行简单的语言、图片、视频教学，较为枯燥，有的同学也可能想象不出来那些空间变换等问题，这样就会导致学生的理解出现差错。Kravala 等学者就应用 AR 技术解决了这一问题，他们让学生转动虚拟的地球来了解地球与太阳的大小、位置等关系，让学生理解白天黑夜是如何产生的。

四、目前工作现状

（一）已开设课程

为了让学生们掌握 VR、AR 技术相关专业理论知识，具备 VR、AR 项目交互功能设计与开发，三维模型与动画制作，软硬件平台设备搭建和调试等能力，达到能够从事 VR、AR 项目设计、开发、调试等工作的高素质技术技能人才，现已开设 VR 有关课程，核心课程有动画场景制作（3DMAX）、C#程序设计、Unity 3D 虚拟现实开发等，从而让学生们可以由小组或是团队来独立完成 VR 的设计与制作。

（二）本科科研训练项目

在学校举办的本科科研训练项目中，北京农学院由研究生指导本科生完成两项 VR 相关项目，其中有利用 VR 技术模拟场景实现室内趣味锻炼、校园增强现实应用程序开发。室内趣味锻炼项目主要研发利用 VR 技术模拟场景实现室内趣味原地跑步锻炼（用一根弹力带将自己固定在室内某个地方），以顺应不同人群和市场的需求。本项目开发两个模式，分别是简单模式和困难模式，简单模式中是令人舒缓的场景（譬如海边、操场等），是针对那些不敢挑战刺激性游戏的人群，而困难模式则是令人紧张的场景（譬如末路逃亡、恐怖森林等），是针对那些敢于挑战刺激性游戏的人群。校园增强现实应用程序开发项目以 AR 技术为载体为参观者提供文字介绍、语音介绍和立体展示来展现校园的每一处细节，增加线下参观的真实感和丰富程度，客户可以根据自己的不同需求选取不同的建筑物。

（三）参与赛事

基于目前本院对于 VR 的学习与研究，以 VR 成果参加第六届中国国际"互联网+"大学生创新创业大赛北京赛区比赛，本次大赛是教育部联合多部门举办的覆盖全国所有高校、面向全体大学生、影响最大的高校双创盛会。

五、AR/VR 技术应用培养模式创新的优势及其面临的挑战

从目前综合情况来看，AR 技术是基于真实环境下的虚拟体验与互动，无须佩戴外置的设备，更加适合学前至中小学阶段，特别是运用在安全教育、科普教育、体能锻炼、智能评测等领域。两种技术与教学相结合的形式都能够为学生带来更大的吸引力，让教学内容更加直观、逼真，增加学生们的情趣，并且能够通过交互的方式更进一步探索和研究更深层次的内容，在教学中，还可以调动学生的各个感官，实现多元化教学。

但是，目前 AR 技术在教育方面的应用还处于简单、人机交互暂不成熟的初级阶段，还有很多需要开发的部分。VR 技术需要佩戴眼镜或头盔，是完全虚拟的体验，部分少年儿童会有眩晕等不适，因此更适合中学至大学的阶段，特别是运用在职业教育、技能培训、科普教育等领域。AR、VR 这两种技术都有各自的优势与不足，单一的技术很难满足教育模式与教学方式创新的需要。因此，多种技术的互补与融合成为必然的趋势。

六、小结

如今，AR 和 VR 技术在教育领域中仍处于发展的初始阶段，所以对于它们来说是机遇和挑战并存的，我们应该进一步研究如何将这种沉浸式的教学更好地融入教师的教学和学生的学习之中。对于学生来说，教学内容是更重要的，所以如何将知识内容通过 AR 和 VR 技术展示出来是一项重点。

在这个科技飞速发展的时代，5G 进入了发展快车道，AR、VR 是 5G 的十大应用场景之一，在 5G 的赋能下不断创新发展，尤其在教育行业之中，只有将教育做好，才能更好地发展更多的科技，将 AR 和 VR 发展得更好，服务于更多的领域。

参考文献：

[1] 潘枫，刘江岳. 混合现实技术在教育领域的应用研究 [J]. 中国教育信息化，2020（08）：7-10.

[2] 赵刚，李小红，吕向风. 基于物联网的智能花盆系统的设计与实现 [J]. 计算机产品与流通，2018（02）：123.

[3] 邱雅慧，丛文彦. VR/AR 技术在教育领域的应用探索 [J]. 数字通信世

界，2019（06）：193.

[4] 高强，陈明. 基于 ZigBee 协议的温室无线传感网络的构架 [J]. 机床与液压，2008，36（07）.

[5] 张爱萍. 基于 VR/AR 的教育应用面临的机遇与挑战 [J]. 中华少年，2019（02）：227.

[6] 韩毅. 基于物联网的设施农业温室大棚智能控制系统研究 [D]. 太原：太原理工大学，2016.

[7] 蔡苏，张晗. VR/AR 教育应用案例及发展趋势 [J]. 数字教育，2017，3（03）：1-10.

基于大数据的慕课平台专业硕士教学改革研究
——以北京农学院计算机与信息工程学院为例*

北京农学院计算机与信息工程学院　王彬　田浩

摘要：随着教育现代化和教育信息化的发展，课堂教学与信息技术的融合势在必行。慕课平台作为对传统课堂教学的突破，被广泛应用于高校研究生课堂教学中。该模式的实施既符合国家发展的要求，又能培养出更多的人才。此外，它也符合学生的个性化发展，提高他们学习的自主性和主动性。因此，高校必须在研究生课堂教学中加强慕课平台的合理使用，以培养高素质的人才。从我国现阶段的教育来看，虽然传统的教育教学已深入人心，但是利用现代技术进行教学也已成为一种趋势。本文为基于互联网大数据背景下的慕课研究，旨在通过对互联网和大数据的分析，更好地了解慕课和慕课平台教学给学生带来的前所未有的体验。

关键词：慕课平台；大数据；硕士课堂；教改项目

慕课平台已成为高校教学改革的热点，对我国高等教育在教育理念、教育体制、教学方法等方面都产生了深刻的影响。慕课以其规模大、开放性强、不受时间和空间限制等优点，被广泛认为是对传统大学课程的补充和替代。研究生教育作为高等学校培养高层次人才的关键和核心，其质量直接关系到一个国家在世界上的智力地位。因此，提高研究生教育质量已成为学术界关注的焦点和我国研究生教育实践探索的重要内容。将慕课平台教学模式融入研究生课堂教学，既符合

---

* 基金项目：2020年北京农学院学位与研究生教育改革与发展项目。作者简介：王彬，北京农学院计算机与信息工程学院科研秘书、研究生秘书、研究生辅导员。田浩，北京农学院计算机与信息工程学院农业工程与信息技术专业在读硕士研究生。

时代潮流，又符合学生个性化发展的要求。

一、慕课平台在硕士课堂中的应用现状

2008年，加拿大爱德华王子岛大学学者Dave Cormier与国家人文教育技术应用研究院高级研究员Bryan Alexander联合提出"MOOC（慕课）"的概念，至2012年11月13日，美国教育理事会（ACE）同意对"Coursera"慕课平台上由顶尖大学提供的几门慕课课程进行评估；在2013年2月，Coursera宣布其5门课程进入了ACE的学分推荐计划，学生选修这些课程的学分可获大学的承认，标志着慕课正式进入了正规的高等教育体系。在国家、社会、高校都给予高度支持的今天，我们国家在各个方面的研究成果逐渐增多，为学生成长与学习带来极大的好处，慕课的发展十分迅速。2013年，我国的清华大学、北京大学、复旦大学和上海交通大学四所中国内地知名高校率先加入慕课行列。

传统的慕课平台内容质量和专业技术有待提高，教师还未适应和掌握慕课平台讲学方式，学生还未养成慕课教学的自主能力，并且慕课课程完成率有待提高。而基于专业硕士教学的慕课平台重在培养职业领域拥有扎实基础理论和专业知识、培养学生独立解决问题的能力、重在培养高层次应用型人才等，因此在课程设置中要求以实际应用为导向，职业需求为目标，以综合素质和应用知识与能力的提高为核心，并采用多样性的教学方式。例如，采用讲授、自学、讨论相结合的方式，注重案例教学；采取教学研讨、教学观摩等形式，强调学生自学，组织咨询辅导；加强科研、实践和教学三个方面的联系。

二、慕课平台应用于硕士课堂的必要性

慕课平台作为信息现代化和课堂一体化的产物，不仅弥补了传统教育的不足，而且涵盖了现代信息技术应用于教育的特点和优势，让所有学生参与学习，让所有学生都能得到个性化的教育。探索基于慕课教学模式、教学方式、现阶段建设情况解决教学问题，可以全面提升农业工程与信息技术专业硕士教育教学质量。

农业工程与信息技术专业领域课程共建成7门慕课课程（"农业工程与信息技术案例""软件开发与应用""现代农业概论""文献检索与论文写作""农业物联网技术与工程""农业电子商务""农业信息分析与处理"），在北京农学院研究生MOOC教学建设中起到引领和示范作用，7门慕课课程已应用在2019级非全日制硕士研究生教学中。

2016年5月，建设"现代农业概论"慕课课程，共完成7章节录制，其中

教学主要内容分16个部分，7段视频，时长约122分钟，直接应用于2019级非全日制硕士研究生"现代农业概论"课程的教学中。

2016年6月，建设"农业信息分析与处理"慕课课程，共完成8章节录制，其中教学主要内容分21个部分，课程实验主要内容分5个部分，共计8段视频，时长约174分钟，直接应用于2019级非全日制硕士研究生"农业信息分析与处理"课程的教学中。

2018年11月，建设"文献检索与论文写作"慕课课程，共完成7章节录制，其中教学主要内容分28个部分，课程实验主要内容分17个部分，共计11段视频，时长约106分钟，直接应用于2019级非全日制硕士研究生"文献检索与论文写作"课程的教学中。

2019年11月，建设"软件开发与应用"慕课课程，共完成10章节录制，其中教学主要内容分37个部分，11段视频，时长约86分钟，直接应用于2019级非全日制硕士研究生"软件开发与应用"课程的教学中。

2019年12月，建设"农业工程与信息技术案例"慕课课程，共完成10章节录像和录屏工作，其中教学主要内容分28个部分，课程实验主要内容分5个部分，直接应用于2019级非全日制硕士研究生"农业工程与信息技术案例"课程的教学中。

2020年10月，建设"农业电子商务"慕课课程，共完成5个章节录制，其中教学主要内容分28个部分，课程实验主要内容分6个部分，共计5段视频，时长约48分钟，直接应用于2019级非全日制硕士研究生"软件开发与应用"课程的教学中。

2020年10月，建设"农业物联网技术与工程"慕课课程，共完成8个章节录制，其中教学主要内容分40个部分，课程实验主要内容分9个部分，共计11段视频，时长约201分钟，直接应用于2019级非全日制硕士研究生"软件开发与应用"课程的教学中。

2019年10月，建设完成计算机与信息工程学院慕课平台，搭建了PC端学生登录内容、PC端管理员内容、小程序管理内容，搭建小程序模块功能内容。该平台作为研究生慕课教育课程建设研究的分析平台，在学生与教师之间以及学生与教学平台之间达成融合并建构学科知识网络，实现全面教学过程和资源管理。慕课平台支持多种类型课程、学习记录跟踪分析、测试功能以及讨论、笔迹、作业练习等在线教学模块，能够提供很好的网络教学环境和平台支持服务。今后将继续建立健全慕课平台资源，辅助全日制教学，促进教学模式、教学方式的转变，带动北京农学院新一轮基于慕课的教学改革。

（一）有助于学生能力的培养

研究生的学习具有自主性和探索性，传统的教学已不能完全满足大学生的学习需求。借助网络信息技术，慕课平台揭开了高校教学模式的新篇章。慕课平台教学模式结合教学视频，有利于学生的自我管理，提高学生的自主学习能力。学习时，学生可以主动地自学，也可以组成学习小组。平台不仅可以完成知识的个性化学习，还可以通过协作讨论、分享和交流，完成知识的拓展和创新，培养学生的评价能力、批判性思维和创新能力。慕课平台教学模式的应用将提高学生的各方面能力，促进学生各方面能力的培养。

（二）扩大预习时间，优化教学过程

慕课平台实现后，学生可以在课前充分预习课文，记录不理解的地方，以便在课堂上听取老师的讲解。这样既可以让教师因材施教，又可以让学生在短时间内学到更多的知识，大大提高了学习效率，促进了教师的快速成长和学生的快速学习。这种学习过程已经从被动学习转变为主动学习。

（三）满足学生个性化需求

慕课平台教学模式更注重学生的自主学习能力和自我探索能力。学生会在上课前掌握基本知识。教师的职能主要是在课堂上进行深层次的讨论。一方面，可以提高学生的表达能力和独立思考能力；另一方面，可以加强教师对学生的了解，增加师生之间的交流程度"慕课平台"始终践行着以学生为主体的教学理念，即以高校为主的教学模式。

（四）通过实现资源共享，弥补教育资源短缺

"慕课式"教学模式与传统教学方式有很大不同。慕课教师要考量学习内容和具体的教学方式，不能过分倚重课堂讲授，而是要积极转变角色，提前发布学习内容，重在引导学生去学习，通过共享的网络资源，探索一个线上线下相结合的特色教学模式。

三、慕课平台系统设计

（一）功能需求

从研究生教育管理的经验来看，研究生培养是一个复杂的过程，各个层次需要不同的培养和管理方向。因此，有必要在第一代信息系统的基础上，开发一个功能模块更加完善、服务界面更加人性化的系统。根据实际需要，系统设计包括"PC端学生登录"和"PC端管理员"两个子系统，分别对研究生和管理人员开放。

（二）功能设计

根据上述系统功能需求分析，结合现有的软硬件条件，慕课平台以微软操作系统 Windows 10 为开发平台和软件运行环境，采用 ASP.NET 开发工具，嵌入 Oracle 数据库。设计模式具有实用性强、实现方便、操作快捷等优点，同时该系统具有很好的安全性，将 Oracle 数据库与 ASP.NET 嵌套融合，充分实现点对点访问、点与面互动的有机融合，有效避免未授权用户的恶意访问。模块有 3 项功能，包括 PC 端学生登录、PC 端管理员、小程序管理（如图 1 所示）。

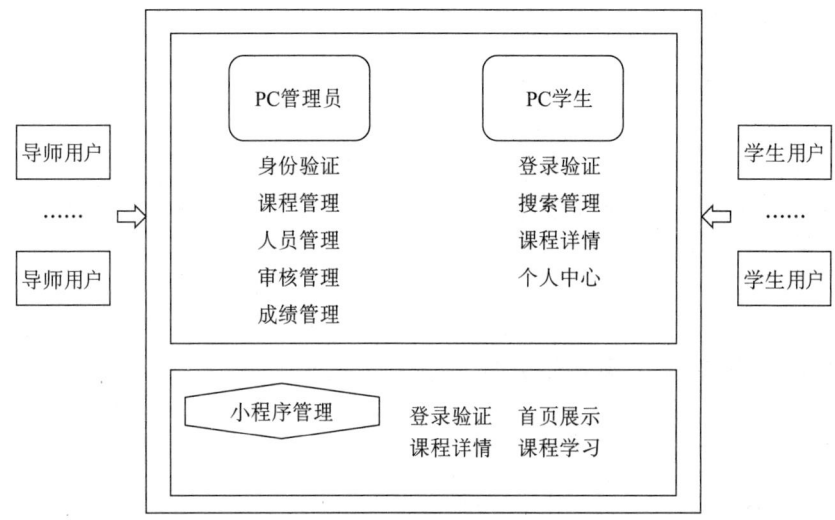

图 1　模块功能

1. PC 端学生登录模块

本模块主要包括：登录验证、首页展示（提供 banner 观看区轮播、每门课程信息列表介绍、讲师介绍、全站搜索个人中心等）、搜索管理（主要有针对课程和讲师两类进行搜索）、课程详情（介绍课程详细信息、介绍讲师详细信息、介绍课程报名上课情况）、课程学习（视频课程播放、课程评论以及学生针对课程的试卷进行考试信息添加）、个人中心（个人信息的记录查询、查询收藏的课程以及查询自己的课程成绩信息）。

2. PC 端管理员模块

本模块主要包括：身份验证（设置学生和教师账号信息、设置管理员账号信息）、课程管理（添加需要的课程信息、匹配需要上课的学生、上传需要的课程视频、管理上课日期信息、报名日期等）、人员管理（管理学生和讲师信息、添加学生和讲师信息，支持导入）、审核管理（查询学生对课程信息的评论、针对学生学习课程的成绩信息进行审核）、成绩管理（由学生进行登录验证）。

3. 小程序管理模块

本模块主要包括：首页展示（提供 banner 观看区轮播、咨询信息等，包括每门课程信息列表介绍、讲师介绍、全站搜索个人中心）、课程详情（介绍课程和讲师的详细信息、介绍课程的上课进度）、课程学习（支持视频课程的播放、对课程进行评论、完成课程作业，学生可针对课程的试卷进行考试信息添加）。

4. 学生学习情况

学生通过学习在线课程，系统会自动累计学习时长，管理员在慕课管理后台可以看到每个学生学习时长、作用情况、考试情况以及文件上传情况。

（三）功能特点

1. 功能权限层级明晰

系统通过系统维护模块对各类人员、各层级、各部门的权限进行较为严格的控制，功能操作权限为各层级进行定义，即不同的用户用各自的账号登录后仅可看到自己权限内的功能界面。通过对功能权限的优化配置，确保各司其职，防止越轨、越权现象发生。

2. 多部门协同合作

该系统设计的重要一点是实现多部门、多层级的协同合作管理，实现研究生分级管理、协同合作，该系统的建成使用实现了该功能。

四、结语

慕课平台不仅是知识转移和知识内化两个过程的逆转，而且是教育理念、教学内容、教学方法、教学手段和教学评价的全方位改革。信息技术与硕士研究生教学的完美结合，可以在教学目标、教学内容等各个方面对研究生有所帮助。慕课学习模式虽然不能完全抛弃传统的课堂教学模式，但它具有良好的课堂教学效果。毕竟，传统教学也有很大的优点。教师要学会"取其精华、去其糟粕"，积极学习适应时代要求的新的、当代的教学形式。同时，我们也不能忘记在传统教学模式的基础上完成现代教学改革。了解当前研究生的学习需求，从学生自身出发设计科学的教学内容，只有这样，才能培养出国家的"脊梁"。虽然慕课平台有很多优点，但我们不能忽视目前慕课平台实施中存在的问题。我们需要一种理性的态度，在实践中寻求真理，最终真正探索出一条适合中国教育特色的慕课平台教学之路。

参考文献：

[1] 高志同，沈苗，来天平，等. 多部门协同合作下在职研究生管理平台的

设计与实现［J］.华东师范大学学报（自然科学版），2015（S1）：413-419.

［2］王萍，张琦.高校硕士研究生培养现状调查分析［J］.经营与管理，2016（06）：48-500.

［3］蔡连玉，傅书红.信息化对学校管理系统影响初探［J］.开放教育研究，2004，10（03）：43-46.

［4］钱增瑾，孙东平.数据挖掘在研究生教育管理信息系统中的应用［J］.学位与研究生教育，2013（05）：46-49.

［5］邓宏钟，李孟军，迟妍，谭思昱."慕课"发展中的问题探讨［J］.科技创新导报，2013（19）：212-215/5.

［6］焦宝臣，陈诗明，刘振昌，等.研究生管理信息系统应用效果评价研究［J］.郑州大学学报：工学版，2017，38（02）：9-12.

［7］冯延清，雷剑.大数据背景下研究生管理信息系统建设思考及实践［J］.传媒文化，2020（10）：69-70.

［8］程锐，孙琦.基于互联网大数据背景下的慕课研究［J］.艺术科技，2017（03）：72.

［9］巩学梅，陈振，张新光.慕课（慕课s）在高等教育中的应用现状及发展前景探讨［J］.宁波工程学院，2014（26）：100-105.

［10］皇甫明放，皇娜，王占齐.某院研究生管理信息系统构建［J］.解放军医院管理杂志，2017（10）：935-938.

C 语言课程实践项目研发[*]

北京农学院计算机与信息工程学院　刘凯　张仁龙

摘要： 本文通过对 Socket 技术的研究，设计了一个可供 C 语言使用的、能够对智能温室监控的接口函数库，该函数库包含若干个可直接调用的 C 函数，对这些函数进行封装，将其应用到实践项目的设计中。

关键字： C 语言；实践案例；Winsock；函数库

"C 语言程序设计"课程是计算机科学与技术专业的必修专业基础课程，该课程是学习后续的计算机学科领域知识的基础，对启发学生的计算思维有着举足轻重的作用。由于 C 语言这门课程的知识点繁杂，概念以及逻辑结构较为抽象，语法规则多，而课程学习对象为大学一年级学生，相关知识比较匮乏，缺少计算机思维。因此，学生按照传统的"老师授课为主，学生操作为辅"的教学方式学习时，会感觉比较枯燥，难以理解，学生的学习积极性难以调动，进而导致学生对于编程没有兴趣，降低学生学习 C 语言的主动性。案例教学以案例为载体，将程序设计的知识和技能分解到案例中，学生学习时可以更加生动直观，易于激发学生的学习兴趣，提高其学习积极性，从而提升学习效果，增加学习收获。

作为农业院校计算机类专业，开发一个基于农业项目的 C 语言学习案例，既能突出农业院校的特点，又能培养学生将编程知识与生产实际相结合，具有很强的针对性和实用性，还可以培养学生的实践动手能力。

一、Winsock 技术

作为网络通信程序接口，Socket 套接字为网络通信的发展提供了技术支持，

---

[*] 基金项目：北京农学院教学改革重点项目。作者简介：刘凯，北京农学院计算机与信息工程学院硕士研究生；张仁龙，本文通讯作者，北京农学院计算机与信息工程学院教授，研究方向，农业信息技术应用，电子邮箱：zrl@bua.edu.cn。

解决了不同主机与不同进程之间的双向通信问题。Windows 系统也开发出适用于 TCP/IP 协议的网络通信编程接口——Windows Socket 简称 Winsock。因为每台计算机具有唯一的 IP 地址，而计算机的不同进程具有不同的端口号，Winsock 实现不同计算机不同进程间的通信便是利用计算机 IP 地址加进程端口号来完成的。字节流套接字在传输层采用 TCP 协议，TCP 协议要求两个进程首先要建立可靠、安全的连接，然后才可以进行数据的通信，所以字节流套接字所传输的数据具有顺序性、可靠性、无重复性等优点。

二、智能温室监控系统

本文所应用的模拟温室为北京农学院智能温室中的"日光温室环境监测与智能控制系统"通过模拟温室内的环境感知系统，对温室大棚内的温度、湿度以及光照强度等环境参数进行监测，监测数据传输至云平台，经过综合分析，实现模拟温室的智能化控制与管理，通过对温度与光照强度的监测，当超过规定的阈值时，开启或者关闭卷膜来调节模拟温室中的温度及光照强度；通过对湿度的监测，当超过规定的阈值时，打开电磁阀，对模拟温室中的作物进行滴灌，以此来调节模拟温室的湿度。

对于模拟温室的控制与数据采集可分为本地控制与远程控制两种方式。模拟温室的本地控制需要管理人员通过模拟温室中的操作箱来进行操控。对于远程控制，管理人员可通过网页页面或者微信公众号调用模拟温室的各个 API 接口对模拟温室进行操控。本平台所设计的实践项目也是根据模拟温室的 API 接口，对其进行连接，并将连接好的若干个接口函数进行封装。学生根据封装好的函数以及实践项目的设计要求，来实现模拟温室的控制与数据采集。

三、案例设计

实践项目案例的名称为"模拟温室控制与数据采集系统"，在实践项目的开发过程中，学生通过项目任务以及资料，调用已封装好的函数，进行模拟温室的控制和数据采集，再利用"程序设计基础（C 语言）"课程所学的输入输出、数组、分支结构、循环结构、指针、文件、结构体、函数等知识点完成"模拟温室控制与数据采集系统"的设计。

实践项目的设计分为两部分：一个是接口函数的设计，另一个是实践项目功能的设计。具体设计如下：

（一）接口函数设计

1. 获取当前环境参数函数的设计

模拟温室设定的温度、湿度以及光照强度数据类型为 double，为了通过该函数获取温度、湿度以及光照强度三个环境参数，故采用数组的形式进行调用。该函数设计如下：

environment（double * value）；

获取环境参数（温度、湿度、光照强度），value 是一个长度为 3 的数组：下标 0 表示温度；1 表示湿度；2 表示光照强度。

2. 获取历史数据函数的设计——以获取温度历史数据为例

要想获取温度历史数据需要输入起始时间 startData 与截止时间 endDate，并通过整型 count 定义这个时间段内输出的历史数据个数，模拟温室数据库中的时间格式为"yyyy－MM－dd HH：mm：ss"，在输入起始与截止时间时也应该参考上述格式。该函数设计如下：

temperature_history（double * data, int count, const char * startDate, const char * endDate）；

3. 获取开关状态函数的设计——以电磁阀开关状态为例

电磁阀的开关状态，0 为关闭，1 为打开，判断函数的返回值来进行状态的判定。该函数设计如下：

Solenoidvalve_status（）；

4. 远程控制函数的设计

通过该实践项目进行模拟温室开关控制之前，需切换到远程控制状态，否则无法对模拟温室进行操控，调用远程控制函数，即可切换到远程控制状态，该函数设计如下：

remote_status（）；

5. 开关状态控制函数的设计——以电磁阀开关控制为例

通过调用远程控制函数，实现远程控制之后，再调用该函数即可完成电磁阀开关的控制，该函数设计如下：

Solenoidvalve_open（） //开启电磁阀；

Solenoidvalve_close（） //关闭电磁阀；

（二）实践项目功能设计

实践项目具有四个功能，分别是数据显示、开关状态显示、开关控制以及历史数据分析。各功能以菜单的形式进行展示，具体功能分析如下：

1. 数据显示

学生调用环境参数函数，获取当前模拟温室中的环境参数数据，包括温度、湿度、光照强度，并根据数据类型以合适的形式输出数据；历史数据函数包括温度、湿度以及光照强度三个，在获取历史数据时，因传感器每 10 秒记录一次数据，查询到的数据过于繁多也不便于观察，所以学生调用该函数时，需要根据输入的起始与结束时间，对时间段进行划分，每十分钟输出一个数据，便于查看数据的变化。

2. 开关状态显示

学生调用不同的开关状态显示函数，了解模拟温室中的电磁阀开关、卷膜开关、远程控制开关以及本地控制开关目前状态的显示，便于学生在控制开关状态时，对是否操作成功进行验证。

3. 开关控制

由学生自行选定模拟温室中培育的作物，根据其生长所需的环境参数，设置相对应的阈值。若当前模拟温室的环境参数超出规定的阈值范围，学生可调用不同开关的控制函数，对模拟温室中的卷膜以及滴灌等开关进行控制，从而调节模拟温室的环境参数，使其控制在适合作物生长的阈值范围内。在此过程中，学生不仅可以根据动态数据来实现模拟温室的操控，还可以在实际操作中了解模拟温室的工作原理。

4. 历史数据分析

学生根据历史数据函数调用模拟温室的历史数据，将已采集到的数据保存进 TXT 文本中，然后根据文本中的数据，自行设计处理方法，并将处理结果进行分析。该过程需要学生运用本学期所学的输入输出、排序、数组、结构体、指针、分支语句等 C 语言知识自行设计，该功能是实践项目的重点部分。

5. 利用菜单进行功能展示

学生需利用 switch case 语句、嵌套以及函数设计实践项目功能菜单，并通过菜单来完成各功能的调用。菜单的设计应保证输出界面的美观与简洁。

（三）实践项目的实现效果

在实现接口的连接与函数封装后，可通过调用若干个接口函数，来实现实践项目的各个功能，从而确保实践项目以及接口函数具有可行性。

1. 显示当前环境参数

创建 double 类型的数组 value，利用 value 获取函数 environment（）的返回值，输出 value 显示当前模拟温室的环境数据，显示结果如图 1 所示。

2. 显示历史温度数据

在获取历史温度数据时，因传感器每 10 秒记录一次温度数据，查询到的数据过于繁多也不便于观察，所以在查取温度历史数据时，在输入的起始与结束时间内，每十分钟读取一个数据。

```
温室大棚通用API接口--显示数据菜单
1. 登录
2. 显示环境参数
3. 显示温度历史数据
4. 显示湿度历史数据
5. 显示光照强度历史数据
6. 返回上级菜单
0. 退出
请输入您的选择<0-6>
2
温度℃           湿度%           光照lux
8.790000        57.560000       9595.000000
请按任意键继续...
```

图 1　显示环境参数

定义一个 double 类型的数组 data 用于存放历史数据，输入起始时间 startDate 与结束时间 endDate，根据输入的时间段进行划分，每十分钟读取一个数据，调用 temperature_history（&data，1，startDate，endDate）函数，获取该时间段的历史温度数据，显示结果如图 2 所示。

```
模拟温室通用API接口--显示数据菜单
1. 登录
2. 显示环境参数
3. 显示温度历史数据
4. 显示湿度历史数据
5. 显示光照强度历史数据
6. 返回上级菜单
0. 退出
请输入您的选择<0-6>
3
请输入您想要查询的历史温度的起始时间与结束时间：
2019-12-08 00:00:00
2019-12-08 06:00:00
历史温度      时间
7.47          2019-12-08 00:00:00
7.43          2019-12-08 00:10:00
7.37          2019-12-08 00:20:00
7.33          2019-12-08 00:30:00
7.30          2019-12-08 00:40:00
7.27          2019-12-08 00:50:00
7.23          2019-12-08 01:00:00
7.19          2019-12-08 01:10:00
7.13          2019-12-08 01:20:00
7.07          2019-12-08 01:30:00
```

图 2　显示历史温度数据

3. 电磁阀开关控制与状态显示

电磁阀控制滴灌的开启与关闭，通过对电磁阀开关的控制可调节模拟温室中的湿度，当学生发现模拟温室的实时湿度未在阈值范围内，可通过电磁阀开关进行调节。在进行电磁阀控制前，需要开启远程控制才能实现对电磁阀的控制，在进行电磁阀开关控制时，可通过电磁阀状态显示函数进行判定，若电磁阀开启则显示状态为开，否则显示关。卷膜开、关、停的控制与状态显示方法相同。

调用远程开启函数 roll_remote（），先切换为远程模式，再调用开启电磁阀函数 Solenoidvalve_open（）与电磁阀开关状态显示函数 Solenoidvalve_status（），对其控制，若 Solenoidvalve_status（）返回值为 1 则电磁阀为开状态，若为 0 则电磁阀为关状态，显示结果如图 3 所示。

```
已切换到远程模式!
请按任意键继续. . .

电磁阀已开启!
请按任意键继续. . .

电磁阀当前为开状态

--------------------------------
Process exited after 8.188 seconds with return value 0
请按任意键继续. . .
```

图 3　电磁阀控制与状态显示

4. 历史数据的分析与处理

历史数据的分析与处理是根据学生自己所查询到的历史数据，利用本学期所学的 C 语言综合知识对其进行分析与处理。由于论文篇幅原因，在此展示近一周历史温度数据排序的处理结果，显示结果如图 4 所示。

```
1.输入近一周模拟温室的基本数据信息
2.输出近一周模拟温室的基本数据信息
3.各项数据的平均值
4.根据温度进行排名
5.根据湿度进行排名
6.根据光照强度进行排名
7.查找某天的数据并输出
8.读文件
9. 返回上级菜单
0. 退出
请输入您的选择(0-9)
4
温度℃   时间
28.48    2019-12-13
27.31    2019-12-07
27.11    2019-12-09
26.32    2019-12-08
25.11    2019-12-12
23.94    2019-12-11
22.35    2019-12-10

请按任意键继续. . .
```

图 4　近一周历史温度排序

四、总结

本文介绍了基于 Winsock 的以智能温室监控为内容的 C 语言课程实践项目的研发，该项目已经完成并实现了预期功能。北京农学院 2019 级计算机科学与技术专业学生利用该项目进行了程序设计综合实验课程的实践，同学们需要利用 C 语言的综合知识，参与温室大棚实践项目的设计之中，取得了很好的效果，提高了学生的实践能力。

参考文献：

[1] 刘鸿彬，敖雪．农林院校毕业生就业现状及实践思考 [J]．知识经济，

2018，(12)：161-162.

［2］陈丽飞，王家恩．农林院校技能型人才培养与实践教学探析［J］．吉林农业，2019（01）：79.

［3］古权．基于Sockets技术的Internet访问管理及代理服务器的设计与研究［D］．武汉：武汉理工大学，2002.

［4］孙仲华．基于Winsock的C/S模式即时通信系统的设计及实现［D］．南京：南京邮电大学，2012.

［5］魏晓宁．谈软件开发中的需求分析［J］．科技咨询导报，2006（20）：118-119.

重视课程体系建设　提升研究生培养质量

北京农学院植物科学技术学院　吴春霞　张杰

摘要：本文以北京农学院为例，对农业院校研究生课程建设中存在的问题进行剖析，提出农林高校要以一级学科为基础进行研究生课程体系建设，在课程结构、内容、教学方式等方面进行优化和改革；以精品课程建设为抓手，提升一级学科核心课程建设水平；通过建设研究生授课质量评价体系，科学评判授课质量，将评价结果运用在教师职称评定、评优评奖等环节，激发教师进行教学研究和改革的积极性。

关键词：研究生；课程建设；培养质量

课程学习是研究生培养的重要环节，为其开展科学研究提供了知识支撑[1]，高水平的课程不仅能使研究生获得坚实的基础理论与系统的专业知识，还能培养研究生的科学思维模式、创新精神和创新能力。因此重视课程教学，加强研究生课程体系建设，提高课程教学效果，是提高研究生培养质量的重要手段。

一、研究生课程建设中存在问题

（一）课程教学目标不明确

课程建设具有很强的继承性，长期以来，一部分课程不能跟随学科发展及社会需求做出改变，课程的教学目标不明确、针对性不强，不能有效服务于学科的课程建设要求，不能满足研究生的培养需要。尤其在专业学位的课程建设上，对实践能力、创新能力的培养难以达到相应的培养目标。

（二）课程内容与结构不能满足研究生培养需要

课程内容缺少层次性，本、硕课程内容层级区分不够；基础理论课、专业基础课与专业课之间教学内容重复；有些课程缺少理论深度，不能体现本学科领域的重点、难点，不能追踪最新研究成果；课程结构中讲授、实验、实习、讨论课程学时设置不合理，以讲授课堂代替实验、实习，导致研究生动手能力差，难以支撑研究生应具备的素质与能力。

（三）教学手段与考核方式单一

缺少灵活多样的教学手段，没有将研究生作为课堂的主体。课堂讲授多，引导学生参与研讨和实战少。由于课程学习缺少挑战性，不能提升研究生学习积极性。课程基本采取闭卷或开卷考试或课程论文的形式结课，缺少过程性考核以及对研究生科研素养、创新意识与创新能力的考察。

（四）研究生课程教学评价缺失，教学质量难以保障

长期以来，教师按照自己的认识水平备课和授课，学校没有研究生课程授课质量标准，无法对研究生课程的教学进行评价，教学质量难以保障。同时，教学评价的缺失使教师缺乏对课程内容和教学方法探索和改革的动力。

二、近年来北京农学院进行的研究生课程教学改革

近年来，学校陆续出台多项规定和制度，从培养方案修订、课程体系建设、精品课程建设、授课质量评价等方面推动课程体系建设。

（一）修订培养方案，调整课程体系

学校积极借鉴国内外先进的研究生培养模式，结合学科发展和学校特色，明确培养目标，进一步优化研究生知识结构，规范研究生培养过程。

1. 加强课程体系建设

2018年起，学校推动在一级学科范围内，根据学科特色进一步明确研究生培养目标，学习借鉴国内外相同或相近学科课程体系，建立具有学科特色的研究生培养课程体系。

2. 实施课程分级，突出各阶段重点，减少知识重复

将本、硕课程贯通分级，整合内容重复或相近的课程。通过课程分级，明确课程内容界限、教学目标和先修课程要求；根据课程功能按照模块构建基础课、研究（分析）方法课、能力拓展课等课程群[2]。

3. 加强科技论文类撰写课程的设置

研究生学位论文是研究生学习阶段科研能力与科研成果的具体体现，针对研究生学位论文写作困难的问题，开设"中英科技论文写作"等课程。

4. 加强研究生基础知识学习，夯实理论基础

针对目前日益增多的跨学科背景的研究生，学校要求以同等学力或跨一级学科录取的研究生，至少补修本专业本科阶段 2～3 门主干课程，并通过相应考核。

（二）完善课程内容，调整课程结构，加强教材建设

第一，通过跟踪与本学科相同或相近的国际一流学科相关课程，完善课程内容，及时反映本学科领域的前沿及最新科研成果。

第二，调整课程结构，加强经费配套。通过调整，使课程的讲授、实验、实习、讨论课学时设置更加合理。同时为保障各项课程计划能够实施，学校为二级学院的课程教学基本运行费和实验、实习费专项拨款。

第三，加强教材的选用和编写。鼓励教学团队根据课程内容，选用系列化优秀教材，组合选用国外高水平原版教材、国家级优秀教材，同时支持授课团队自编教材。

（三）健全考核评价

学校根据研究生课程类型和授课方式，建立多阶段、多形式组合的考核评价方式，并要求授课教师将考核方式与其在学生成绩中所占比例明确写入教学大纲。要求课程考核内容根据课程性质选择有学术价值、现实意义或实用价值的问题，鼓励学生用新方法、新思路去思考问题。通过考评真实反映研究生学习效果和差异，调动研究生学习积极性，培养研究生主动获取知识与独立分析和解决问题的能力。

（四）以精品课程建设为抓手，提升课程整体水平

以研究生精品课程建设等为引领，在教学团队、教学方法与手段、有利于提高研究生培养质量的教学改革与研究等方面进行改革。

1. 课程教学团队建设

教学团队中由学术造诣高、教学经验丰富，具有教授以上职称的教师作为课程负责人，一批教学水平、学术水平较高的具有副教授以上职称（或具有博士学位的讲师）的教师为课程组成员。

2. 教学方法与手段建设

要求根据本学科特色、结合不同教学内容，对不同层次、不同类型的课程，充分利用现代信息技术的有利条件，改革教学思想观念、教学方法、教学手段，形成满足研究生培养需要的讲座式、案例式、研讨式、实验（实践）教学等多种途径、多种媒体有机结合的立体式教学模式。

3. 网络教学平台建设

疫情期间，鼓励教师提高教学过程和课程建设的现代化水平，营造研究生培

养的数字化、信息化教学环境。根据教学需要准备教学资源,比如配套的教案、实验指导、习题库、案例库、参考文献、国内外学习网络资源及媒体资源等,为研究生提供自主学习平台,实现优质教学资源全校共享。

4. 建立研究生课程教学评价机制,调动教师授课积极性

学院对承担研究生教学任务的授课教师开展授课质量综合评价。教师授课质量综合评价包括研究生评价、教学督导评价、管理评价三个方面。研究生课程教学工作量纳入教师职称评定、职级晋升及优秀评选的工作量计算范围。

三、进一步提升研究生课程建设质量的思路

(一)建设常态化的研究生课程体系完善机制

进一步探讨具有学科特色的研究生培养目标与学位授予标准,针对培养目标对研究生课程体系进行论证。明确课程目标;拉开本、硕授课内容的层级;尽量减少研究生课程之间教学内容重复;建立研究生课程体系建设制度,将研究生课程建设常态化。

(二)建设研究生示范课程,带动和引领研究生课程教学

参照国内外一流大学相同或相近学科的课程对本校课程内容进行建设,聘请学术水平高、教学经验丰富的外籍教师,与校内教师一起组成课程组,引进国际先进教学模式,提高教师的教学能力和教学水平,使课程在学科通识类、基础理论类、研究方法(技术)类、专业类或专门为专业学位研究生开设的课程等类型中起到示范和带动作用。[3]

(三)改革教学方法和手段

可加强视频课程建设,直观地展示复杂的生命化学过程,有利于研究生的理解,更好地与授课教师进行沟通。加强案例课程建设,让研究生从课堂进入案例场景,对案例进行分析、比较,研究科学研究与生产实际中产生的各种实际问题,拓宽视野,丰富知识,培养研究生独立思考的能力。

(四)重视在线课程建设,服务社会需求

鉴于目前疫情防控的常态化要求,加强在线课程的制作,突破知识学习的地域限制,方便研究生及其他有学习需求的人员通过网络进行课程学习、课堂讨论答疑、课后辅导,完成课后作业等。同时在线课程的推广,有利于推广学校的文化,提升学校的影响力。

（五）深入挖掘课程思政元素，打造农学类专业课程的"金字招牌"

2020年5月28日教育部发布的《高等学校课程思政建设指导纲要》中指出了农学类专业课程思政建设的具体任务，要注重培养学生的"大国三农"情怀，引导学生以强农兴农为己任，"懂农业、爱农村、爱农民"，树立把论文写在祖国大地上的意识和信念，增强学生服务农业农村现代化、服务乡村全面振兴的使命感和责任感，培养知农爱农创新人才。

学校可积极组织研究生任课教师开展集体学习，鼓励任课教师参加课程思政研讨，提升授课能力。将课程思政元素的运用纳入评教体系，注重任课教师在课堂上的讲授过程，引导教师潜移默化地将思政内容引入课堂，实现育人目标。对任课教师提出相应要求，要求任课教师做"有理想信念、有道德情操、有扎实知识、有仁爱之心"的四有好老师；做好"学生锤炼品格、做学生学习知识、做学生创新思维、做学生奉献祖国"的引路人；做到"坚持教书和育人、坚持言传和身教、坚持潜心问道和关注社会、坚持学术自由和学术规范"四个统一。

参考文献：

［1］原芳. 基于科研能力培养的研究生课程改革思考［J］. 青海师范大学学报，2012（06）：156-158.

［2］苏美琼，刘海斌，古巧珍，等. 为创新教育服务：重视课程建设，提升研究生培养质量——以西北农林科技大学为例［J］. 学位与研究生教育，2010（06）：69-71.

［3］宋闻兵，聂仁发. 一级学科背景下中文研究生课程改革研究［J］. 宁波大学学报（教育科学版），2015（03）：42-45.

疫情常态化背景下研究生线上教学效果调研分析[*]

北京农学院研究生处 王琳琳 何忠伟 董利民

摘要：通过对2020年春季新冠肺炎疫情防控期间，研究生线上教学效果进行调研，了解线上教学情况和存在的问题，为疫情防控常态化形势下做好研究生线上教学工作，保障教学效果提供科学依据。本文结合北京农学院2020年春季学期期中检查工作，于2020年5月采用自编调查问卷，对2019级研究生线上教学情况进行了调研。结果表明：课程阶段研究生整体对延期返校期间学校开展线上教学的一系列工作措施的满意度较高，能有效地在线上进行课程学习，部分研究生在导师指导下开展了论文研究工作，认为研究生课程在夯实知识基础、了解行业动态、增加学习兴趣、提升实践能力方面有一定作用。

关键词：疫情常态化；研究生；线上教学；教学效果

2020年初，新冠肺炎在全球范围内暴发，根据教育部和北京市关于高等学校疫情防控的相关要求，按照北京农学院疫情防控领导小组的统一部署，在做好学校新冠肺炎疫情防控工作的同时，为有效降低疫情对研究生教学工作的影响，保证研究生教育教学相关工作的开展，实现"停课不停教、停课不停学"，及时引进了雨课堂专业版、超星平台、好视通等线上授课平台，建立任课教师微信群、雨课堂专业版培训群，邀请专业人员为任课教师开展线上授课培训，为线上授课的正常开展做好准备。

---

[*] 基金项目：北京农学院研究生改革与发展项目"研究生教育创新人才培养体系构建——以北京农学院为例"（2021YJS079）。作者简介：王琳琳，女，博士，助理研究员，主要研究方向：研究生教育研究。电子邮箱：wanglinlin1006@126.com。通讯作者：何忠伟，博士，教授，北京农学院研究生处处长，主要研究方向：研究生教育研究，都市型现代农业，电子邮箱：hzw28@126.com。

一、调查对象

按照学校的中期检查工作要求，结合在校生现阶段教学、培养的实际情况，设计调查问卷，对2019级学生共488人进行了广泛调研，共回收问卷329份。本调查旨在了解学生延迟返校期间的课程学习和论文进展情况，做到有针对性地开展研究生教学、培养工作，有效降低疫情对研究生教学、培养工作的影响，使各项教学培养任务按时保质推进。

二、调查结果分析

本次调研共收到课程学习阶段研究生问卷反馈329份。研究生能够从学院、研究生处网页、公众号或导师、同学转达等多种渠道获得课程通知，有91.79%的学生主要是通过学院获得相关的课程通知（见图1）。研究生普遍比较关注延期返校期间学校的动态，86.02%的研究生随时或定期关注学校动态（见图2）。

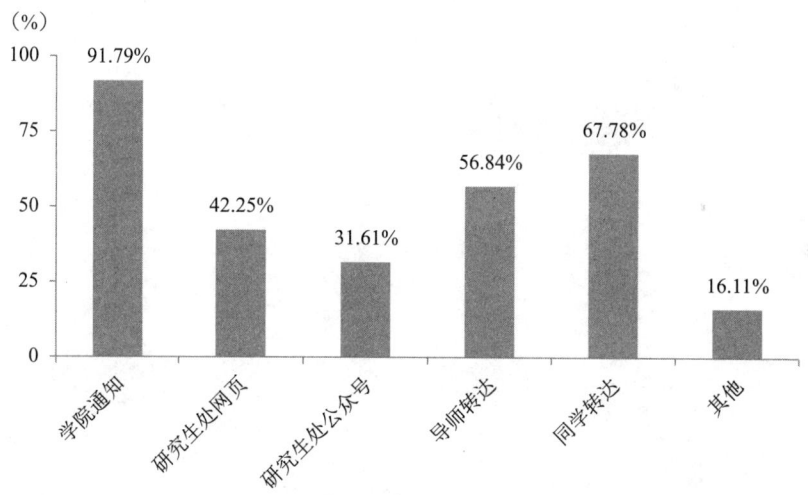

图1 研究生获取课程通知的主要渠道

通过9周在线学习，24.92%的研究生能够按照课程表安排正常学习，其中52.58%的研究生能同时思考或计划论文研究方向和进展，20.36%的研究生在完成在线课程学习任务的同时能够按计划开展论文研究工作（见图3）。

课程阶段研究生能通过多种渠道获得课程学习资源，92.7%的研究生通过学校或学院、任课教师、导师提供的渠道获得课程学习资源（见图4）。

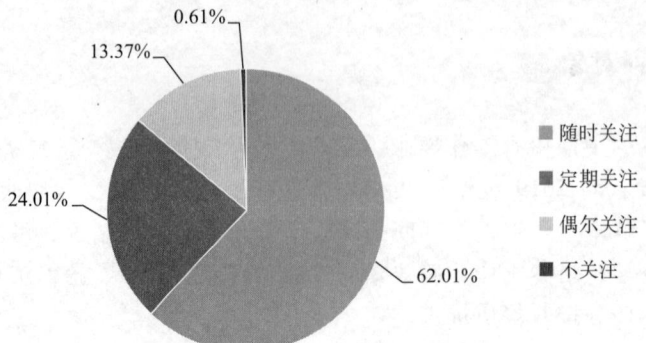

图 2 课程阶段研究生关注学校动态的情况

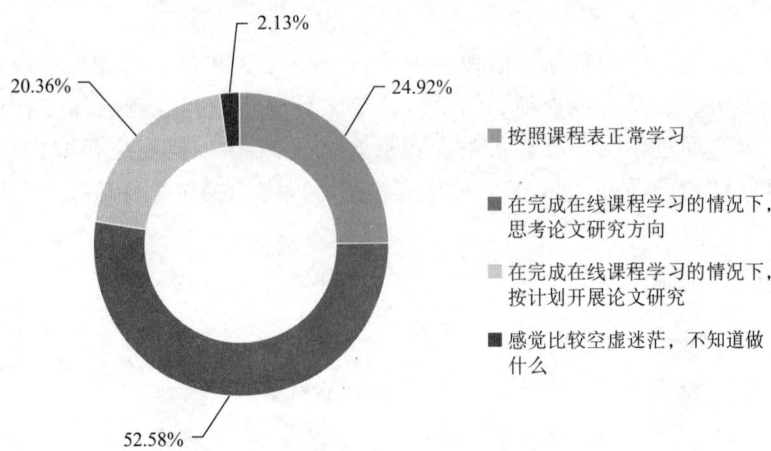

图 3 课程阶段研究生的学习状态

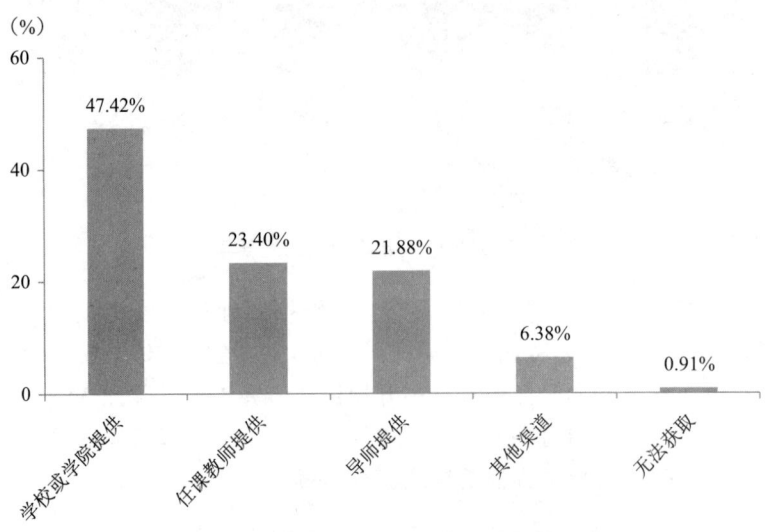

图 4 课程阶段研究生获取学习资源的渠道

72.04%的研究生认为目前在线教学能保证课程效果,可以满足学习需求,有18.84%的研究生认为,经过任课教师的精心准备,线上教学比实体课堂获得了更多知识,另有9.12%的研究生认为在线教学效果不是特别理想,没有达到预期效果(见图5)。可见绝大部分研究生对在线教学的学习效果比较满意。

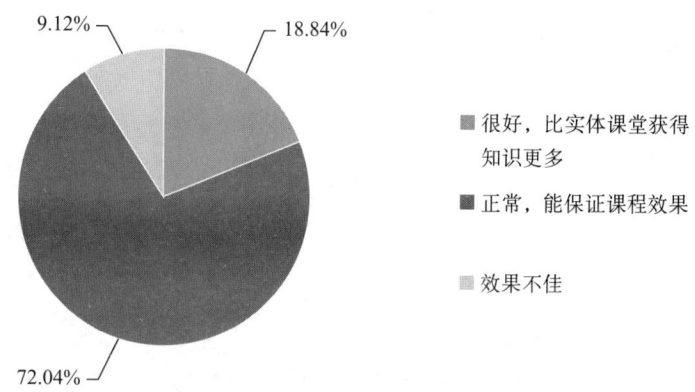

图5 课程阶段研究生线上学习效果

80.85%的研究生认为延期返校对于自己的课程学习效果没有明显影响;19.15%的研究生认为有较大影响,有影响的主要原因集中于网络不稳定(见图6)。大部分研究生课程选择多个平台同时授课,腾讯会议、雨课堂、学习通(超星平台)是主要的在线教学平台,83.59%的研究生通过腾讯会议学习(见图7)。

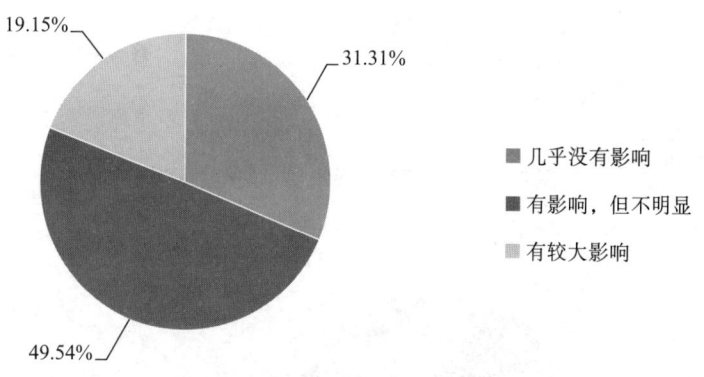

图6 延期返校对课程学习效果的影响

研究生导师密切关注课程阶段研究生的学习情况,80.85%的研究生接受导师指导的频率在一周一次以上(见图8)。

综合课程阶段研究生的反馈,研究生对开课以来使用在线平台所开展的一系列课程教学工作,总体认可度达到97.26%(见图9)。其中感到"满意"的研究生占54.41%,觉得"基本满意"的占42.86%,认为"不满意"的占2.74%。

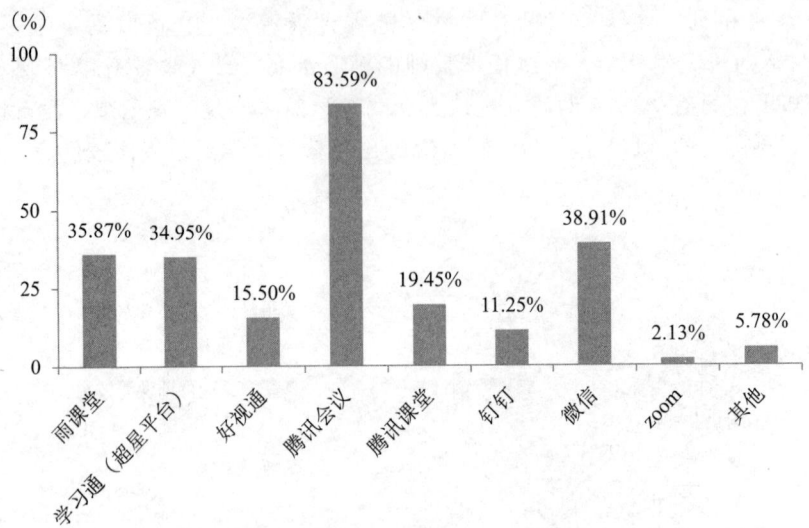

图 7　研究生课程学习平台的选择

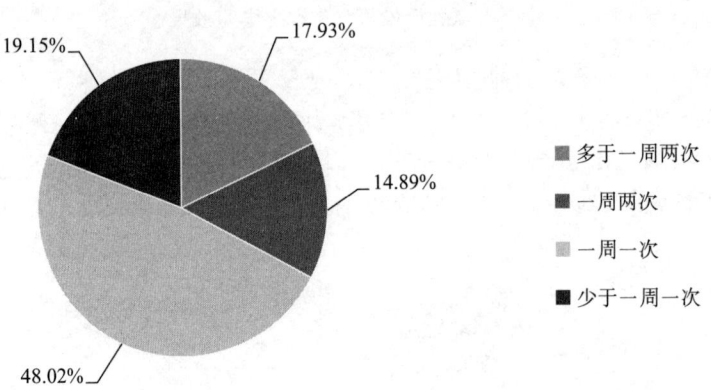

图 8　导师对研究生课程学习的指导频次

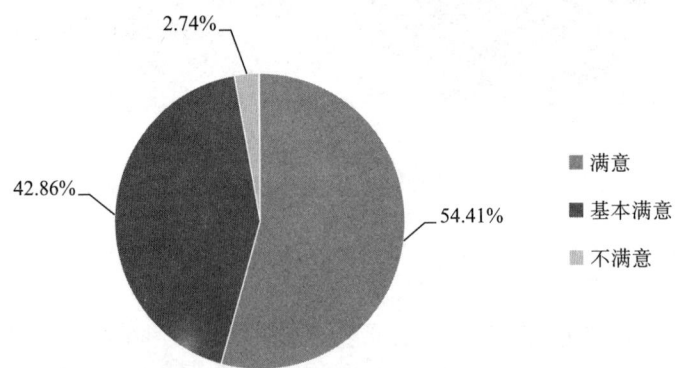

图 9　对使用在线平台所开展的课程教学工作的满意度

经过研究生阶段的课程学习,目前为止研究生认为课程在夯实知识基础方面起到一定作用的占 95.14%,其中认为作用"很大"的占 31.61%,认为作用"较大"的占 37.39%,认为作用"一般"的占 26.14%(见图 10)。

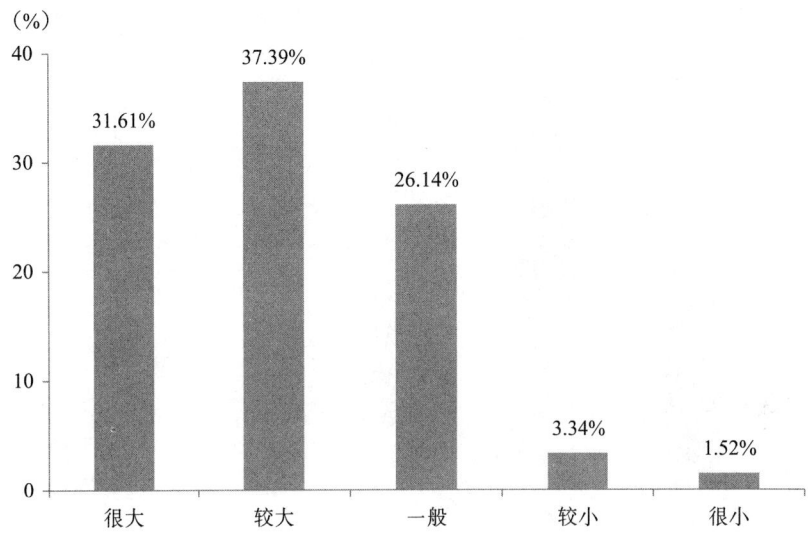

图 10　究生期间课程在夯实知识基础方面的作用

研究生认为课程在了解行业动态方面有作用的占 94.83%,其中认为作用"很大"的占 22.19%,作用"较大"的占 39.51%,认为作用"一般"的占 33.13%(见图 11)。

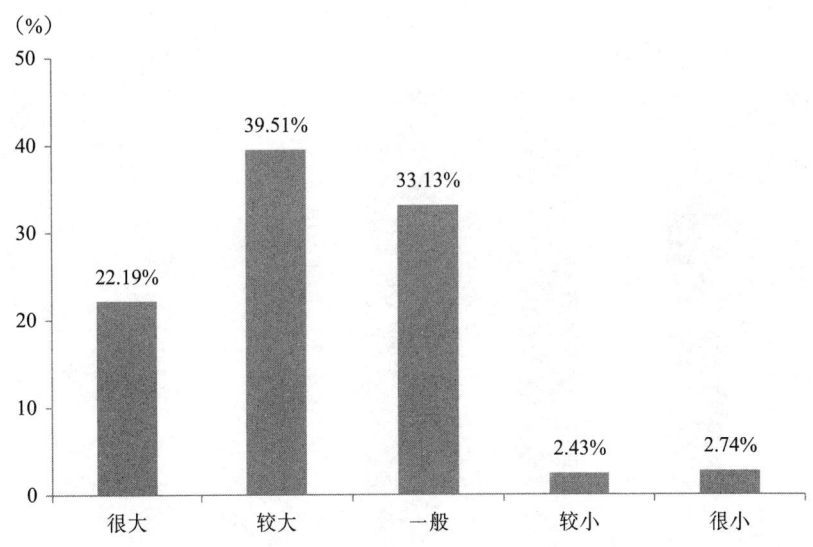

图 11　研究生期间课程在了解行业动态方面的作用

研究生认为课程在增加学习兴趣方面有作用的占 94.83%，其中认为作用"很大"的占 21.88%，认为作用"较大"的占 42.25%，认为作用"一般"的占 30.7%（见图 12）。

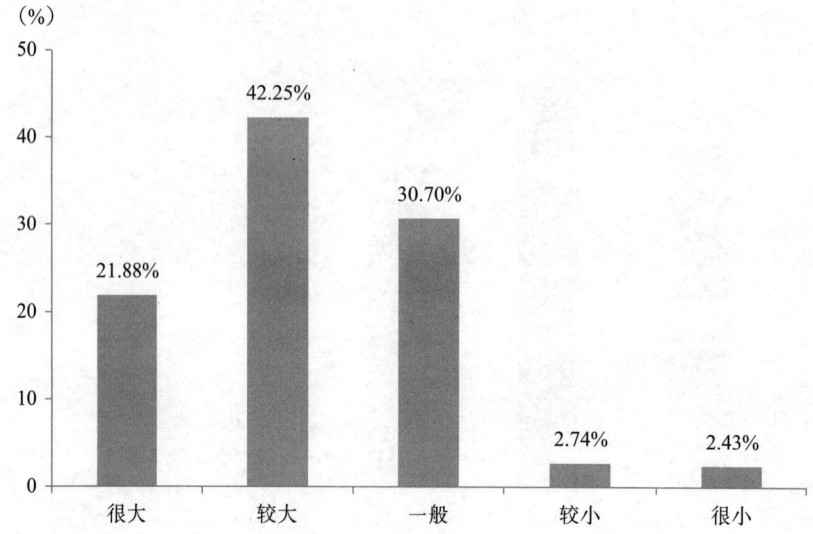

图 12　研究生期间课程在增加学习兴趣方面的作用

研究生认为课程在提升实践能力方面有作用的占 94.23%，其中认为作用"很大"的占 26.75%，认为作用"较大"的占 33.43%，认为作用"一般"的占 34.04%（见图 13）。

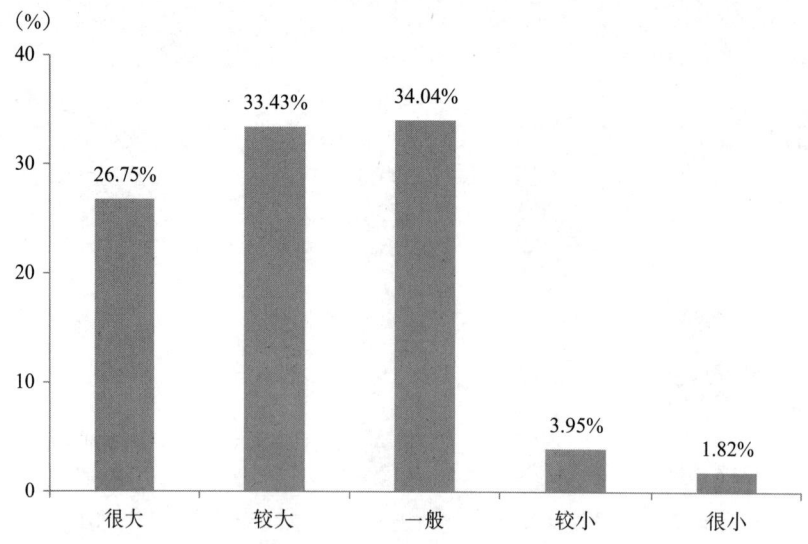

图 13　研究生期间课程在提升实践能力方面的作用

课程阶段研究生有 46.5% 的学生在疫情期间花费时间最多的事情是专业知识的学习，有 21.88% 的学生花费更多的时间在关注疫情信息上（见图 14）。

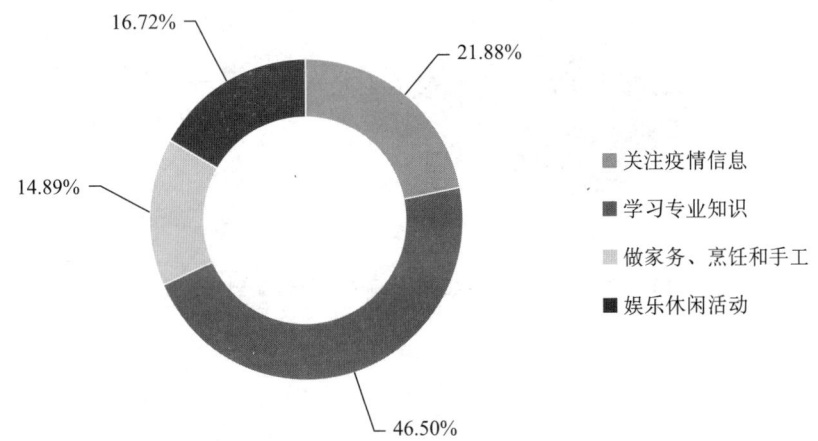

图 14　课程阶段研究生疫情期间花费时间最多的事情

课程阶段的研究生对疫情发展形势、疫情对个人的影响、医护人员的健康安全都非常关心，其中关注疫情发展形势的占 94.83%，关注疫情对个人的影响的占 66.57%，关注医护人员健康安全的占 63.83%（见图 15）。

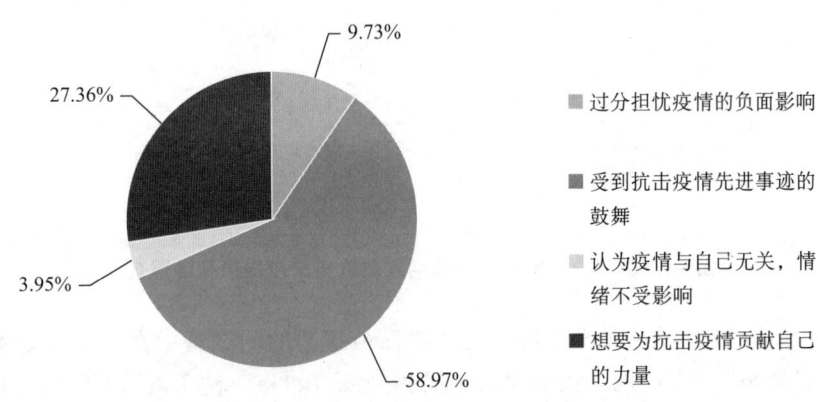

图 15　课程阶段研究生最关心关于新冠肺炎疫情及其有关问题的哪些方面

课程阶段的研究生在疫情期间"受到抗击疫情先进事迹鼓舞"的占 58.97%，有 27.36% 的研究生"想要为抗击疫情贡献自己力量"（见图 16）。

课程阶段研究生在疫情期间希望学校提供"学业指导服务""就业指导服务""疫情相关咨询服务"，其中有 84.5% 的学生希望学校提供"学业指导服务"，有 46.81% 的学生希望学校提供"就业指导服务"（见图 17）。

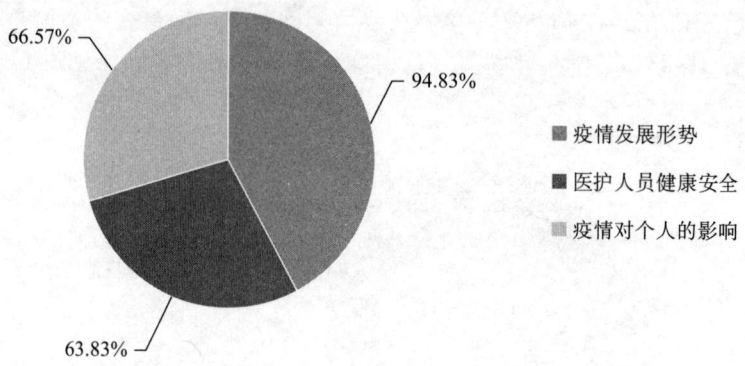

图 16　课程阶段研究生疫情期间个人情绪受到何种影响

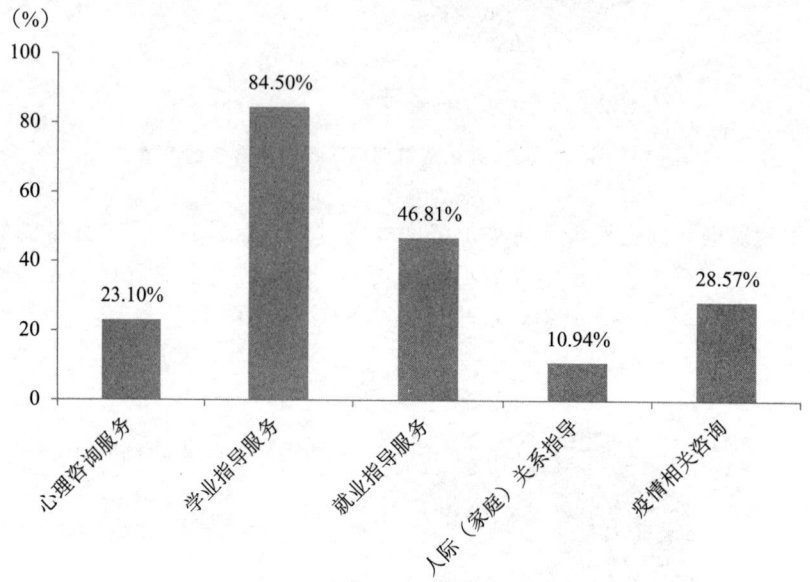

图 17　课程阶段研究生疫情期间最需要学校提供何种服务

课程阶段研究生正常返校后,疫情方面最担心的问题集中在"食堂、教室、宿舍形成聚集""有的同学没有足够的防护资源(口罩、洗手液等)""自身抵抗力较低"等问题(见图18)。

三、结论

综合调查结果显示,课程阶段研究生整体对延期返校期间学校开展线上教学的一系列工作措施的满意度较高,能有效地在线上进行课程学习,部分研究生在导师指导下开展了论文研究工作,认为研究生课程在夯实知识基础、了解行业动

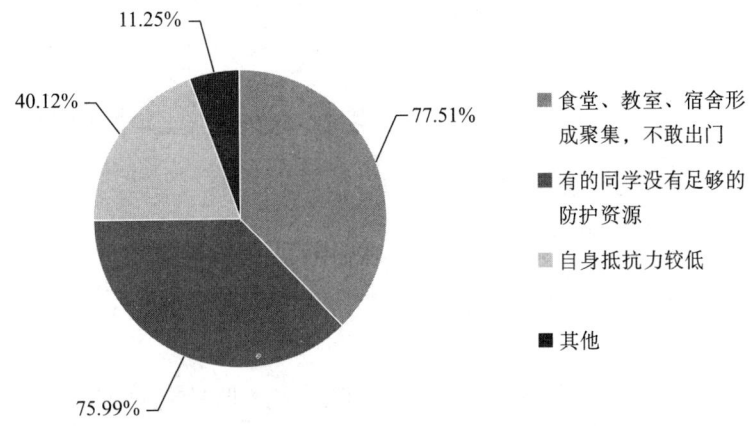

图 18　课程阶段研究生正常返校后有哪些担心

态、增加学习兴趣、提升实践能力方面有一定作用。发现的困难和问题主要有：（1）网络平台的拥堵影响了学习效果；（2）不同任课教师对平台的选择不同，造成部分研究生要下载使用多个教学平台软件进行学习，容易混淆；（3）有些课程的师生互动环节需要优化，为了保证网络稳定尽量少开摄像头；（4）疫情期间，学校需要加强对研究生居家学习的学业指导。

校企合作模式下农业管理专业学位研究生社会实践能力提升探索

北京农学院经济管理学院/北京新农村建设研究基地

刘笑冰　张婉　王兆洋　朴杨　武广平

摘要：现代农业高速发展，急需一批农业专业人才，然而目前对农业专业学生的培养，多注重于课堂上理论知识的讲授，难以满足农业领域的需要。通过校企合作可以为学生提供社会实践的机会，让学生了解企业管理、运行等工作环节。因此本文基于北京农学院农业管理专业学位的校外工作站社会实践为例，探讨了校企合作模式对提升农业管理专业研究生实践能力的作用，以及目前的培养方式存在的问题和未来的发展方向。

关键词：农业管理；校企合作；社会实践

专业学位是为满足社会行业的职业需求，在专业领域内培养具有较强实践能力和职业竞争力的复合型应用人才[1]。吴岩司长在新农科建设安吉研讨会上提出，新农科建设要面向新农业、新乡村、新农民、新生态。因此，农业管理专业学位研究生的培养过程中应注重社会实践能力的提升与培养。

目前，随着社会对人才需求不断变大，要求也越来越高，然而大多数学校仍采用传统的课堂教学模式，这种教学模式下的学生通常有较好的理论知识储备，但却缺少实践能力。同时，随着研究生不断扩招，毕业生就业环境愈发严峻，许多毕业生面临着毕业即失业的状况，面对这种状况学校应及时调整教学方式、培养方案，以提升学生的实践能力，增加其竞争力。通过校企合作的方式，可以让学生在校期间了解企业的运营模式，将课堂所学运用于实际之中，提升社会实践能力。

---

* 作者简介：刘笑冰，博士，副教授，从事农林资源与环境经济方面的研究。

一、校企合作模式发展现状

农业管理是以经济学、管理学、农业等多学科为基础的交叉学科领域,其目标是培养现代农业发展中从事组织管理、技术开发与推广等工作的应用型高层次人才。为增强农业管理专业学生的实践能力、创新能力以及解决实际问题的能力,越来越多的高校展开了校企合作,为学生提供实习实践机会。本文以北京农学院农业管理为例介绍当前校企合作发展现状。

北京农学院农业管理专业硕士旨在培养能够胜任各级农业管理机构相关政策制定、解释、执行,以及农、牧、渔、加工企业管理,金融机构涉农业务管理,农业科技组织管理,农业技术推广、农业标准化、农产品物流与电商等工作的应用型高层次人才。农业管理专业人才要求学生掌握农业产业经济与管理领域的基础理论、专业知识和专门技能,同时要求学生具有在农业管理专业领域协同创新能力和组织管理能力。专业学位研究生通常采用校内教学与校外实践相结合的培养模式。农业管理专业硕士也是以校外校内相结合的方式进行培养。为提升学生的各项能力,学校已建立多个校外实践基地,为研究生提供了良好的实践锻炼平台,提升研究生的专业素质和专业能力。目前与校外企业合作大多采取签署实习基地协议的合作方式,成立研究生工作站。组织研究生进入企业开展企业发展现状和经营管理相关调研;组织研究生进入企业开展社会实践,协助企业工作人员开展运销、经营、管理及技术推广服务等工作,此外,还可以为企业提供咨询服务。2020年由于疫情影响,线下的实习调研活动受到影响,因此开展了线上的调研实践活动,通过线上发放问卷的形式,调查疫情对农企的影响以及对消费者的影响,并在疫情期间通过线上的方式,了解企业的应对方式,以及面对疫情所做出的应急措施。在未来的校企合作中也可继续采取线上交流的方式,展开更加多样化的调研与实习活动。

二、校企合作模式存在问题

(一)人才培养目标与社会需求贴合度有待提升

开展校企合作办学的目的是针对专业学位研究生的培养需求进行校外实践,然而现在许多高校在展开校企合作时,只是要求学生完成论文或实习报告,却忽略了人才培养目标。对于专业学位研究生来说,更注重培养实际操作能力,应针对企业的需求来进行人才培养,而非专注于基础性学术研究。根据北京农学院专业学位研究生培养方案可知,农业管理专业学位的研究生其培养目标是为农业技术研究、应用、开发及推广，农村发展，农业教育等企事业单位和管理部门培养应用型、复合性高层次应用人才。农业是不断发展的领域，因此农业管理专业的教学培养目标也应随着农业的发展而不断改变。然而当下大部分学校在对农业管理专业研究生进行培养时，依然采用传统的理论教学模式，虽然在不断增加实践环节，但是实践环节的教学目标却有待明确，同时教学目标与行业需求的锲合度也有待提升。行业需求是不断变化、日益更新的，然而学校的培养方案却很少紧跟行业趋势做出修改，也就导致了培养目标及培养方向与社会需求不相符，培养方向也不够明确。

（二）教学管理机制与社会实践衔接程度有待提升

无论是哪种教学模式都需要与其相适应的教学管理机制。完善的管理机制是校企合作模式顺利进行的必要条件，然而目前唯一与专业学位相关的管理办法只有一部《专业学位设置审批暂行办法》，其中关于校企合作的规定也很少[2]。学校培养方案中只对于实践学时做出要求，并未有详细要求，然而实践教学与校内课堂授课有很大不同，实践教学环节有更大的灵活性，比起课堂教学更加难以管理。校内教学部分已具备完善的管理办法，由于校内教学的特性，更便于管理，学生也已适应了校内教学的管理模式，而校外的社会实践部分，由于教学形式的灵活性，相对难以管理，通常校内监管机制不适用于校外企业实践环节，针对校外实践的管理机制也有待完善。由于学校与企业之间管理机制不同，因此在进行校企合作时，需进行管理机制的有机融合与创新，增大管理机制的灵活性。

（三）实践效果与学位管理关联度有待提升

学位授予与实践环节的关联度不高也是实践效果不理想的一个重要原因。进入企业实习是校企合作的重要环节，然而目前学生进入企业实践的效果并不理想，造成这种状况的原因有很多，学生在学校进行的都是基础理论的学习，并未进行过实践能力的锻炼，因此进入企业实习后，学生缺乏解决实际问题的能力，这也就影响了学生实习的积极性，同时也影响企业与学校合作的积极性。除此之外，学校对于学生毕业时的考核大多集中于论文，实践所占比重较小也就导致了学生重视程度不够。同时学生对培养目标并不明确，对自身学习目标也不够清晰，将实践环节视作参观、观赏活动，学生的态度很大程度上决定了实践教学的效果，因此学生的不重视会对教学效果产生不良影响。除进入企业实习外，很多高校采取"双导师"的模式进行校企合作，然而，由于毕业要求中未明确实践环节的相关要求，这也就导致了学生缺乏主动向企业导师学习经验的积极性与主动性，这也导致了教学效果不理想。

三、校企合作模式下社会实践能力提升探索

(一) 人才培养向岗位需求型、高水平应用型发展

明确专业人才培养目标是进行教学活动的前提,在进行教学活动前首先需要确定本专业的培养目标和培养方案,培养方案是学校进行研究生培养的纲领,是构建其知识结构的重要保障方式。在高水平应用型人才的教学定位下,进行培养目标与培养方案的确定时,更应注重学生所学最终应用于实际的能力。校企合作过程中,高校在进行培养方案的确定时,可充分参考企业的意见,让企业参与到培养方案及培养目标的制定工作当中。通过企业的参与可以了解企业的人才需求,了解行业需求,企业的参与也可以丰富培养方案内容,使培养方案更符合实际。针对专业学位研究生培养方向,高校在制定培养方案时要逐步向岗位需求型发展转变,根据社会与行业需求,确定人才培养目标。

农业专业人才培养目标的设置应随我国农业的不断发展而不断改变,农业管理专业培养方案更应注重现代农业的发展。应用型人才的培养核心为:人才培养源于农业,最终回归应用于农业,以行业需求为导向。通过与企业的合作可以了解最新农产品的相关生产和销售状况,在进行培养方案及培养目标的制定和修改时,应紧跟实际情况,在培养过程中不断修正。目前我国正处于飞速发展的阶段,现代农业的发展也在不断加速,发生着日新月异的变化,在这种情况下,学校更应联系实际情况,不断调整,更新人才培养目标,使其与行业发展紧密结合。

(二) 教学模式向"实践+理论"型倾斜

教学模式改革是提升教学质量的重要环节。针对专业学位的培养目标,在教学模式改革过程中要不断提升社会实践的地位,加重社会实践的比重,教学模式向"实践+理论"模式倾斜,制订灵活的培养方案,可在培养过程中根据实际情况不断进行调整。教学模式应具有多样性。研究生期间的学习,每个学生都有不同的研究课题,应设定相应的模块供学生选择,在不同教学环节设置不同的实践环节,邀请企业工作人员定期进行讲座,让学生了解最新的行业动态,紧跟行业发展潮流。农业管理作为农业领域专业,在培养过程中要考虑我国农业实际的特点,在教学改革过程中要随时考虑农业发展现状,依据行业所需进行农业专业人才培养。研究生教育应紧跟国家政策,根据国家农业发展需求不断调整教学模式及内容。农业人才不仅仅是专科型技术人才,更是具有多学科背景的综合型农科人才[3],因此农业管理专业研究生在培养过程中更应注重综合能力的培养,为

我国农业输送能够解决实际问题的高层次农业专业人才。

将企业实践作为研究生培养的必要环节[4]，首先要建立完善的学生管理机制，针对实习时长、实习内容等方面做好计划。促进校企合作运行机制的规范化，制定完善规范的规则，对实践全过程进行管理。实践环节通常缺少考核评价环节，也就导致了学生不够重视，故应将企业实践活动纳入课程评价之中。针对研究生的评价方式，应采取多元化的评价方式，不再将论文发表作为唯一考核标准，注重创新能力，实践能力的培养。采取实践过程全程打分制以及双导师打分制，除在校考核成绩外，企业导师对实践进行打分，依据学生实习表现对学生进行打分，针对不同的实习方式，实习内容，建立专门的打分标准。在进行评价考核时，可针对农产品生产、加工、运销过程分别进行评价打分，避免单一的只做总评分，而是要将评价过程细化，不同环节分别打分，最后进行汇总。这种打分方式会提升学生实习的认真程度，引导学生更认真地对待实践活动。

（三）校企合作向深层次、一体化迈进

丰富校企合作方式。目前校企合作方式较为单一，通常是学生进入企业进行实习，然而并未有反向合作。可鼓励学生在企业实习过程后，撰写研究报告或参与企业项目，根据自身所学进行专项研究，为企业提供咨询服务，利用高校科研优势，为企业提供咨询调研服务等。学生实习后，根据实习成果进行相关研究，研究结果反哺企业发展，达成双向合作，促进校企合作进一步迈向深层次、一体化方向。

摸索"虚拟网络任职"课堂模式。2020年由于疫情影响，线下实践实习活动难以开展，这促进了线上实践的发展，也为实践活动的未来发展提供了新思路。可将企业运作虚拟化、数字化，让学生线上担任相应岗位，模拟进行业务锻炼，通过这种方式，让学生有更多机会感受不同岗位职能。

探索短周期循环实践机制。农业具有一定的特殊性，由于农产品生长周期较长，至少需要一年的时间，再加上完整的农产品销售周期通常也较长，受学时限制，学生无法感受全过程，因此就需要改变实践形式，如采取短周期循环模式，学生进行各岗位轮岗实习，在有限时间内，进行不同岗位实习活动，在进入企业之前，提前对岗位基础内容进行讲解，使学生进入企业后可快速熟悉实践内容，提升实践能力。

四、结论

本文以北京农学院农业管理专业学位研究生为例，探讨了校企合作模式发展现状以及存在的问题。在未来的发展中，要不断提升实践能力，则需在学校、企

业及学生三个方面共同改进，不断完善校企合作模式，逐步探索更加高效的教学方式及方法。

参考文献：

[1] 李艳，吴益飞. 协同创新视域下工程专业学位研究生职业能力培养研究[J]. 科教导刊（上旬刊），2020，11（31）：66-68.

[2] 蒋隽，周红丽. 校企合作联合培养畜牧专业研究生模式探讨[J]. 教育教学论坛，2020，8（35）：46-47.

[3] 赵小敏，陈美球，蓝猷平，陈小涛. 农科背景下地方农业院校学科建设的实践与思考——以江西农业大学为例[J]. 中国农业教育，2020，10（05）：1-8.

[4] 曹艳燕，秦镜，赵海斌. 提高工科研究生社会实践能力的新探索[J]. 教育教学论坛，2020，11（45）：253-254.

农业管理专业研究生实践能力建设研究*

北京农学院经济管理学院/北京新农村建设研究基地

赵海燕　李德佳　马峥　刘笑冰　唐衡

学生实践能力的培养是高等教育的题中应有之义。我国《高等教育法》明确指出,高等教育的任务是培养具有创新精神和实践能力的高级专门人才。2020年7月,习近平总书记对研究生教育作出重要指示,要求着力增强研究生实践能力、创新能力,为建设社会主义现代化强国提供更坚实的人才支撑。由此可见,居于教育体系之最高层次的研究生教育,应该特别注重培养研究生的实践能力。然而,对研究生实践能力的培养不能一概而论,不同类型的高校、不同类型的专业,应有其各自的定位与清晰的培养路径。

当前我国应用型大学中专业型硕士研究生培养数量一直处于上升之中。在乡村振兴战略的背景下,北京农学院经济管理学院作为学校硕士研究生招生和培养平台之一,密切关注农业管理硕士研究生实践能力的提升,积极探索专业型硕士研究生培养的新路径。

一、农业管理研究生实践能力建设意义

实践教育是研究生培养的重要环节。回望我国研究生教育发展历程,不论从办学规模还是招生人数来看,我国已经是一个研究生教育大国。但是招生规模的不断扩大,也带来了培养质量下降等一系列问题,具体表现为研究生创新体系理

---

* 基金项目:北京农学院学位与研究生教育改革与发展项目(Research Fund for Academic Degree & Graduate Education of Beijing University of Agriculture);农业管理专业研究生实践能力建设研究。作者简介:赵海燕,博士,教授,研究方向为都市农业、农林经济管理,电子邮箱:yanhappychina@126.com;通讯作者:唐衡,博士,教授,研究方向为都市农业、农林经济管理,电子邮箱:tangh@bua.edu.cn。

论研究欠缺，研究生教学研究投入资源不足、科研平台及中坚师资力量欠缺。从某种意义上来说，研究生的创新能力水平在很大程度上影响着其自身实践的能力。总之，加强研究生创新意识和创新能力的培养是研究生教育的必然趋势，也是研究生毕业考核的重要指标之一。

因此，根据各自的具体情况，国内各研究生培养单位都在提升研究生的创新实践能力方面进行了积极且有意义的探索和实践。北京农学院经济管理学院农业管理硕士点近年在研究生培养质量上狠下功夫，坚持德育为先、育人为本、全面发展的教育理念，根据本硕士点办学定位，围绕本学科人才培养目标，积极利用学校平台和校外资源，为研究生提供丰富多样的实训实践体验，促进研究生全面发展，增强研究生的社会责任感、善于解决问题的实践能力和符合职业要求的任职技能，特别是在农业产业发展领域具有相应的创新能力、经营管理能力和独立承担农业发展领域技术推广活动的能力。

二、农业管理研究生实践能力培养过程中的相关举措

（一）加强校内实践平台建设

校内实践平台是为学生在校内提供实践机会和指导的平台，在很大程度上节约了学生的时间成本，同时又具有较强的可控性，也为本硕士点老师的参与和推动活动开展提供了便利。在加强人才建设的全过程中，北京农学院学科发展平台不断完善，并已取得一定的成果。现学校已建设有2个省部级研究基地（北京新农村建设研究基地、北京都市农业研究院）、1个省部级科研转化平台（北京国家现代农业示范区技术服务中心）、2个行业协会（北京农村技术专业协会、中国农业技术推广协会园艺产业促进分会）、1个博士后科研工作站等研究与服务机构。在此基础上，学校不断提升研究生科研水平，开展理论教学、专业研讨、撰写论文等教育活动，提高学生理论基础，为其后期深造或者就业夯实基础。

（二）加强校外实践平台建设

校外实践平台是学生专业学习的重要组成部分，对巩固学生理论知识、加深感性认识、培养创新意识和团队精神具有不可替代的作用。在推进培养研究生的实践能力过程中，北京农学院硕士点校外实践教学平台不断扩展，并主动联系相关行（企）业，建立稳定的专业学位研究生培养实践基地，开展实践教学工作。其中，与北京市农业农村局、北京市民委、《农民日报》、相关农业产业化龙头企业、农民专业合作社、北京市农担公司金融机构建立了良好合作关系。这一过程加强了学生理论联系实际，开展实地调研及项目研究、报告撰写等多方面能力。

(三) 加强师资队伍建设

师资队伍建设是高校事业发展的关键，师资水平和素质是学校办学水平和竞争力的重要标志，也是各专业教学团队加强竞争力的重要抓手。在推进人才建设的过程中，北京农学院立足"新农科"建设，不断加强师资队伍建设、提高教学水平，并通过师资社会化服务、承担创新团队工作，给农业管理专业研究生创造多项实践平台。同时，以举办竞赛、设立项目的形式形成"老师指导，学生动手"的互动机制，让学生在老师的指导和启发下，通过实践不断提高动手能力和创新能力，最终向社会输送合格人才。

三、下一步提升

专业学位硕士研究生实践能力的培养是综合衡量学生知识和能力的关键环节，也是提升人才质量的关键。作为一项长期的、复杂的系统工程，研究生教育体系不是一蹴而就的。具体而言，一是需要根据学校、国家的发展战略调整改革的路径与方向；二是要充分考虑教学、教育过程中可能存在的诸多问题，并寻求合适的方法解决；三是要从管理、监督机制、学习氛围等多方面为创新性研究型人才的培养提供有力保障，推进教育体系不断完善。加强对本硕点研究生实践能力的培养，不仅事关学生自身的升学和就业，更是满足国家对复合型、综合型的创新型人才的迫切需要。

受疫情影响，2020年校外实地调研等实践形式受到约束并减少。目前，计划充分利用雨课堂、腾讯会议、好视通等在线教学工具开展教学工作，同时通过创建微信群、QQ群等方式，及时与学生们互动，了解学生在线学习遇到的问题和专业学习中面临的困难，并定期开展线上会议为同学解答疑惑，推动线上教学顺利进行，保证教学进度与质量。后期在条件允许的情况下，将进一步加强校外实地调研、合作，创造更多机会和平台，切实提高本硕士点农业管理专业研究生的实践能力。积极培养学生的"三农"情怀，提升学生服务"三农"的实践能力。

教学与校外实践基地深度融合的专业学位研究生培养模式初探[*]

北京农学院动科学院　奶牛营养学北京市重点实验室
方洛云　蒋林树

摘要：专业实践是专业学位研究生教育的关键环节。为了更好地发挥专业学位研究生校外实践基地在实践教学过程中的作用，本文通过对专业学位研究生教育的意义以及对当前专业学位研究生培养中存在的问题、实践基地在其中的作用进行了研究和思考，为提高专业学位研究生的培养质量提供合理化建议和参考。

关键词：专业学位研究生；校外实践基地；教学

随着我国经济进入高质量发展阶段，经济和产业转型升级加快，人民对美好生活的需求不断增长，各行各业的知识含量显著提升，对从业人员的职业素养、知识能力、专业化程度提出了更高要求，专业学位作为现代社会发展的产物，科技越发达、社会现代化程度越高，社会对专业学位人才的需求越大，越需要加快发展专业学位研究生教育。由于专业学位具有相对独立的教育模式，以产教融合培养为鲜明特征，是职业性与学术性的高度统一。为了满足深化全日制硕士专业学位研究生培养机制改革的需要，高校研究生培养单位应当联合企事业单位建立全日制硕士专业学位研究生培养基地，不仅建立高校与行业共同育人的平台，而且通过加强实践教学环节实现培养目标。因此，规范硕士专业学位研究生实践基地的建设和管理是一项紧迫且具有现实意义的工作。

---

[*] 基金项目：2019年北京农学院学位与研究生教育改革与发展项目。作者简介：方洛云，博士，北京农学院动科学院，研究方向：奶牛营养与饲料科学，电子邮箱：fangly@ bua.edu.cn。

一、大力发展专业学位研究生教育的意义

（一）发展专业学位研究生教育是经济社会进入高质量发展阶段的必然选择

新时代我国社会主要矛盾已发生深刻变化，经济进入了高质量发展阶段，经济和产业转型升级加快，从数量到质量的转变更加需要高层次专业化教育。专业学位是现代社会发展的产物，科技越发达，社会现代化程度越高，社会对专业学位人才的需求越大，越需要加快发展专业学位研究生教育。

（二）发展专业学位研究生教育是主动服务创新型国家建设的重要路径

随着新一轮科技革命和产业变革蓬勃兴起，全球科技创新进入密集活跃期，新经济、新业态不断涌现，国际科技竞争日趋激烈，大国竞争越来越体现在科技和人才的竞争。目前，我国在很多领域都有尚待突破的关键技术，成为制约我国创新发展的"瓶颈"，这些技术相当程度集中在科技应用和转化方面，需要大量创新型、复合型、应用型人才。专业学位以提高实践创新能力为目标，在适应社会分工日益精细化、专业化、对人才需求多样化方面具有独特优势，已成为高层次应用型人才培养的主阵地，因此需要大力发展专业学位研究生教育。

（三）发展专业学位是学位与研究生教育改革发展的战略重点

长期以来，研究生教育把培养教学科研人员作为目标，高等学校和科研机构是研究生就业的主要渠道，但随着经济社会的发展，人才市场的需求结构发生了巨大变化，研究生在行业产业就业的比例逐年提高，各行各业对专业学位研究生的需求越来越大。

从国际上看，美、英、法、德、日、韩等发达国家高度重视专业学位发展，以职业导向或较强应用性的领域为重点，设置类型丰富、适应专门需求的专业学位，有力支撑其经济社会发展。专业学位具有相对独立的教育模式，以产教融合培养为鲜明特征，是职业性与学术性的高度统一。国内外的需求变化表明，专业学位研究生教育地位日益重要，必须加快发展。

二、专业学位研究生教育培养中的现状

（一）重学术学位、轻专业学位的观念仍需扭转

简单套用学术学位发展理念、思路、措施进行专业学位研究生培养的现象仍

不同程度存在。需对专业学位研究生教育的认识进一步深化，发展机制需要健全，在学科专业体系中的地位需要进一步凸显。

（二）课堂教学与产业发展还需融会贯通

学有创新、学以致用是提高研究生教学质量的关键和核心问题，而客观存在的课堂教学内容滞后性、教学时间集中性和研究生在本科教育阶段的基础性，导致了研究生对课堂教学内容存在概念模糊、理解不深、产业发展最新技术不清等问题，导致研究生难以有针对性地提出自己的研究内容、研究思路和研究想法，只能依据导师的意见和想法开展后续的开题和研究工作。因此，如何提前让研究生了解所在产业或行业的产业发展现状，将课堂教学内容与产业现状的认知融会贯通，是首先需要解决的教学问题。

（三）课题研究与产业需求还需高度锲合

完成一次高质量的科学研究既是对研究生研究水平的检验，更是解决一项或几项产业发展问题的必然要求。研究生选择的研究内容能否能有针对性地解决产业发展需求或技术创新问题，是衡量论文质量的主要标志之一。因此如何在导师的指导下，敏锐地发现产业存在的某些科学问题进而开展研究，既实现课题研究与产业需求的针对性、时效性和创新性，又培养研究生发现问题、分析问题和解决问题的能力，是研究生教学需要迫切解决的问题。

（四）培养质量与就业层次还需相互促进

人才需求与就业状况的动态反馈机制不够完善，与职业资格的衔接需要深化，多元投入机制需要加强。提高研究生培养质量，促进高质量就业和服务国家经济社会发展，是研究生培养的核心目标。从"德、能、勤、绩"四方面培养学生的综合素质，是导师和导师组作为人类灵魂工程师的法定责任，也是对学生发展和创新的历史责任，更是体现导师教学培养水平的综合体现。因此，如何通过提高培养质量进而提高学生的就业水平和层次成为亟需解决的问题。

三、思考与对策

针对上述问题，可以通过完善评价体系，加强导师队伍建设、校外基地建设、研究生学前实训、就业前实训与提前入职等多种途径有针对性地加以解决。

（一）加强专业学位研究生导师队伍建设

坚持正确育人导向，强化导师育人职责。大力推动地方领导干部、"两院"

院士、国企骨干、劳动模范等上讲台，探索建立各级党政机关、科研院所、军队、企事业单位党员领导干部、专家学者等担任校外辅导员制度，提升专业学位研究生思想水平、政治觉悟和道德品质。推动培养单位和行业产业之间的人才交流与共享，各培养单位新聘专业学位研究生导师需有在行业产业锻炼实践半年以上或主持行业产业课题研究、项目研发的经历，在岗专业学位研究生导师每年应有一定时间带队到行业产业开展调研实践。鼓励培养单位设立"行业产业导师"，健全行业产业导师选聘制度，构建专业学位研究生双导师制。

（二）深化产教融合专业学位研究生培养模式改革

坚持正确育人导向，加强专业学位研究生思想政治教育，加强学术道德和职业伦理教育，提升实践创新能力和未来职业发展能力，促进专业学位研究生德智体美劳全面发展。实施专业学位和学术学位研究生招生分类选拔，进一步完善博士专业学位研究生申请考核制选拔方式。推进培养单位与行业产业共同制订培养方案，共同开设实践课程，共同编写精品教材。鼓励有条件的行业产业制定专业技术能力标准，推进课程设置与专业技术能力考核的有机衔接。推进设立用人单位"定制化人才培养项目"，将人才培养与用人需求紧密对接。实施"国家产教融合研究生联合培养基地"建设计划，重点依托产教融合型企业和产教融合型城市，大力开展研究生联合培养基地建设。鼓励行业产业、培养单位探索建立产教融合育人联盟，制定标准，交流经验，分享资源。将创新创业教育融入产教融合育人体系，支持有条件的高校在具备较高创新创业潜质的应届本科毕业生中，推荐免试（初试）招收专业学位研究生。支持培养单位联合行业产业探索实施"专业学位+能力拓展"育人模式，使专业学位研究生在获得学历学位的同时，取得相关行业产业从业资质或实践经验，提升职业胜任能力。

（三）完善专业学位研究生教育评价机制

强化专业学位论文应用导向，硕士专业学位论文可以调研报告、规划设计、产品开发、案例分析、项目管理、艺术作品等为主要内容，以论文形式呈现。完善专业学位论文评审和抽检办法，推动专业学位论文与学术学位论文分类评价。完善专业学位授权点合格评估制度，将产教融合培养研究生成效纳入评估指标体系，并与专业学位授权点建设等支持政策相挂钩。破除仅以论文发表评价教师的简单做法，将教学案例编写、行业产业服务等教学、实践、服务成果纳入教师考核、评聘体系。

（四）强化行业产业协同

支持行业产业参与专业学位研究生教育办学，明显提高规模以上企业参与比例。鼓励行业产业通过设立冠名奖学金、研究生工作站、校企研发中心等措施，吸引专业学位研究生和导师参与企业研发项目。强化企业职工在岗教育培训，支持在职员工攻读硕士、博士专业学位。鼓励行业或大企业建立开放式联合培养基地，带动中小企业参与联合培养。

（五）建设校企合作的研究生教学与实训基地

1. 研究生在基地开展二阶段的教学与实训工作

一是在正式录取到开学前的约3个月，拜基地的技术人员为师，全程参与生产各阶段的全过程学习，上述实训既有效解决了课堂教学与产业发展的融会贯通问题，又为研究生有针对性地提出科学研究问题奠定了基础；二是开展课题研究阶段，在完成课堂教学后，研究生要在基地工作和学习6个月以上，既要完成课题的研究，又要对生产过程进行进一步深入理解和实践。教学与实训基地的建设，对提高研究生发现问题、分析问题和解决问题的能力，更为完成高质量研究论文和促进高质量就业奠定坚实基础。

2. 构建了学术研讨与同行竞争深度融合的培养体系

每周一次的研究生组会、不定期参加和组织学术会议构成了颇具特色的研究生培养体系。一是创新了研究生组会形式。组会完全由学生组织、学生主持，相互诘问，导师点评，同时重点关注每一位报告人的收获和体会，培养了学生的自主学习意识。二是开展同行竞争和协作。对内，鼓励研究生积极发表高质量论文，科研补助根据业绩分类分等；对外与其他科研机构形成紧密型合作团队，每年定期举办团队之间的学术汇报，相互找差距、谋合作；每年与其他单位的同行研究生召开学术比赛，对优胜者给予荣誉和物质奖励。同时实施只有投稿并录用才能参加全国性各种学术会议的政策，团队承担全部费用，有效地激励了学生参加学术会议的积极性，提高了学术和教学水平。三是参加国内外的各种学科竞赛。研究生通过学科竞赛，既收获了知识，提升了临场发挥能力，各种荣誉的获得也为今后的就业提供了支撑。

3. 形成了学术帮扶与提前入职的教学协作体系

一是与国内外知名科研团队建立合作共享关系，同时广泛邀请国内外专家学者对研究生进行指导交流，不断拓宽学生的学术视野，比如重点实验室年会、研究生开题、研究生初级和高级培训班等。二是鼓励学生提前进入就业岗位。团队要求研究生毕业论文必须在毕业前半年完成，提前完成的目的就是希望学生有更多的机会提前进入就业岗位，并通过不同岗位的实训，极大地提高学生学以致用的能力和水平，以及就业过程中的竞争力，进而找到自己理想的工作，为今后的发展夯实基础。

四、结语

专业学位研究生教育主要针对社会特定职业领域需要，培养具有较强专业能力和职业素养、能够创造性地从事实际工作的高层次应用型专门人才。专业学位具有相对独立的教育模式，以产教融合培养为鲜明特征，是职业性与学术性的高度统一。国内外的需求变化表明，专业学位研究生教育地位日益重要，必须加快发展。为此，更要大力加强实践教学环节，特别要加强专业实习和毕业实习等重要环节，拓宽学生的校外实践渠道。通过建立一批专业学位研究生人才培养的高水平校外实践教学基地，更好地搭建起学校与就业单位之间的桥梁，促进学生自主创新创业能力的培养。

研究生学位论文质量保障体系建设研究
——以北京农学院为例*

北京农学院研究生处学科与学位管理科
张芝理 高源 何忠伟

摘要：学位论文是研究生培养过程中的重要组成部分和阶段性成果，直接体现了研究生个人的综合能力和学位点的培养质量。随着北京农学院硕士研究生规模的不断扩大，学位论文质量越来越引起社会广泛的关注。

结合当前教育部及北京市教委精神，在研究生教育中要淡化"唯论文"思想，在制度方面哲学社会科学研究生要破除"唯论文"导向，取消发表论文的硬性要求，但与此同时无形中加强了培养单位对研究生学位质量把控的难度，研究生学位论文工作量及阶段性成果不以发表文章作为体现，就要在审查过程中加以甄别，增加量化条件以确保整体质量。针对近几年研究生毕业生的论文撰写情况与答辩过程中专家所提出的意见，本文对北京农学院研究生论文质量进行了研究，以提升研究生学位论文整体质量。

一、北京农学院学位论文撰写标准

北京农学院针对学术型研究生和专业型研究生制定的培养方案及学位申请条件不一致，根据研究生的类型不同，培养的侧重点不同，进而引导研究生进行学术研究和论文写作的标准也不同，学术型研究生倾向于学术研究，专业型研究生更倾向于应用与实践。

---

* 基金项目：2020年北京农学院学位与研究生教育改革与发展项目（2020YJS084）。第一作者：张芝理，助理研究员，主要从事学科与学位管理相关工作。

《北京农学院硕士学位授予工作实施细则（修订）》（北农校发〔2013〕2号）文件中对二者进行了明确的界定，要求学术型研究生学位论文应达到如下条件：（1）论文的基本论点、结论和建议具有一定的理论意义和实际价值，对所研究的内容应当有新的见解，能够表明申请人掌握了本门学科坚实的基础理论和系统的专门知识，具有从事科学研究工作或独立担负专门技术工作的能力；（2）较好地掌握本学科、本专业的研究方法和技能。

对于专业学位研究生，文件要求：（1）论文形式可以是研究论文、项目（产品）设计、案例分析、调研报告等；（2）论文要有一定的技术难度、先进性和工作量，对研究的问题应有一定的新见解或新进展，能体现研究生综合运用现代科学理论、方法和技术解决实际问题的能力。

除了以上提到的学术型和专业型的学位论文要求和差异之外，两种类型的研究生对于学位论文的要求还有4点共性：（1）研究工作在导师指导下独立完成，论文内容应以研究生自己获得的第一手试验数据或调查数据为基础；（2）论文必须有一定工作量，完成论文工作应不少于1年；（3）论文表述应通顺、简洁、准确，图表清晰、数据可靠，遵循学术道德，实事求是得出结论或加以讨论，引用他人资料或结论须加以说明；（4）论文撰写格式的要求。

二、研究生学位论文质量影响因素

（一）精心确定选题，积极做好开题

论文选题决定了论文的研究方向，良好的选题是保证研究进度的关键，首先论文选题要结合导师的研究方向，经过导师指点后再结合自身所感兴趣或了解的领域进行选题。选题的好坏直接决定了论文的进度与完成难易程度。研究生在完成论文期间要经历很长的撰写时间，兴趣也将成为支撑研究生完成论文的一大重要因素，对选题有兴趣将会成为论文完成的良好驱动力。

研究生的论文要经过开题答辩，根据北京农学院研究生学位论文工作管理规定，研究生开题报告一般在第二学期末至第三学期进行。开题报告的内容包括研究课题的题目、立项依据、研究内容、经费预算、研究方法、技术路线、进度安排、参考文献等。开题报告的通过，是对研究生论文计划的肯定，良好的开始是成功的一半。若开题报告不通过者，须在三个月内重新开题，重新开题不通过者终止培养。

研究生论文题目在选题过程中应做到细致具体，不应将研究范围设置过大或面面俱到。在论文答辩中，一些论文被专家反馈为选题过大或所选择样本并不能代表研究对象，这种情况往往是因为开题时研究生并没有对研究目标进行深入思

考，才选择了大而泛的题目，对在有限的时间和资源下进行论文研究造成了不利的影响。

（二）注重沟通导师，强化思路引导

导师指导是学位论文写作过程中不可缺少的环节，研究生完成论文的过程与导师指导息息相关，经常和导师沟通可以使研究生的学术思维得到拓展，在研究思路上能够更加符合科研的一般规律。

导师是研究生培养的第一责任人，在论文写作方面，应给予研究生更多的指导，研究生在从事科研方面缺乏经验，在完成论文时会走很多弯路，论文质量与导师指导是否到位有很大的关系。

（三）把握科研节奏，重视中期检查

研究生学位论文的周期往往在1年左右，有些甚至更长，在漫长的撰写过程中，研究生难免会有松懈的现象，因此做好研究生论文中期检查是研究生论文质量的把控要点之一。

学位论文中期检查是每年例行的任务。北京农学院3年制研究生学位论文中期检查一般在第4学期进行，2年制研究生学位论文中期检查一般在第3学期进行，检查内容包括学位论文工作进度、研究内容调整情况、当前存在的困难等。作为督促研究生论文质量的关键一环，为了保障论文质量，避免研究生在撰写论文中有突击和赶进度的情况发生，设置中期检查能够将论文撰写和科研任务均匀分散，在中期可以看到研究生的工作量是否已经达标，针对不达标的研究生论文及时延期，避免影响授予学位。

（四）聆听专家意见，反复修改到位

研究生进入学位申请阶段，说明学位论文已经基本成型，但要想取得学位还要经过一系列环节，如论文查重、论文外审、论文答辩等。在这些环节中，研究生会根据反馈意见密集修改论文，尤其是外审环节，不同专家会根据论文写作质量作出客观评价，与此同时给出修改建议。研究生需要参考专家给出的意见用心修改，这个过程需要持续到学位论文答辩后，再结合答辩专家当场提出的问题修改在提交最终版论文时才能完全定稿。

三、如何构建研究生学位论文质量保障体系

在"破五唯""破除唯论文"的大背景下，应尽快完善整体动态管理，实现研究生论文撰写全过程的评价标准，细化衡量指标，将以往的"论文发表""工

作量"等硬指标逐渐转化为可衡量的软标准,长期动态监控,以实现学位论文质量的保障。

(一) 以立德树人为本,强化研究生论文质量意识

学位论文质量的源头是研究生对于论文的思想认识及重视程度,强化研究生的思想认识,提升研究生论文重视程度是质量提升的关键。提升认识程度是一个长期的过程,需要导师和学校共同努力,首先导师进行教育的阶段就要提高定位,不能仅仅把学位论文定位为毕业的硬性条件,而是要当做学习研究的一部分,是研究成果的自然体现。研究生要恪守学术道德,将学位论文当作自己付出努力而获得的总结性成果来看待。另外,学校层面也要强化过程管理,在每个环节严格把关,未达条件不能通过,让研究生从思想上重视,认识到自己是经过重重筛选出来的优秀人才,才能在授予学位时感受到学位证书的含金量。

(二) 加强导师引导,构建研究生论文质量监控平台

导师在指导研究生论文的过程中,会存在沟通不顺畅的情况。部分研究生会因为种种原因疏于和自己导师的联系,这就导致学位论文的方向容易偏差,严重影响质量。

对此应实行导师指导记录制度,将导师指导研究生的论文过程逐次记录下来,如哪天进行了哪些指导,后续研究生是否落实了等信息,长此以往形成一个学位论文记录链条,用以提升论文质量。

从学校的管理层面,实行导师指导记录制度后要制定严格的量化指标,规定必须完成的基本指导次数,才能进入下一学位环节,以此作为论文质量把控常态化的基本保障。

(三) 优选外审专家,提高外审标准

外审专家对于学位评定作用至关重要,优选外审专家进行评审,对学位论文的专业性评价具有保证。在论文外审环节往往存在虽然研究生和外审专家属于同一学科,但学位论文领域与专家专业领域不完全契合的情况,对此应扩大专家库,增加更多优质专家。

对于外审过程应严格执行"双盲评审",确保专家评审独立性,给予专家充分的外审时间来评审,外审后及时传递评审结果。

当前北京农学院外审抽检比例为10%,外审评价标准为三档,即"通过""修改后通过""不通过"。在增加过程监控的背景下应适当提升抽检比例,将抽检结果细化为更多评价标准,且根据外审评审结果动态增减各学科抽检比例。

(四) 论文多轮多次修改,修改及指导留痕

研究生学位论文是逐渐完善的过程,应做到改动留痕,每一次改动完善都要保留,分为"盲审稿""答辩稿"和"终稿"。

要求研究生参考盲审专家意见对"盲审稿"进行修改形成"答辩稿",研究生在答辩时需向答辩专家展示上一环节,即外审专家提出的意见以及自己的改动方式,甚至在答辩现场作为一项内容汇报。在答辩后要求研究生按照答辩专家的意见对"答辩稿"继续进行修改,在答辩委员会主席审核签字后论文答辩才算正式通过,并提交学位论文"终稿"。通过这些强制措施,督促学生对学位论文进行反复修改,从而进一步提升学位论文质量。

参考文献:

[1] 雷剑,冯延清,侯夏雯. 硕士研究生学位论文质量管理全流程体系建设 [J]. 质量与市场,2020 (15):119-121.

[2] 欧阳鑫玉,赵楠楠,王介生,魏东,代红. 硕士研究生学位论文质量保障体系建设 [J]. 科教导刊 (上旬刊),2018 (11):32-34.

[3] 严汇. 论硕士研究生学位论文质量保障体系的建设 [J]. 宁波教育学院学报,2012 (04).

[4] 吴淑娟. 浅谈研究生学位论文质量保障体系的构建 [J]. 考试周刊,2016 (37):156.

硕士研究生招生考试自命题工作中存在的问题及对策
——以北京农学院为例*

北京农学院研究生处　王艳　田鹤　何忠伟

摘要：随着硕士研究生招生规模逐年递增，招生单位的自命题工作复杂度呈现级数增长，尤其在整个自命题工作过程中，涉密人员多、考试科目广、环节步骤杂，容不得半点疏忽。本文以北京农学院为例，针对目前自命题工作中存在的问题，结合工作实际，提出了规范自命题规章制度、加强招生管理人员的培训、规范自命题考试科目、提高命题工作质量，从而保障研究生招生考试的安全性和公平性，全面提升研究生招生选拔质量。

关键词：硕士研究生；自命题工作

硕士研究生教育是各国培养高等专门人才的重要阶段，招生考试作为其重要的一环，对其质量起着重大的影响。招生单位自命题工作是硕士研究生招生考试的重要组成部分，是发挥招生单位招生自主权、体现办学特色、提高人才选拔质量的重要机制。做好自命题工作事关首都教育形象和社会安全稳定，意义深远，责任重大。我国硕士研究生招生考试属于国家教育考试，采取教育部统一命题和招生单位自主命题相结合的方式，两类试题在启用之前均属绝密级别。硕士研究生招生考试的属性与试题的密级决定了自命题安全保密工作极其重要。自命题工作在赋予各招生单位充分的自主权的同时，也成为考察其命题水平、招生质量的重要指标。然而，随着硕士研究生招生规模逐年递增，招生单位的自命题工作复

---

* 基金项目：2021年北京农学院学位与研究生教育改革与发展项目"硕士研究生招生考试自命题工作研究——以北京农学院为例"（2021YJS077）。

杂度呈现级数增长，尤其整个自命题工作过程中，涉密人员多、考试科目广、环节步骤杂，容不得半点疏忽。

目前，硕士研究生招生统一入学考试自命题工作问题较多，一直备受争议。如何规范自命题考试科目、制定有效管理制度、防控关键环节及加强招生管理人员业务培训和考核，从而提高自命题质量，保障研究生招生考试的安全性和公平性，全面提升研究生招生选拔质量是北京农学院招生工作中急需解决的问题。

一、自命题工作现状及存在的问题

（一）制度建设有待加强

目前北京农学院自命题人员仍存在思想认识不到位，对研招考试的重要性、复杂性、敏感性认识不足，对研招考试的压力、生源复杂与管理难度大的特点认识不足。国家对研究生招生考试自命题要求日益严格，但在工作过程中，一些工作人员保密意识薄弱，存在泄密的风险，这就要求我们在日常的工作中要不断进行制度完善，并严格按照上级部门以及学校的相关规章制度进行相关工作，以免在工作中出现漏洞，造成招生工作的被动。

（二）命题人员需加强建设

北京农学院目前共涉及 34 科自命题的命制工作，每年的命题环节时间紧、任务重，同时因上级政策要求命题人员原则上应当具有副教授以上职称或相当职称，其中命题小组组长应当具有教授或相当职称并具有硕士研究生招生考试命题经验。每位命题人员只能参加一门考试科目的命题工作。但学校因师资的限制，部分科目的命题人员未达到相应的职称要求，这给命题工作造成了很大了困扰，命题教师做不到优中选优，就会造成命题工作特别被动。在选取命题教师时局限性太大。

（三）命题质量还需提升

硕士研究生入学考试业务课自命题本应测验出考生对所报考专业的基础理论、专门知识、基本技能掌握的程度，以及运用所学知识解决实际问题的能力，考查考生是否具备该学科专业硕士研究生入学的基本素质。[1]同时，业务课自命题应当具有一定的梯度、深度和广度，达到优中选优的目标。北京农学院学术型一志愿生源 2020 年的上线率较低，命题时难免会考虑这个因素，部分科目命题时可能难度会有所降低，对整体命题水平造成了一定的影响，降低了生源的质量。

二、解决目前自命题工作问题的主要对策

（一）规范自命题规章制度

研究生自命题工作应制定专门工作规范办法，防范关键重点环节。不断按照教育部有关文件精神及国家教育考试的标准，全面梳理自命题工作各环节风险点，细化完善管理流程，在已制定的《自命题工作管理办法》上进行完善。[2]试卷安全保密是招生考试的生命线，必须将自命题试卷的安全保密工作放在重中之重的位置，在人员、设备、保密室管理上，采取有力措施，细化工作方案，确保管理到位。[3]从学校到学院都应成立研究生招生工作领导小组，确保自命题各项工作责任明确、制度完善、措施得当、管理规范，研究生处对命题、评卷小组人员名单严格审核。命题小组组长要对试卷内容严格审核把关，确保命题不出差错。试卷印制、封装过程要有专人监督，认真核对，严防错装漏装。试卷评阅要严格执行考生个人信息密封、多人分题评阅、评阅场所集中封闭管理等要求，确保评卷统分客观准确。命题、评卷等工作均应按照保密要求，所有环节均须建立工作台账，做到无缝衔接、手续完备。

（二）加强招生管理人员的培训

建设一支高素质、专业化的管理人员队伍，是做好自命题工作的重要前提和基础。北京农学院应选齐配强招生考试工作人员，进一步建立健全选人用人和激励机制，选派政治过硬、品行优良、业务熟悉、责任心强的人员承担自命题相关工作，将教师参与自命题工作情况量化指标，纳入职称评定、职务晋升等考察范围，依法维护命题相关工作人员合法权益，切实保障招生考试工作人员的合理正当待遇，这就需要全校相关工作做好协调。同时，在选好人的基础上更要落实教育培训要求，北京农学院在以后的自命题工作中要建立健全常态化的教育培训机制，加强对命题相关人员政策、业务、纪律和保密等方面的教育和培训，有效提高命题人员的责任意识、法律意识和业务能力，不断提升自命题工作管理能力和水平。同时需要不断加强对自命题工作人员的监督管理，严格落实规范管理要求，严格执行回避制度，严明工作纪律。同时应尽量在符合上级政策的前提下减少命题科目门数，加强对年轻命题教师的培养，增加命题人员的可选择性。选派政治过硬、品行优良、业务熟悉、责任心强的人员承担自命题相关工作。

（三）规范自命题考试科目，提高命题工作质量

自命题工作应注重能力考查。北京农学院目前共涉及34科自命题，命题质

量好坏，既是学校学科专业水平的体现，也是硕士研究生招生考试工作的关键所在。学校应牢固树立质量意识，坚持综合评价、能力为重的理念，确保试题质量和考试的有效性，促进科学选才。坚持立德树人，促进学生全面发展。命题教师在命题时重视基础知识和能力素质考核，考试内容应当根据学校研究生培养目标，结合大学本科阶段主干课程确定，重点考查专业基础知识、基本理论和分析问题、解决问题的能力。同时按照学校学科专业特点，合理设计题型、题量和难度，保证择优选拔所需要的区分度，保持试卷难度的基本稳定，保证命题的科学性和准确性。试卷中避免出现政治性、公平性和学术界尚有争议的问题。积极创新考试评价方法，遵循高层次专门人才选拔培养规律，运用先进的教育评价与教育考试理论、方法和技术，加强对考生基本素质、一般能力和学科基本素养的考查。

参考文献：

［1］凤宝林.硕士研究生入学考试的业务课自命题工作研究［J］.林区教学，2019（02）：19－20.

［2］张昇.硕士研究生招生考试自命题科目优化整合研究［J］.北京印刷学院学报，2020，28（12）：116－118.

［3］宋宽，王干，高明国.硕士研究生招生考试自命题工作风险防控探析——基于内部控制视角［J］.教育教学论坛，2020（09）：101－102.

新形势下研究生招生工作的思考

北京农学院园林学院　戴智勇

摘要： 近年来，我国经济迅猛发展，国力不断增强，加快了各行各业对高水平人才的需求，对人才的培养质量也提出了更高的要求，高校研究生的生源质量就显得至关重要，研究生招生宣传是扩大生源、吸引优秀生源、提高生源质量的前提和重要手段，是联系招生单位与考生之间的纽带。研究生复试是研究生招生工作的重要组成部分，是对考生的专业知识、综合素质和科研潜能做进一步的考察，在研究生筛选分配中发挥着关键作用。

关键词： 招生宣传；生源；复试

一、前言

研究生教育是教育强国建设的制高点，是我国培养高层次人才的主要途径，是国家人才竞争和科技竞争的重要支柱。我国研究生教育经过几十年的发展，规模不断扩大、结构不断优化。自2000年扩招以来，几乎每年研究生报名人数都持续增长，研究生招生规模也不断扩大。2000年，我国研究生招生人数仅12.85万，2017年在职人员攻读硕士专业学位全国联考开始纳入全国硕士研究生统一考试，"全日制研究生"和"非全日制研究生"由培养单位统一组织招录。2017年研究生报名人数比上年增加13.6%，达到201万。此后的2018年、2019年、2020年，全国硕士研究生招生考试报名人数分别为238万人、290万人、341万人，人数呈现逐年上升的趋势，而2021年的报名人数达到377万人，再创历史新高。

"十三五"规划以及2020年2月教育部颁布的《关于"双一流"建设高校促进学科融合，加快人工智能研究生培养的若干意见》，都明确我国将持续扩大研究生招生规模。2020年9月，国务院学位委员会、教育部印发《专业学位研究生教育发展方案（2020—2025）》，拟"将硕士专业学位研究生招生规模扩大到硕士研究生招生总规模的三分之二左右"。2017 年，招收研究生 72.22 万人；2018 年，招收研究生 76.25 万人；2019 年，招收研究生 91.7 万人；2020 年，招收研究生 110.7 万人，2020 年在学研究生人数已达到 313.96 万人。

2013 年，国务院学位委员会第 30 次会议审议通过了《关于开展博士、硕士学位授权学科和专业学位授权类别动态调整试点工作的意见》，建立了学位授权点"总量不变，有上有下"的动态调整制度，并于 2014 年启动了试点工作。2015 年，在总结试点工作经验的基础上，印发了《博士、硕士学位授权学科和专业学位授权类别动态调整办法》（以下简称《办法》），并决定自 2016 年起，学位授权点动态调整的范围扩大到全国。根据国务院学位委员会的规定，目前中国学位授权点的撤销共有两种形式：一是高等学校和科研院所主动撤销，也就是高等学校和科研院所自主申报撤销学位授权点，经省级政府教育行政主管部门审批后提交给国务院学位委员会公布；二是被动撤销，也就是根据国务院学位委员会的授权点专项评估，结果为不合格的高校授权点会被撤销学位授权资格。

2016—2019 年，全国各招生单位累计撤销博士、硕士学位授权点 1600 余个，增列博士、硕士学位授权点 1000 余个。这些学位点的撤销大多是因为不符合招生单位当前的学科规划，或者学位点第一志愿报考学生少，调剂生源不足，就业质量差等；而新增列的学位点生源稳定，毕业生市场需求旺盛。学位点的撤销和增列，说明这些学位授予单位已经开始主动调整学科结构，适应社会发展需要，淘汰不符合市场需求的专业，让研究生的优质生源向发展前景良好的学位点流动。2021 年"双一流"高校的硕士研究生招生计划中大部分比 2020 年都有显著增长。

二、研究生的招生宣传

全日制研究生的招收，基本上是以应届本科毕业生为主，生源问题是硕士研究生招生工作中需要解决的首要问题，充足的生源是硕士研究生招收的基本保障，报考硕士研究生的考生人数少，报考人数与计划录取数的比例就会降低，无论是硕士研究生的录取数量，还是招生质量都会受到影响。

（一）面向本校生源

北京农学院 2018 年全日制第一志愿报考园林学院的考生共计 82 人，学院录取的 49 名考生中，一志愿生源为 36 人，占总人数的 73.47%，来源最多的是北京农学院的考生，共 25 人，占录取总人数的 51.02%。2019 年全日制第一志愿报考园林学院的考生共计 95 人，学院录取的 61 名考生中，一志愿生源录取人数为 31 人，占总人数的 50.82%。从考生来源院校来看，2019 年园林学院录取的 61 名考生中，来源最多的是北京农学院考生，共 24 人，占 39.34%。2020 年全日制第一志愿报考园林学院的考生共计 94 人，学院录取的 79 名考生中，一志愿生源录取人数为 47 人，占录取总人数的 59.49%，来源最多的是北京农学院考生，共 34 人，占 43.04%。

从以上数据可以看出，学院每年录取的考生人数 40%~50% 都来自本校生源。为了留住优秀毕业生，争取优质生源报考，学院分管研究生工作的领导注重本校生源的动员，每年 10 月都会通过辅导员积极组织大四本科生中准备报考的同学进行考前动员，邀请新入学研究生传授备考经验，学院领导为考生讲解学校的专业特色及复试中的注意事项。

为了留住学院的优秀生源，学院领导动员导师通过日常的教学来了解班上学生的性格、科研天赋和刻苦程度，在本科阶段有意识地引导和培养学生提早进入导师的科研课题中。

学院的宣传工作除了动员会的宣讲外，还在大四本科生中发放研究生招生手册，在学院宣传栏开辟专栏张贴招生宣传画。另外，学院发动已入学的研究生新生通过以生招生的方式，动员自己的同学报考。

通过上面这些宣传形式，近两年毕业生中第一志愿选择报考本校的人数在逐年增加。

（二）面向其他院校生源

对于其他院校的生源的招生宣传，常用形式是邮寄纸质招生宣传材料。目前，招生单位针对外校考生的研究生招生宣传方法主要有以下几种：利用网络平台发布招生信息、参加研究生招生咨询会、举办暑期夏令营活动等形式。

考生对招生单位的了解，大部分是来自招生单位的信息平台，招生单位的学位点介绍、招生简章、考试大纲、初试安排、导师队伍、复试安排、录取结果等都会第一时间在网上公布，网络成为考生获取招生学校信息及导师信息最为主要的工具，以便考生根据自身的情况和研究兴趣有针对性地选择适合自己的导师，是高校与考生之间的联系渠道。目前各高校网络宣传的形式主有微信、公众号、微博等，通过新媒体进行招生宣传，与考生在线互动，吸引其他院校生源报考。

招生咨询会是招生单位走出校门、面向社会、扩大生源、吸引优秀生源、提高生源质量的重要手段，是招生单位与考生、考生家长之间相互了解的重要环节。以北京农学院为例，园林学院每年都会组织有经验、熟悉招生宣传政策、了解学校整体状况、责任心强的教授参加招生咨询会，前往外地院校进行招生宣传，如福建农林大学、河北农业大学、内蒙古大学、湖南农业大学、聊城大学、牡丹江师范学院等，向这些院校的大三、大四的本科生分发研究生招生简章，向同学们宣传本校的特色,介绍本校的研究生招生政策、招生专业、师资力量、科研条件等相关情况,解答考生关心的问题,让同学们对北京农学院的各方面情况都有了一个基本的了解,增强报考的信心,取得了良好的效果。

三、影响招生宣传的因素

(一)师资力量

根据招生宣传反馈的信息来看,考生最想了解的是专业设置情况以及导师情况,师资力量是决定研究生培养质量的重要因素。现在高校大部分实行的是导师和学生的双选机制,在实际情况中,考生往往会通过高校的信息平台,提前了解导师信息。某些在本专业领域具有较高学术能力或实践能力的导师往往选择报考的学生较多。这就说明师资力量建设对于优质生源招生很有必要,如果某一学科具有一批能力突出又具有影响力的导师队伍,该学科在优质生源招生方面就会有很大优势。

(二)奖助学金

2013年之前,国内高校研究生奖学金制度多数为公费,仅有少数高校实行考研自费制度,各大高校奖学金额度相对较低。2013年研究生秋季入学开始,国内高校正式统一实行自费制度,为缓解学生读研压力,国家全方面提升研究生奖学金种类及额度,各大高校研究生奖学金制度渐趋完善,高校设立了国家奖学金和学业奖学金,从各方面增加对优秀研究生的奖励,用于保障研究生的基本生活,鼓励研究生积极参与教学、科研、管理,保证家庭经济困难研究生能够就学。

目前北京农学院的奖助学金包括:学业奖学金、国家助学金、助研津贴、国家奖学金、学术创新奖、大北农励志奖、百伯瑞科研奖等,其中国家助学金、助研津贴面向所有全日制研究生,研究生第一年入学奖助金等级依据考研成绩而定。

(三)就业率

就业压力是本科毕业生考研的主要动力,而研究生报考专业的就业质量是影响考生报考的重要因素。北京农学院通过与北京市农林科学院、首都农业集团、北京顺鑫农业发展集团、北京勤邦生物技术有限公司等单位签署联合培养协议,充分发挥学院与企业各自的优势,实现资源共享,学院与企业合作,互为基地,即企业是学院师资、学生的培训基地,学院是企业技术、技能人员的培训基地。近三年研究生毕业生就业率均高于96%。

四、研究生复试现状

研究生复试是研究生招生工作的重要组成部分，是对通过笔试和面试的考生的专业知识、综合素质和科研潜能做进一步的考察，在研究生筛选分配中发挥着关键作用。

教育部《2020年全国硕士研究生招生工作管理规定》（教学函〔2019〕6号）第六条规定：全国硕士研究生招生考试分初试和复试两个阶段进行。初试由国家统一组织，复试由招生单位自行组织。上述规定清晰表明，研究生复试和初试一样，也具有国家教育考试性质，初试和复试都是硕士研究生招生考试的重要组成部分。所不同的是，初试是由专业教育考试机构承办的国家教育考试，复试是由招生单位自行组织的国家教育考试。

对于"双一流"高校和其他招生单位的优势专业、热门专业来说，往往报考人数比招收人数要多几十倍，初试阶段高分上线的人数较多，而招收人数有限，复试的竞争压力不亚于初试。对于报考生源较多的部分高校而言，可供选择生源较大，复试淘汰率相对较高，可以从容筛选出所需的优质生源，但是对于生源不足的农林高校的某些具体专业而言，普遍存在一志愿上线生源数量不足，需要调剂大量的生源，某些缺乏调剂生源的专业只能采取较低的差额复试比例，甚至是等额复试比例的方式进行选拔。另外，这几年跨专业报考的考生日益增多，一些在本科阶段专业素养欠缺的考生，只能通过录取后补选本科相关专业课程来提高其专业素养，由于考生先天的综合素质不足，给导师在后期的培养上造成一定的困难。

在研究生招生规模扩大的情况下，优秀生源大多数都流向"双一流"高校，而农林高校在生源不足的情况下，为了不浪费指标，导师没有较大的选择权，只能通过多次复试或联系相关院校需要调剂的生源，希望在现有的调剂生源中挑选出满意的学生，而考生的选择权也因为招生指标分配给导师，自己有意向报考的导师因招生指标有限无法被录取，而有可能分到不喜欢的专业或导师名下，为此有的考生宁愿不读研究生而放弃录取。考生出于对"双一流"高校心仪专业或心仪导师的向往，虽然有时因第一志愿上线人数或录取分数线而无法进入复试，但是在第一志愿院校发来调剂意向时，考生会第一时间放弃调剂院校的复试通知或录取通知，导致在每年的复试录取过程中，经常会发生通知复试的考生临时放弃，导致复试时可供导师选择的生源不足，只能再次安排复试，或者已同意录取的考生，由于不甘心，宁愿入学时放弃报到，重新参加下一年的研究生考试，继续报考自己喜欢的学校，导致指标浪费。

五、结语

近年来,我国经济迅猛发展,国力不断增强,加快了各行各业对高水平人才的需求,对人才的培养质量也提出了更高的要求,高校研究生的生源质量就显得至关重要,如何更好地完成研究生招生工作,吸引优秀生源,提高研究生的培养质量,是值得我们长期思考的问题。

参考文献:

[1] 黄伟. 高校招生管理信息化建设分析 [J]. 现代企业教育,2014(20):144.

[2] 邓波. 高校招生管理系统的设计与实现 [D]. 厦门大学,2016.

[3] 张宇. 地方高校提高研究生招生生源质量的探索与实践 [J]. 科教文汇(下旬刊),2019(07):1-4.

[4] 廖素娴,张立迁,王顶明,王弘幸. 高校研究生招生计划分配及其优化研究 [J]. 学位与研究生教育,2018(07):28-33.

[5] 王桂芬. 高校招生信息管理系统设计 [J]. 佳木斯职业学院学报,2017(11):405-406,408.

浅谈新时代师德师风建设背景下高校导师队伍的管理建设*

北京农学院　解方

摘要： 研究生导师是研究生培养的关键力量，导师队伍的建设和管理在高校的发展战略中极其重要。在当前新时代师德师风建设大背景下，加强师德师风建设对于研究生导师队伍的建设则显得尤为重要。本文首先介绍了师德师风建设的基本原则，针对研究生导师队伍，着重分析了如何从导师思想政治建设和职业道德素养培养两个方面加强师德师风建设，并将师德师风建设贯穿于导师管理建设全过程，以期全面提升导师队伍的管理建设水平。

关键词： 新时代；师德师风建设；高校导师队伍；管理建设

当前，根据教育部等多部门联合下发的相关文件精神要求，加强和改进新时代师德师风建设势在必行。研究生导师是研究生培养的关键力量，他们肩负着培养德才兼备高层次人才的使命与重任。加强师德师风建设对于研究生导师队伍的建设则显得尤为重要。本文首先分析了师德师风建设的基本原则，在此基础上，针对研究生导师队伍，提出了应该从导师思想政治建设和职业道德素养培养两个重要方面加强师德师风建设。另外，基于过程管理，本文认为师德师风建设应该贯穿于导师管理建设的整个过程，才能进一步提升导师队伍的管理建设水平，造就一支有理想信念、道德情操、仁爱之心的导师队伍。

一、加强师德师风建设，导师队伍必须坚持的基本原则

师德，主要是教师的职业道德，具体是指教师在教育教学、科学研究、教学

---

* 作者简介：解方，硕士研究生，教师工作部（人事处、教师发展中心）干部，研究方向：薪资社保福利方向，电子邮箱：316068437@qq.com。

管理、社会服务中处理个人与教育事业、个人与学生、个人与同事、个人与家长和其他社会成员之间的关系时，所应遵循的道德行为准则和规范。在新时代师德师风建设过程中，要恪守相应的原则，主要包含三个方面：

第一，树立正确导向，价值引领。加强党对导师队伍管理和建设的全面领导，以习近平新时代中国特色社会主义思想为指导，坚持社会主义办学方向，坚持把立德树人成效作为检验导师队伍的一切工作的根本标准，以社会主义核心价值观为引领，将此价值观贯穿教书育人全过程，确保研究生导师队伍思想意识的正确导向。

第二，尊重客观规律，精准施策。科学管理和建设导师队伍，遵循客观的教育规律、教师成长发展规律和师德师风建设规律，在客观规律基础上，准确把握不同学校师德师风建设的特点和重点，注重价值高位引领与思想底线要求相结合，紧抓严管与仁心厚爱并重，坚持问题导向和需求导向，强化学习实践引领，激发每个导师内在的动力，形成崇德、修德、施德的自觉。同时采取有针对性的措施对策，精准打击，各个击破，确保实效。

第三，坚持传承创新，明确责任。要创新导师队伍师德师风建设的理念、思路和方法，传承中华优秀师道传统，全面更新总结师德师风建设经验，结合师德建设不同时期，加强创新，进一步深化师德师风建设工作。同时要强化导师队伍建设和管理过程中的师德师风建设领导责任，将师德师风建设和导师职业行为准则的主体责任明确，坚持权责对等、分级负责、层层落实、失责必问、问责必严的原则，使导师队伍师德师风建设进一步规范化。

二、加强思想政治建设，提升导师队伍职业道德素养

按照习近平总书记关于教育的重要论述和教育部相关大会精神，要加强党对教师队伍建设的全面领导，要坚持把师德师风作为评价教师队伍素质的第一标准，加强教师队伍思想政治建设，坚持以社会主义核心价值观为引领，不断提升导师队伍职业道德素养，进一步促进导师队伍师德师风的整体建设。

（一）加强研究生导师队伍的思想政治工作

一是加强党的领导。加强党对研究生导师队伍建设的全面领导，研究生导师队伍思想政治建设不能松懈，导师队伍要拥护中国共产党的领导和中国特色社会主义制度，忠诚于党和人民的教育事业，同时要建好党员导师队伍，以人才培养、科学研究、社会服务和文化传承创新为己任，努力把党员导师培养成教学、科研、管理骨干，全方位增强导师培养研究生的能力。定期组织研究生导师队伍参加思想政治轮训，学懂弄通，入脑入心。

二是注重思想进步。研究生导师要掌握马克思主义立场观点方法，认清中国和世界发展大势，增进对中国特色社会主义的"四个认同"，即政治、思想、理论和情感认同，自觉用"四个意识"导航，用"四个自信"强基，用"两个维护"铸魂，牢固树立为党育人、为国育才的宗旨意识，做党和人民可信赖、可依靠的重要力量。

三是树立正确价值导向。引导研究生导师队伍准确理解和把握社会主义核心价值观的深刻内涵和精神实质，带头践行社会主义核心价值观，并将其融入教育教学全过程。一方面要加强"三个文化"的教育，即中华优秀传统文化、革命文化、社会主义先进文化；另一方面要健全教师志愿服务社会制度，鼓励支持广大教师勇担社会责任，踊跃参加志愿服务活动，在服务社会的实践中厚植教育情怀，进一步提高导师格局。

（二）持续提升研究生导师队伍职业道德素养

一是加强师德教育培训。在全体教师中持续开展做新时代"四有"好教师和"四个引路人"学习实践活动，引导广大教师以德立身、以德立学、以德施教、以德育德。一方面要将师德教育贯穿于教师教育的全过程，系统开展教师职业理想和职业道德教育，在组织开展各种类型的教师培训中，要融入关于教师职业道德和职业心理相关培训内容；另一方面要制定教师职业行为规范、师德考核办法、师德失范行为处理等办法，并建立研究生导师入职宣誓制度和师德承诺制度，签订师德承诺书，进一步加强导师队伍职业道德建设。

二是强化法治警示教育。不间断开展对新时代教师职业行为十项准则、教师职业行为规范、师德考核办法和师德失范行为处理办法等系列文件的学习教育活动，进一步健全和完善学校师德师风建设的制度体系，使广大教师增强法律意识。同时在在师德培训教育中，除了正面引领，还要加强对已曝光违反师德典型案例的展现和报道，通过反面典型案例来时刻警醒广大导师，要做到自重、自省、自警，从另一侧面促进道德素养提升。

三是加大师德榜样宣传。通过开展多种多样的评选活动，如"最美导师""我身边的师德模范导师"评选每个二级单位的师德榜样，并进行表彰。通过授予荣誉宣讲、先进事迹报告会、媒体宣传等形式开展学习、宣传师德先进典型，展示师德榜样典型的风采，从而起到典型引领示范和辐射带动作用。学校鼓励各二级单位开展文化建设，各单位要深入挖掘优秀师德典型，讲好师德故事，建好导师队伍。

三、加强师德师风建设，使其贯穿导师管理和建设全过程

师德师风建设贯穿于导师管理和职业发展全过程，将作为导师未来岗位聘

用、职称评定晋升、工资晋级增长、干部选任、申报科研项目和人才计划、评奖评优等工作的重要依据。通过师德考核，被确定为合格及以上档次的教师，按照学校相关政策规定晋升薪级档次和享受各种工资福利待遇。

（一）严格导师甄别遴选

制定研究生导师遴选管理等相关办法，进一步规范导师遴选管理方式，完善导师遴选和引进制度，严格思想政治和师德考察，择优选拔热爱国家、拥护党的基本路线和教育方针、热爱教育事业、学风廉洁、了解《中华人民共和国学位条例》和培养研究生的规章制度，且热爱导师工作、治学严谨、具备良好潜质、有志于培养德才兼备的高层次创新人才。建立科学完备的导师遴选标准和程序，同时健全和完善新进遴选导师的评价体制，全面评价新进导师队伍人员的思想政治和师德表现，对不合格人员不予授予研究生导师资格，严格把控好导师队伍入口关。

（二）严格导师师德考核

师德考核是对教师自觉践行新时代"四有"好老师和"四个引路人"，做到"四个相统一"的时代要求和恪守职业道德情况的评定，旨在通过考核结果的反馈促使教师自觉提升职业道德修养，践行教师职业行为规范，强化以德立身、以德立学、以德施教、以德育德的职业追求，对于研究生导师来讲，要将师德考核摆在导师考核的首要位置，坚持公正、公平、公开、激励和约束相结合的原则，充分发挥师德考核的导向作用，引导导师自觉践行师德规范，不断提高自身修养和师德水平。

1. 师德考核组织程序

师德考核采取学校主导与二级单位自主相结合、教师个人自评和单位考评相统一方式。学校部署平时考核和年度师德考核工作后，由各二级单位的师德考核工作小组负责组织实施本单位教师的师德考核工作，具体采取个人自评、学生测评、同事互评、综合评议相结合的方式进行。师德考核工作小组综合分析师德评议的结果，对照有关规定，确定师德考核初步意见和考核档次，并上报学校，后经学校师德建设委员会审核各二级单位上报的师德考核初步意见和考核档次，经集体研究，提出师德考核结果。

考核结果需通知每一位被考核教师，经教师签字确认后，存入教师个人档案。对拟做出师德考核"基本合格"或"不合格"的，应当告知当事人调查认定的事实及依据，听取教师本人意见，提出改进建议，坚持正面引导。师德考核结果出现较大争议时，根据实际调查情况报学校研究确定。

2. 师德考核内容及等级

师德考核分为平时考核和年度考核。平时考核注重考核导师日常师德表现和遵守纪律、履行岗位职责等情况，学校实行动态考核，实时记录导师违反职业道德的行为，每学期要进行汇总并通报。年度考核中需要填报师德考核评价表，该表主要包含教师行为规范具体内容和师德失范行为负面清单两个方面。

（1）年度师德考核内容，主要包括以下几个方面：坚定政治方向、自觉爱国守法、传播优秀文化、潜心教书育人、关心爱护学生、坚持言行雅正、遵守学术规范、秉持公平诚信、坚守廉洁自律、积极奉献社会。

（2）师德失范行为内容。制定师德失范行为负面清单，包括但不限于以下几个方面：①是否存在损害党中央权威、违背党的路线方针政策的言行或其他损害国家利益、公共利益，或危害国家安全、违反法律法规及过失或故意泄露国家秘密或工作秘密的行为；②是否通过课堂、讲座、网络及其他渠道发表、转发错误观点，或编造传播虚假不良消息，在学校传播邪教和宣传封建迷信等活动；③是否要求学生从事与教学、科研、社会服务无关的事宜，遇突发事件时，不顾学生安危擅离职守的行为；④是否在工作时间从事炒股、经营微商、玩游戏等与工作无关事务，与学生发生任何不正当关系，存在任何形式的猥亵、性骚扰等侵害行为；⑤是否抄袭篡改侵吞他人学术成果，伪造学术经历、一稿多投、买卖论文等，或滥用学术期刊、学术资源和学术影响；⑥是否在招生、考试、推优、保研、就业及绩效考核、岗位聘用、职称评聘、评优评奖、助学助困等工作中徇私舞弊、弄虚作假；⑦是否索要、收受学生、家长及其他利益相关人赠送的礼品、礼金等财物，违规使用科研经费，借开会、调研、培训等名义用公款旅游；⑧是否存在擅自利用学校名义或校名、校徽、专利、场所等资源谋取个人利益及其他违反职业道德的行为。

师德考核等级分为优秀、合格、基本合格和不合格四个档次。导师出现《教师师德失范行为处理办法》所列"负面清单"行为的，该导师师德考核档次确定为"基本合格"或"不合格"，其他教师师德考核等级为合格以上档次。对有突出师德事迹、在本单位能够发挥立德树人模范和表率作用并获得师生和社会高度认可的教师，年度师德考核档次为"优秀"，优秀档次比例原则上不超过参加年度师德考核人员总数的 20%。

（三）师德考核监督体系

学校以师德年度报告、抽查等方式定期排查各二级单位教师师德状况，及时发现不良倾向与问题，对于有违反师德规范的，及时报告。各二级单位要密切关注网络师德舆情，对重大师德网络事件，迅速展开调查，及时回应并报学校主管部门。同时要健全完善学校、导师、学生、家长和社会多元立体的师德师风监督网络体系，各二级单位发现师德失范行为要及时上报。

（四）师德考核结果运用

首先，师德考核结果纳入导师的年度考核。在师德年度考核中被确定为"优秀"档次的导师，将优先获评学校有关奖励或荣誉称号；经学校认定师德考核"基本合格"的教师，其年度考核结果为"基本合格"或以下档次；师德年度考核"不合格"的教师，实行"一票否决"，其年度考核结果亦为"不合格"。

其次，针对研究生导师，因违法乱纪、学术不端等受到校内外处分者，暂停其研究生招生资格，直至撤销其研究生导师资格。同时，导师对研究生的学术诚信和学术道德教育负有重要责任，如果研究生有抄袭、篡改、剽窃、侵吞他人成果，以及伪造学术经历、买卖论文等违反学术规范的行为，导师应承担一定责任，学校将根据相应违规行为的情节和后果严重程度，将采取约谈、限招、停招、取消导师资格等处理措施。

四、结语

本文主要剖析了研究生导师队伍加强师德师风建设时必须坚持的三条基本原则，提出了从导师思想政治建设和职业道德素养两个方面进行加强师德师风建设的意见建议，重点从导师遴选入口，师德考核内容、方式以及考核结果运用等方面，呈现了将师德师风建设要求贯穿于导师管理和建设的整个过程，有利于进一步推动导师队伍师德师风建设工作制度化、常态化，确保研究生导师队伍健康有益发展。

参考文献：

[1] 赵娜娜，张丽莉，项鑫，赵雷. "立德树人"背景下研究生导师队伍的建设与管理研究 [J]. 读书文摘，2020（11）：232-233.

[2] 常显波. "课程思政"融入研究生课程体系的现状及对策 [J]. 现代教育，2019（12）：44-45.

新时代研究生导师师德师风建设*

北京农学院经济管理学院　王艳霞

摘要： 研究生导师师德师风建设是一个常态化的系统工程，其效果直接关系着研究生培养质量，是推进研究生教育内涵式发展的重要工作。笔者从新时代研究生导师师德师风建设的意义出发，提出新时代研究生导师师德师风建设的目标，从系统工程的角度，找到师德师风建设路径，将师德师风建设实实在在落实到教学、科研、学生培养、社会服务等工作中去。

关键词： 新时代；研究生导师；师德；师风

随着研究生的逐年扩招，研究生导师队伍也在不断壮大，为了更好地落实"立德树人"这一根本任务，培养符合新时代中国特色社会主义事业需要的高水平创新人才，实现国家的创新发展，推进研究生教育内涵式发展目标，研究生导师的师德师风建设尤为重要。师德师风建设一直是高校不可或缺的工作之一，也取得了一定的成绩，但却缺少贴合实际可操作的制度办法，往往浮于表面，教师师德素养提升效果不理想，教师重视程度不够，大部分教师没有将自己摆进师德师风建设工作中去，认为师德师风建设是少数教师和领导、管理人员的事情，自己不踩红线不当先进，得过且过。外在的制度规范只是师德师风建设初期工作，只能守住底线，却不能内化成教师的师德自觉。大部分研究生导师都能遵守师德底线，但新时代党和国家、社会、学生、家长对师德师风建设有新要求，学科评估、学位点评估都更加看重师德师风建设及效果。加强新时代研究生导师的师德师风建设势在必行。

---

* 作者简介：王艳霞，硕士，副研究员，办公室主任，研究方向：高等教育管理，电子邮箱：1975361522@qq.com。

一、加强新时代研究生导师师德师风建设的意义

(一) 党和国家为新时代中国特色社会主义建设培养高水平创新人才的需要

党的十八大以来，以习近平为核心的党中央开始从实现中华民族伟大复兴中国梦的战略高度来思考和谋划教师队伍建设[1]。相关部门陆续出台了一系列制度文件，对师德师风建设做出具体部署。《教育部关于全面落实研究生导师立德树人职责的意见》（教研〔2018〕1号）、《教育部关于印发〈研究生导师指导行为准则〉的通知》（教研〔2020〕12号），为进一步加强研究生导师队伍建设、规范研究生导师指导行为、全面落实立德树人职责、造就新时代优秀导师提出了具体要求。

当今世界正在经历百年未有之大变局，科技创新对党和国家在当今世界竞争中地位的影响从未如此深刻。科技创新有赖于高水平创新人才的培养，研究生导师是关键因素，研究生导师的师德师风建设是重中之重。我们培养的高水平创新人才是为新时代中国特色社会主义建设服务的，要为"两个一百年"奋斗目标、中华民族伟大复兴的"中国梦"贡献力量。师德师风建设首先要明确为谁培养人的问题，导师的政治思想水平关系着人才培养的方向，否则培养出来的学生水平越高，对社会的危害就越大。研究生导师是为党育人、为国育才，要培养拥护党的领导和社会主义制度的建设者和接班人，是研究生导师师德师风建设的最根本要求。

(二) 学科专业建设的要求

师德师风建设的制度、做法，所取得的成效是学科评估和学位点申报及评估的一项重要内容。在高度重视立德树人的大环境下，高等学校对研究生导师的师德师风建设是学科和专业建设的重要内容。研究生导师是学科专业发展的第一资源，师德师风建设成效直接影响着学校学科、学位点评估的等级。

(三) 社会各界、学生和家长对导师的期待

教师的职业道德和个人的生活道德比其他行业的职业道德更加受到社会各界、学生和家长的关注。近几年师德下滑行为的负面新闻不断报出，在社会上引起广泛关注，新时代师德师风建设比任何时候都得到更多重视。社会、学生和家长对教师师德期待高，对研究生导师师德期待更高。研究生导师工作有特殊性，导师是以全部人格高频率面对研究生的，要以全部人格来教育引导研究生，导师的个人品德和职业道德会对学生产生强烈的影响。

二、新时代研究生导师师德师风建设的目标

明确目标的过程也是达成共识的过程,师德师风建设不是领导和个别教师的事情,需要全员共识,共同努力营造风清气正的师德师风。新时代研究生导师师德师风建设的目标包括如下几个方面:

(一) 深入理解新时代师德内涵

党的十八大以来,中国进入了新的发展阶段,伴随着时代的不断进步,就深度和广度而言,高校教师的师德师风的内涵也有所延展和深化[2]。新时代的研究生导师首先就要明确新时代师德内涵,才能有提高师德素养的目标。新时代师德师风要求研究生导师有更高的政治品德。只有让新时代师德师风的理念"内化于心",才有可能在师德师风建设的行动上"外化于行"。

(二) 了解各层次师德师风建设制度文件并遵照执行

近年来从党和国家到各个高校院系都越来越重视师德师风建设,出台了一系列的规章、制度。这些制度文件都是对师德师风建设的硬约束,要通过师德师风建设的相关措施让研究生导师深入了解各层次师德师风建设制度。先学好制度才能在实践中将制度落到实处,让其得到很好的遵照执行。

(三) 自觉提升师德素养和育人能力

师德师风建设相关制度文件只能是提出期望,罗列底线,再详细的制度都不可能穷尽所有,不能穷尽之处就有可能成为师德失守之时。导师队伍师德师风建设的终级目标是让教师自觉提升师德素养和育人能力,将师德师风建设融入高水平创新人才培养的各个环节中,让他律转变成自律。自觉成为"四有"好老师、四个"引路人",坚持四个相统一,传播知识、理想和真理,塑造灵魂、生命和时代新人,在学校自觉营造风清气正、积极向上的学术生态。

三、研究生导师师德师风建设路径

师德师风建设是一系统工程,需要各方围绕师德师风建设目标,共同努力建立健全教育宣传、考核评价、监督、奖励、惩处等相关制度。切实惩处违规行为以警示师德失范,健全荣誉体系以发挥典型示范引领作用。挖掘师德师风建设的内在规律,以润物无声之功效实现研究生导师的师德自觉。高校院系可以通过如下路径将研究生导师的师德师风建设推向新台阶,以实现师德师风建设目标。

(一) 将师德师风建设与党建工作相结合

研究生导师的师德师风建设应重视和注意发挥党建和思想政治工作对高校院系各项工作的导向和促进作用，始终把加强党建和思想政治工作作为贯彻党的基本路线和教育方针、坚持党的领导、推进教育教学改革与院系发展的重要保证。师德建设与党建工作也同样密不可分，它是教师思想政治工作的重要内容，以党风涵养引领师德师风。

以党风建设为龙头，以学科建设和专业建设为重点，搞好党风、教风、学风建设。坚持党的指导思想，全面贯彻党的教育方针，认真落实相关制度文件，把促进研究生健康成长作为导师队伍建设的出发点和落脚点。完善管理体制机制，以提高师德素养和业务能力为核心，全面加强研究生导师队伍建设，为教育事业改革发展提供有力支撑。调动导师积极参与支部活动，践行社会主义核心价值观，提高教师道德修养，巩固理想念。

完善师德建设规章制度，推进师德建设规范化。通过师德师风建设促进教师思想政治工作建设的同时，不忘加强理论知识学习，通过课题申报、项目申请将工作实效落到实处；展开评优争先活动，通过搜集、整合老教授、中青骨干教师的职业经历与育人事迹，以此鼓励后人不断前进、不断求索，以此促进导师思想政治工作的开展，达到以德育德，以德育人，以德化人。

(二) 将师德师风建设与教学工作相结合

为了能够更深层次地增强教师职业素养与育人意识，将师德作为教师考核的基准，实行一票否决制，对师德有问题的教师给予年度考评不合格；建立严格的请假制度，保障教学工作有序开展；组织教师教学基本功比赛，以赛促教，提高教师专业技能，培养教学基本功扎实的好老师。

(三) 将师德师风建设与科研工作相结合

高校院系应围绕中心，做好服务工作，党政齐心协力不断加强学科建设，及时调整学科研究方向，以适应高等教育的改革与发展需要。鼓励导师积极申报科研项目，最大限度地提升学院科研整体实力和教师整体学术水平，同时提高高校院系整体学术地位。为活跃学术氛围，尽可能资助教师参加学术交流等相关学术活动。通过参与组织社会实践调研等学术活动，让教师开阔眼界，使科研工作与社会需要相结合，协助教师取得更好的科研成果，同时促进教师的个人发展，提高教师的学术地位和学科影响力，提高教书育人的本领，培养有扎实学识的好老师。

(四) 将师德师风建设与学生工作相结合

研究生导师是研究生培养的第一责任人，除学业指导外，还要进行工作、生活、思想、心理等指引，以达到全方位育人的目的。研究生导师师德师风建设应注重与学生工作相结合，加大有关学生就业指导、心理辅导、规范管理等相关知识的培训力度，提升立德树人工作水平；逐步完善各项规章制度，规范学生工作的各项管理；鼓励导师申请市级、校级党建思政类课题，努力提高专业素养的同时加强思想政治素质的提升；力争建设一支高效、优质、师生和谐的导师队伍。推进对学生的深度辅导，促进导师与学生深入交流与互动，带动学生参与导师科研和社会实践活动，指导学生就业与创业，帮助学生解决学生生活中的问题，培养有仁爱之心的好老师。

(五) 以工会为纽带搭建师德师风建设平台

工会在高校师德师风建设体系中有着不可或缺的作用，工会教育职能的重点就是要推进师德师风建设，努力培育"四有"好老师，为高校建立一支品格优秀、业务精良、道德高尚的师资队伍贡献力量。院系分工会更加贴近教职工，由他们来进行师德建设活动，搭建领导与职工间沟通的桥梁和纽带，有了这样一个交流的平台，有利于培养教职工的参与意识和主人翁意识，真正和学院同甘苦、共患难，逐步摒弃一些不良思想，使教职工身系校院发展，围绕学校的中心工作，积极进取，为学校培养优秀人才而努力。使教育不再生硬与冰冷，而是充满人情和温暖，也使工会的教育职能在无声无息中植入人心，形成共识，使院系分工会在师德建设工作中起到不可替代的作用。工会可以从以下几方面做好师德建设工作。

1. 做好师德建设的宣传教育工作

师德建设工作的任务之一就是要营造良好的师德氛围，使教职工对师德建设工作有统一的思想认识，从而自觉将师德规范外化为自己的行动。良好的师德氛围是师德建设的基础，氛围的形成可以通过宣传、教育、引导的方式来实现。首先，对评选出的师德高尚、贡献突出的优秀教师通过网络、会议等形式进行宣传，通过宣传典型，营造敬业爱生、恪尽职守、无私奉献的良好氛围，最终能够起到"一花引来百花开"的宣传效果，使更多的老师学习先进、赶超先进。其次，加强对高校教师的职业道德规范进行宣传教育，发挥院系分工会的教育职能。通过相关的座谈会、讲座及发放学习材料等方式，教育广大教师树立高尚的师德风尚，努力把它转化为广大教师的价值取向、愿望要求和自觉行为，进一步在全体教师中形成统一的指导思想信念和基本的道德规范，营造人人重师德、个个讲师德的良好育人环境。

2. 丰富文体活动，营造育人环境

师德是精神道德层面的命题，正因为如此，许多人认为这项工作是"阳春白雪"难以下手。其实，师德师风建设是很具体的，要将师德内涵外化为教师日常的行为举止及工作态度，需要通过工会以活动的方式来推动，将思想工作渗透到各种形式的活动中去，开展教师喜闻乐见的活动，让师德工作不再冰冷和生硬。通过各种活动，营造和谐氛围，创建良好的育人环境。培养教职工的团结协作精神，提高老师的身体素质、心理素质，使老师能够轻松投入到教育教学工作中去。通过不断完善二级教代会制度，充分体现教职工民主管理，发挥好桥梁纽带作用，创造一个有利于广大教职工与院系及学校行政畅通对话的交流平台和渠道，从思想上加强对教师职业道德的认同。

3. 做好师德先进评选工作

工会系统每年都会有不同层次的师德先进评选，在师德先进评选工作中，要本着进行性与广泛性相结合的原则来进行。首先要制定切实可行的师德规范，与校教师工作部共同建立和完善科学的师德评价体系，使先进的评选工作有章可循。其次要发动更多的教职工积极参与师德先进的评选工作。最后将评选结果通过网络等有效方式进行公示，将师德先进事迹进行宣传。这样才可以使评选结果得到大多数老师的认同，让评选活动真正成为教师自我教育、自我激励的有效载体，用榜样的力量感召教师，激励广大教师力行师德规范。

百年大计，教育为本；教育大计，教师为本。研究生导师承担着培养新时代社会主义合格建设者和接班人的重任，对学校的人才培养质量提升和持续稳定的内涵式发展也起着重要作用。高校院系要以新时代中国特色社会主义核心价值体系为引领，以工会为桥梁纽带，将研究生导师的师德师风建设与加强党的基层组织建设相结合，与提高人才培养质量相结合，与科研与社会服务水平的提升相结合，努力建设一支立场坚定、业务精湛、品德高尚的研究生导师队伍。营造校院重视师德，教师关爱学生，学生尊重教师的良好氛围。做好师德师风系统工程建设，培育社会信任、家长满意、学生敬重、能胜任学校教育改革与发展重任的"四有"好老师。

参考文献：

[1] 秦苗苗. 新中国成立 70 年师德建设回顾总结和展望 [J]. 现代教育管理，2019（10）：21-26.

[2] 刘志礼. 新时代高校师德师风建设、内涵意蕴、现实困境及破解之道 [J]. 现代教育管理，2020（09）：67-73.

[3] 梁宪民. 立德树人视域下研究生导师德育自觉的提升路径探析 [J]. 太

原城市职业技术学院学报,2018(05):89-90.

[4] 熊迪等.以"四有"好老师培养为导向的高校师德师风建设[J].教育教学论坛,2020(10):46-47.

[5] 雷金屹,梁亚萌.研究生导师落实立德树人职责的实现路径[J].高教学刊,2020(13):132-135.

研究生导师与辅导员合力育人的现实困难与路径探索

——以北京农学院为例

北京农学院文法与城乡发展学院　李向楠　安利清

摘要：研究生导师与辅导员合力育人是落实高校立德树人根本任务的现实需要。本文以北京农学院为例，针对现阶段研究生导师与辅导员合力育人机制现状以及困难，以研究生、辅导员、导师为调研对象收集数据，分析合力育人存在的问题以及原因，并在此基础上探索构建合力育人机制的有效途径，提升研究生思想政治教育的有效性和针对性。

关键词：合力育人；研究生导师；辅导员

研究生导师和辅导员与研究生接触多、关系密切，在研究生教育管理方面发挥至关重要的作用，二者应根据研究生成长成才的规律以及特点，结合实际，相互配合，发挥育人合力。

一、研究生导师与辅导员合力育人的现实意义

（一）是适应研究生成长成才的需要的内在要求

研究生结构复杂，生源包括应届生、在职人员和待业人员，学历层次有本科毕业也有大专毕业，因此在年龄跨度、社会阅历、工作经验、政治素养、家庭背景等方面都存在较大的差异。一是研究生思想更加成熟，不崇拜权威，平等的意识明显增强。二是研究生学习目标更为明确，学习的阶段性和专业性较强。三是

研究生生活向往独立，经济压力较大，不希望依赖父母或者家庭，希望通过自身的努力在经济上获得独立。四是研究生就业期望值更高，体现在职业目标选择、单位性质选择、就业地点选择和期望薪酬四个方面。然而近几年研究生论文抄袭、学术造假，甚至投毒伤人、自杀等事件也时有发生。因此，研究生德育工作特别需要注意因材、因时施教，对学生实行个性化关注和引导，研究生导师与辅导员合力育人十分必要。

（二）是提升思想政治教育有效性与针对性的重要途径

导师和辅导员与研究生接触最多，关系密切。辅导员信仰坚定，是高校落实立德树人根本任务、培养德智体美劳全面发展的社会主义建设者和接班人中不可替代的重要力量，同时其与研究生年龄差距较小，思想上容易沟通，且多数辅导员老师具有心理学、管理学、教育学、社会学、思想政治教育专业背景，能够引导学生树立正确的世界观、人生观和价值观。研究生导师，是在研究生生活学习中更为重要的人，是从专业教师中选拔出的学术优秀的教师群体，《新时代研究生教育改革发展意见》与《研究生导师指导行为准则》（教研〔2020〕12号）对于研究生导师的育人责任都提出了新的要求，如"导师是研究生培养第一责任人，要了解掌握研究生的思想状况，将专业教育与思想政治教育有机融合，既做学业导师又做人生导师""强化对研究生的思想政治教育，引导研究生树立正确的世界观、人生观、价值观，增强使命感、责任感，既做学业导师又做人生导师"。导师与研究生具体学科方向与研究领域基本一致，可以将思想教育渗透到课堂教学、学术研究中。研究生导师与辅导员各具优势，优势互补，发挥合力育人优势，能够提升研究生思想政治工作的针对性和实效性。

（三）是落实高校立德树人根本任务的现实需要

立德树人是教育的根本任务，是高校的立身之本，也是高校思想政治工作的中心环节。《新时代研究生教育改革发展意见》中指出，"研究生教育肩负着高层次人才培养和创新创造的重要使命，是国家发展、社会进步的重要基石，是应对全球人才竞争的基础布局""将研究生思想政治教育评价结果作为'双一流'建设成效评价、学位授权点合格评估的重要内容"。研究生教育代表的是国家最高教育水平，研究生思想政治教育也是衡量研究生教育质量的一个重要内容。研究生导师与辅导员合力育人是全面落实党的教育方针、落实"怎样培养人"的重要途径，是做好研究生思想政治教育工作，落实好立德树人根本任务的现实需要。

二、研究生导师与辅导员合力育人现状及存在问题

（一）研究方法与样本情况

1. 研究方法

本课题组使用自编的《研究生导师与辅导员协同育人问卷调查》，通过问卷的方式对北京农学院研究生做随机调研。使用自编的《研究生导师与辅导员协同育人问卷调查》以及《研究生导师与辅导员协同育人访谈提纲》对北京农学院研究生辅导员调查，合计回收问卷 266 份，其中研究生 259 份，研究生辅导员 7 份；并对北京农学院部分研究生导师、研究生辅导员进行深度访谈。

2. 样本情况

从回收的问卷来看，研究生男生 75 人，占比 28.96%；女生 184 人，占比 71.04%。研究生一年级 148 人，占比 57.14%；研究生二年级 71 人，占比 27.41%；研究生三年级 40 人，占比 15.44%。全日制硕士研究生 254 人，占比 98.07%；非全日制 5 人，占比 1.93%。导师的年龄分布在 30 岁以下的 67 人，占比 25.87%；31～50 岁 129 人，占比 49.81%；51 岁以上 63 人，占比 24.32%。导师职称为讲师 11 人，占比 4.25%；副教授（副研究员）96 人，占比 37.07%；教授（研究员）152 人，占比 58.69%。研究生辅导员年龄 30 岁以下 1 人，30～40 岁 6 人；从事辅导员工作小于 1 年的为 1 人，1～3 年的为 3 人，6 年以上的为 3 人。

（二）调查结果与数据分析

为了解研究生对导师与辅导员合力育人情况的真实感受和评价，分别从研究生导师、辅导员在实际育人中发挥效用，研究生对二者在育人过程中角色扮演的期待等维度进行了调研和访谈。

一是合力育人的整体氛围已经形成。首先，在对辅导员群体的调研中，100% 辅导员认为在开展研究生思想政治教育的过程中协同导师发挥合力育人的作用非常有必要，与导师沟通交流积极主动。每学期与导师主动交流 16 次以上的为 42.86%，5～15 次的为 43.86%。每次交流时间为 15 分钟以内的占比 57.14%，16～30 分钟的占比 4.86%。42.86% 的辅导员选择与导师以面对面的方式进行交流，57.14% 的辅导员选择使用微信、QQ 等方式与导师交流。与导师交流的原因主要是研究生出现心理问题、学业问题等占比较大，分别为 85.71% 和 57.14%。其次，在对导师的访谈中了解到，九成以上导师认为有必要与辅导员发挥合力育人作用，尤其是在管理和教育特殊学生群体方面十分必要，但对于

没有异常表现的普通学生群体，不知应该采取何种途径协同辅导员将思想政治教育融入专业教育之中。再次，结果显示八成以上的研究生希望导师和辅导员能够在育人过程中互相沟通、发挥合力。但是在实际培养的过程中大部分研究生认为导师负责学业和科研问题，辅导员负责思想政治教育和管理，结果显示86.87%的研究生在遇到学习科研问题时会求助于导师，半数以上研究生在遇到家庭情感、生活健康等问题时会求助于辅导员。

二是研究生与二者沟通频率存在差异。调研中发现，研究生主动与导师的沟通频率非常频繁，每周3次以上占比27.41%，每周1~2次占比52.12%；主动与辅导员交流每周3次以上为12%，每周1~2次占比34%。可见研究生与导师主动沟通的频率明显高于主动与辅导员沟通。76.83%的研究生认为导师非常重视品德教育，并有79.54%的研究生认为导师在思想品德方面对自己产生了积极影响。可以看到，导师由于在研究生学习和生活中发挥着重要作用，研究生与导师的沟通频率明显高于辅导员，这也意味着导师的影响力更为重要。

三是导师与辅导员职责分工及育人理念存在差异。对研究生在遇到不同困难和问题寻求帮助的优先级及效果的调查结果显示，在研究生导师在哪些方面对自己的帮助和影响中，学术能力占比83.78%，道德品质占比10.42%，政治素养占比1.93%，生活指导占比3.86%。当研究生面临科研压力、学业压力等方面的问题时有86.87%的研究生会优先寻求导师的帮助，而当面临诸如在校生活问题、人际交往压力、婚恋问题、经济困难等方面问题时则优先寻求辅导员的帮助。这一方面体现了导师和辅导员各自在领域发挥着作用，也反映出在研究生看来导师与辅导员的分工界限依然明显。

（三）存在问题与原因分析

一是育人理念不同。"导师负责制"是我国研究生教育的主要培养模式。但是在具体执行过程中，一方面，部分导师单纯地将"导师负责制"片面理解为只负责培养高水平的学术人才，弱化了导师开展思想政治教育的主体作用。另一方面，不少研究生导师认为思想政治工作和学生事务管理一样，隶属于辅导员的工作职责范围，割裂了"教书"和"育人"的整体性。

二是合力育人主动性不高。通过调研发现，在研究生的实际培养和教育过程中，导师与辅导员的积极性与主动性还有待于加强。导师在研究生出现问题以及对研究生管理工作提出建议的时候主动与辅导员沟通，辅导员通常会在研究生出现心理、学业方面的问题时与导师沟通。同时，辅导员主要依托党团活动、班级活动的方式开展思想政治教育。调查中，有59.85%的导师支持研究生参加学生活动，仍有17.81%的导师不鼓励研究生参加学生工作，不利于合力育人作用的发挥。

三是职责分工存在交叉。在调查问卷中，半数以上研究生认为，合力育人落实不到位的原因是由于导师与辅导员的职责分工存在问题。辅导员主要负责党团事务、心理健康教育、职业发展规划等，导师主要在学术研究、学业辅导等方面发挥主导作用。但对于人生观价值观的培养与塑造、健全人格的培养、人生发展规划等是需要双方协同发挥育人作用，由于缺乏清晰明确考核评价体系，使得双方倾向于承担跟自己关切度比较高、职责明确的部分，不利于形成育人的合力。

三、研究生导师与辅导员合力育人的路径选择

（一）加强制度建设，夯实育人责任

一是明确育人职责。2017年北京农学院发布了《北京农学院研究生导师工作职责规定（试行）》（研处字40号），教育部于2020年11月4日印发《研究生导师指导行为准则》，从思想引领、招生、论文以及和谐师生关系等方面进行了规范，但是都未涉及研究生导师与辅导员协同育人的相关内容，应根据文件精神，结合学校实际情况，进一步明确具体分工和工作程序。二是将研究生导师立德树人考核结果即师德师风考核，作为招生资格、职称评定、职务晋升、评优评先的重要依据，对于立德树人成绩突出的研究生导师，同等条件下给予倾斜。通过不断完善制度体系，明确导师在人才培养、立德树人、师德师风等方面的具体职责，推动导师把工作的重点和目标落在育人成效上。三是建立培训制度，在导师培训中增设思想政治教育学、心理学和社会学的知识和实务技巧等内容，增强导师沟通技巧和方法。研究生辅导员培训中增设研究生培养目标和方案，使辅导员育人目标更加明确。

（二）注重转变观念，提升育人主动性

一是转变育人观念。树立导师"第一责任人"的身份定位，以科研为纽带将思想政治教育融入研究生学习培养的全过程，辅导员也应转变观念，充分尊重导师育人主体地位，积极参与研究生的各项工作。二是提升育人的主动性和积极性，在研究生导师与辅导员明确分工、各司其职的基础上，对于职责重复的部分，加强互动交流，提升主动性。三是加强对于德育典型进行宣传和报道，在校园内营造合力育人氛围。

（三）完善渠道建设，促进信息共享

一是构建沟通平台。一方面，除了传统的面对面、电话交流，还可以运用微信、QQ等网络方式随时随地交流；另一方面，还可通过举办座谈会、交流会、

沙龙等方式进行交流，交流研究生特点、了解最新科研情况等，信息共享。二是搭建展示平台。推动两个育人主体相互参与对方的工作，增进认识，有效配合，如鼓励青年导师担任兼职研究生辅导员、鼓励辅导员参与招生等。三是在工作方式、专业引导等方面加强互补，以实现优势叠加，提升导师在心理疏导、团队文化建设等方面的育人能力和工作技巧，引导导师成为塑造学生品格、品质、品位的"大先生"，尽己所能帮助学生"扣好人生的扣子"。提高辅导员的科学研究能力和思想水平。

参考文献：

[1] 杨守鸿，杨聪林，刘庆庆. 新时代研究生导师立德树人的现实路径研究[J]. 学位与研究生教育，2019（07）：26-30.

[2] 汪育文，薛艳. 研究生辅导员与导师合力育人机制探析[J]. 高校辅导员，2012（03）：13-16.

[3] 骆莎. 论立德树人中导师的教育引导作用[J]. 思想理论教育，2018（11）：107-111.

[4] 李彬，谢水波，蒋淑媛. 立德树人视野下高校研究生导师评价体系存在的问题及对策[J]. 教育现代化，2019，6（63）：149-153.

[5] 夏礼胜. 导师与辅导员合力育人策略研究[J]. 管理观察，2012（02）：91-92.

文化自信视域下研究生传统文化培育路径研究*

杨毅

摘要：文化自信是一个国家、一个民族、一个政党对自身文化价值的充分肯定。加强研究生传统文化教育，既是顺应历史潮流、反映时代要求，也是提高研究生综合素质的重要途径。培育研究生的文化自信，要将高校作为主阵地。

关键词：文化自信；研究生；传统文化

习近平总书记指出："文化是民族生存和发展的重要力量。人类社会每一次跃进，人类文明每一次升华，无不伴随着文化的历史性进步。"优秀的传统文化既是中华民族的精神命脉，也是涵养社会主义核心价值观的重要源泉。文化自信是"四个自信"的基础，是坚定中国特色社会主义道路自信、理论自信、制度自信的基石。

一、研究生培育传统文化的重要意义

党的十八大以来，以习近平总书记为领导核心的党中央顺应时代发展的要求和国家战略布局的方向，对我国高校在中华优秀传统文化的保护、传承、弘扬等各个方面的突出问题分别进行了许多重要的政策论述和深刻的思想阐释，强调"文化自信是一个国家、一个民族发展中更基本、更深沉、更持久的力量"。中共中央办公厅、国务院办公厅联合印发了《关于实施中华优秀传统文化传承发展工程的意见》，表明国家领导层高度重视中华优秀传统文化的保护、继承与弘扬发展，这对高校中华优秀传统文化素质教育的建设起到了巨大的推动作用。中华优秀传统文化既具有丰富的民族历史文化优势，又具有深厚的民族文化精神内

---

* 作者简介：杨毅，硕士，助理研究员，主要研究方向：研究生教育管理。

涵，是我们培养和增强我国研究生文化自信的重要内生动力。

第一，开展中华优秀传统文件教育是凝聚民族共识、体现文化身份认同的必要前提。这对研究生培养强大的民族意识、社会责任感、历史使命感等各个方面都产生了深远影响。当今世界国际政治、经济发展形势依然复杂多变，大国之间的利益博弈也不断加深扩展。研究生作为具有较高素质的知识青年群体，尽管会受西方思想的影响，但作为华夏子孙，他们还是在中华传统文化的环境中长大，这种刻在血脉里的民族认同感是不能被忽视的。

第二，开展中华优秀传统文化教育是承接良知、树立人的主体性的有效途径。中华优秀传统文化里蕴含着无数的精神原则，是历经几千年而不过时的民族精神宝库，是塑造人之所以为人的无声老师。在新时代背景下，将传统文化融入研究生的文化自信培育中，让青年一代能够更加了解自己本民族的文化，感受文化魅力。

第三，开展中华优秀传统文化教育是引导学生体验幸福感的有效手段，是实现文化多元共存的关键步骤，也是中国人实现人生和社会理想的最佳路径选择。在培养研究生的过程中，通过传统文化的培育，培养他们的爱国主义情怀和社会责任感；通过传统文化的培育，引导他们建立良好的人际关系，树立团队协作意识；通过传统文化的培育，提升研究生的道德素养；通过传统文化的培育，激发研究生积极进取的斗志，把满腔热情投入国家建设事业中，为社会的进步做出应有的贡献。

二、研究生传统文化教育的现状

研究生群体的学习经历、社会经验、自我认知等方面比本科生要相对成熟，但也相对复杂，个体和群体差异性更加明显。由此，研究生传统文化教育呈现如下特点：

（一）高校研究生对传统文化学习热情持续增强

随着中国综合实力的日趋强大，文化自信逐渐增强，人们对学习中国传统文化的热情日渐高涨，专家、百姓齐参与，学习中华传统文化成了人们的共识。研究生作为具有较高素质的青年也离不开传统文化的学习。部分高校开设了传统文化课程，引入了《弟子规》、《孝经》、四书五经等经典，让研究生接触、诵读部分典籍篇目，重拾成长过程中的传统文化记忆，激发他们学习传统文化的热情。同时，学习传统文化也有助于研究生保持积极、健康、向上的理想信念。

（二）高校开展传统文化的学习形式多样，但未形成文化培育合力

就形式而言，部分高校设有国学院或国学专班，其中以北京大学哲学系的乾

元国学班设立最早，也最具影响力。重点院校逐渐开设学堂、书院，还定期举办诸如"中华传统美德论坛"等活动。但对于如何开展中华传统文化教育，不同的学校在文化培育的理念方面分歧明显。在选择途径上，有复古派，以恢复古代书院为目的；有学院派，以进行知识的传播为主；有教导派，集资赠阅劝善类图书，开展劝善类讲座；有江湖派，将营销学、励志学、心理学与传统文化杂糅到一起，针对当下人的困惑，进行密集宣讲，出版影像制品。不同的形式、主张、途径，造成的效果不同，给学生的感受和结果也是不一样的，这种差异的形成，也在于传统文化培育评价体系还未建立。

（三）高校传统文化的培育存在困难

首先，中华优秀传统文化教育与学校教育的有效融合成为发展的核心难题。中华优秀传统文化教育重在教化，立足于立德树人，不以知识传授和技能训练为重点。中华优秀传统文化教育如何课程化和具有生命体验化，既符合课堂教学的要求，又能符合中国文化的教化功能，便成为当下必须解决的核心问题。当前，高校开展传统文化教育的校本课程开发较多，但课程的持续性不强，内容、方法、学科衔接等问题尚未得到有效解决。其次，从教育自身来看，仍有部分教师和学生对中华优秀传统文化存在较强的距离感、强烈的畏惧感，认识模糊、缺乏自信。

（四）高校开展传统文化培育体系还需完善

由于广度和深入程度不足，高校开展的弘扬中华优秀传统文化的活动对于研究生的特点以及其理论思潮的把握不够精确和深刻，教育实践工作没有按照研究生自身的实际情况来开展，现行的活动也无法建立起一个健全的体系。学校组织举办的各种优秀传统文化教育实践活动中，以经典诵读、德育讲座、百家讲坛等为主，社会实践活动相对较少，导致大多数研究生的理论知识和实践行为发生分离。要真正实现知行合一的教育目标，就必须在学校内部对优秀传统文化的内涵和精神开展日常实践，实现从"知"走向"行"的转变。

三、研究生传统文化培育的实现路径

将传统文化融入研究生教育是一个相对复杂的过程。研究生接受高层次文化教育，对他们的传统文化培育需要有针对性，需要社会、学校、教师各方力量相互协作。要努力使研究生群体成为中华传统文化的积极传播者，成为传统文化未来发展的中坚力量。

（一）加强传统文化建设，形成影响合力

随着国家文化自信建设的不断深入，社会大环境中的传统文化学习氛围越发浓厚，提高人们对传统文化的认知主动性，还要继续加强对传统文化的保护。在社会层面，出台相应保护政策，可以利用公共文化场所的阵地作用，有目的地开展传统文化宣传活动，搭建有关平台展示中华优秀传统文化。此外，还可以积极开展网络宣传活动，扩大优秀传统文化在网络中的影响力。微信、自媒体视频等互联网媒体平台已经成为研究生独立学习的信息途径。充分利用全社会积极培育优秀传统文化的大环境，促进中国特色社会主义文化教育的常态化，为文化自信的培育打下基础。

（二）完善学校教育平台，营造传统文化学习氛围

高校是研究生主要的培养基地，培育研究生文化自信，学校应该完善相关教育平台，以教学资源为中心，配合开展传统文化教育活动，切实营造校园文化氛围。一方面，要在研究生课程体系中，丰富传统文化教育资源，将传统文化通识教育与专业教育相结合，系统地向研究生传授中国传统的人生观和价值观，用中国传统文化的精髓，促进研究生人文素养的提高。另一方面，要不断创新教学形式，从教学内容和形式上多做思考，发挥多媒体教学工具的优势，在线上开展传统文化课程、活动等，使教学内容更具吸引力和感染力。此外，高校应充分利用好校内外两种资源，拓展传统文化活动形式，邀请校内外传统文化方面的专家学者定期为学生开设传统文化知识讲座和论坛，在研究生科研之余，加强对优秀传统文化的熏陶，配合传统文化实践活动，全面助力传统文化融入大学生文化自信培育。

（三）加强教师引领，提升传统文化传播效果

中国传统教育讲究言传身教，教师是文化和思想的重要传播者。要使传统文化与研究生人文素质教育有效结合，教师和导师的作用非常关键，因此，要加强对研究生文化自信的培养，就必须重视教师和导师的表率作用。这就需要有一批既有很深的专业造诣，又有深厚的中国传统文化素养的优秀教师和导师队伍。作为教育工作者，导师应该对研究生文化自信的培养发挥引领作用。不仅要把优秀传统文化的内容融入专业课教学中，探索用优秀传统文化的理念和思想推进本学科的研究方法，将研究生专业教育与人文精神的交叉渗透，还应该在尊重传统文化的基础上，根据研究生的个性特点和需求，针对性地采取措施，培养他们对中国传统文化的兴趣，激发他们学习的积极性。导师自身也要加强对中华优秀传统文化的学习和理解，并努力实践，以教师的行为示范促进研究生文化自信的

培养。

研究生肩负着时代使命，是民族优秀传统文化所培育的重点群体，因此必须要高度重视中华民族优秀传统文化的弘扬，进一步加强对研究生文化自信的培育，形成文化自信观，增强文化自信力，通过相互作用，优秀传统文化必然能成为提高他们综合素质的思想源泉，这是培育新时代青年研究生的关键所在，也是他们作为国家栋梁，充满自信地建设社会主义现代化强国的关键所在。

参考文献：

［1］罗迪．文化认同视角下的大学生社会主义核心价值观教育［J］．思想教育研究，2014（02）：106-109.

［2］仲伟通．中华优秀传统文化与社会主义核心价值观的内在契合［J］．中国石油大学学报（社会科学版），2016，32（03）：84-88.

［3］于甜．中国传统文化对研究生人文素质教育的当代价值及实现路径［J］．中国石油大学学报（社会科学版），2014（06）.

［4］傅静．新时代下文化传承创新与高校党建交融的思考［J］．黑龙江教育：理论与实践，2018（02）.

生物工程专硕深造与就业、创业意向研究
——以北京农学院生物工程专硕为例[*]

北京农学院生物科学与工程学院/农业部华北都市农业重点实验室　　俞涛

摘要： 深入调查、了解分析生物工程专硕毕业生的深造与就业、创业意向，是高校及学院对于学生的培养及就业指导的根据，也是提高就业率的重要方法。本文以北京农学院生物工程专硕毕业生为例，通过调研发现，毕业生更倾向于就业，深造与创业的热情不高。因此，本文研究并提出了调整培养思路、增加就业创业实践环节、鼓励创业等建议，并对生物工程专硕提出了希望。

关键词： 专硕毕业生；深造；就业与创业意向

党的十九大报告明确指出，提供全方位公共就业服务，促进高校毕业生等青年群体多渠道就业创业；倡导创新文化，强化知识产权创造、保护运用。在此大环境下，了解生物工程专硕毕业生意向以及目前的培养方式是否与政策大环境相匹配非常重要，所以我们对这方面进行了调查研究。调查对象为北京农学院生物工程专硕毕业生，共发放调查问卷53份，回收有效问卷53份，回收率100%。调查结果显示：倾向于毕业后就业的有46名，占86.79%；倾向于毕业后创业的有1名，占1.89%；倾向于毕业后再深造的有6名，占11.32%。其中，倾向就业的同学中包括先就业再深造的有2名同学，占总人数的3.77%。

---

[*] 基金项目：北京农学院与研究生改革与发展项目"依托专业开展研究生党建活动"资助，项目编号2017YJS086。作者简介：俞涛，北京农学院生物科学与工程学院副院长、副书记，主要研究方向：管理。

一、生物工程专硕毕业生深造、就业与创业意向分析

(一) 生物工程专硕毕业生倾向于就业

经过调查问卷数据分析得知，在 53 名生物工程专硕研究生中，倾向于就业的高达 86.79%，而继续深造的仅有 6 名，占 11.32%。究其原因，主要是其科研能力与学生素质不如生物学术型研究生。生物专硕毕业生与生物本科毕业生相比没有工作经验；与生物博士与生物学硕相比，科研能力有差距。因此生物工程专硕在如今社会的就业前景并不乐观，尤其在这个高等教育由"精英化"向"大众化"转化的大环境下，硕士研究生群体已经褪下了"神圣光环"。[1]

(二) 生物工程专硕就业对口率不高

通过调查发现，已经毕业的 16 名 2017 级生物工程专硕毕业生中，除了 3 名继续深造之外，其余 13 名中仅有 3 名在做与生物相关的工作。因此，今后的课程设置应更加注重实践课程，使生物工程专硕毕业生更具有竞争力，更能满足生物公司的需求。

(三) 生物工程专硕创业率极低

调查显示，仅有 1 名同学倾向于毕业后创业，占 1.89%。思其原因，首先是学院课程设置目前以保障学生顺利毕业以及就业为主，并没有设置创业方面的指导课程。其次，学生科研能力不足使得创新能力不强，应加强学生自主科研训练，提升学生科研与创业热情。

二、对生物工程专硕的培养思路以及就业、创业指导的建议

(一) 改变培养思路

高校应该在专业教学改革、更新专业知识内容、改革教学模式、创新人才模式方面不断探索和提高。高校导师应经常关注课程每年的社会发展动态，教授实用性强的专业知识技能，这样使学生在就业、创业市场上有更强的竞争力。同时高校应在毕业生就业面试等方面进行专业指导[2]。

(二) 设置创业课程教育，培养学生的创业创新热情

首先，要向研究生开展各类创业教育活动，培养研究生的创业精神；其次，

要多给研究生走出校门、认识社会的机会，帮助他们增长阅历；再次，要设置创业课程教育，将理论与实践相结合；最后，要发挥校友企业家和创业成功者的帮带作用，帮助研究生获得创业经验。硕士研究生是社会上的中流砥柱，高校应加强创业教育，不能仅仅会就业，还要会创业。[3]

（三）为计划继续深造的研究生制订个性化培养计划

根据调查结果显示，有 6 名同学计划毕业后深造，占 11.32%。可以看出，这部分学生对科研是有浓厚兴趣的，高校应根据这部分学生相应改变培养计划，给他们提供更多的科研机会，加强学术锻炼，为其进一步深造打下基础。

三、对生物工程专硕研究生的期望

（一）提高竞争意识，增强社会适应性

受"学历至上""学历高能力高"等观念影响，硕士研究生存在着"主体优越"的心理，生物工程专硕也不例外。经过 4 年的本科教育及 2 年的专硕教育，其知识水平及动手能力较本科生更强，遇事处理的方法心态也应更加成熟。在就业过程中，专硕研究生应注重提高自身综合能力，提高竞争意识，积极主动了解生物公司的人才需求，结合自身挖掘优势，迎合公司需求。

（二）淡化高薪意识，合理认知自身

生物工程专硕相对于本科生而言，多接受了 2 年教育，但社会经验相较于同龄人亦少了 2 年。受"精英"心理影响，硕士毕业生普遍有"高薪"的心理预期，但是大部分毕业生的能力并不能达到标准，甚至在某些方面还不如本科生。因此，毕业生应淡化高薪意识，合理认知自身，持续努力，逐步实现高薪。

（三）就业方向多元化

生物工程专硕在科研能力、接受能力以及学识上均比本科生强，因此，就业选择方向可以多元化，如在食品、药品、生物器械、检测、教育等多方面投入精力，借助"互联网+"的时代环境，根据自身兴趣爱好、行业发展前景选择适合自己的工作，实现就业方向多元化。

四、总结

生物工程专硕研究生的培养重心在应用型专业人才，所以高校设置培养模式

及课程应偏向大部分学生，注重创业与就业，同时对少数希望继续深造的个体给予帮助。高校在设置创业课程时，要循序渐进，将理论知识与时代背景相结合，通过合理的实践，使毕业生对创业不再惧怕，使毕业生有创业的热情。在就业方面，高校应针对社会上生物公司的用人需求，对毕业生开展相应的培训，使学生认识自己的优势与劣势，与聘方加强相互了解。

参考文献：

[1] 万昕．新时期硕士研究生就业价值取向研究［D］．武汉：湖北工业大学，2016．

[2] 王鹏杰．硕士毕业生就业、创业及深造意向研究——以南京师范大学2013级硕士研究生为例［J］．法制博览，2015（07）：295．

[3] 熊英．大学生就业与长夜问题研究［J］．科技创业月刊，2004（08）．

研究生就业指导工作的思考与探索*

北京农学院园林学院　史雅然　张明婧　杨刚　武丽　张烨桐　李国政

摘要：研究生就业工作是高校就业工作的重点之一，开展研究生就业指导工作是促进研究就业的重要方式。本文对研究生就业现状、存在的问题和就业指导的必要性进行分析，思考研究生就业指导工作内容，从实际工作中开展的求职引导、职业测评、群体指导和个体指导等方面进行探索，以帮助规模日益扩大的研究生群体更充分、更有效、更高质量地就业，为国家和民族培养有效的人才。

关键词：研究生；就业；指导；思考

高校研究生是社会中充满活力、富于创造的群体，是国家高端智库的人才队伍保障，是社会人才资源的重要组成部分，是国家的宝贵财富，是实现"两个一百年"奋斗目标、实现中华民族伟大复兴的生力军。

自高校大规模扩招后，我国研究生规模也在不断扩大。根据有关数据统计，2020年全国研究生招生人数超过110万人，相当于2000年的8倍，2021年预计将继续延续这一扩张趋势。招生规模的扩大直接使研究生毕业生人数增多，从而导致研究生就业形势日益严峻，就业问题越来越多，就业难的现象日渐凸显。

就业是民生之本，促进就业、扩大就业、实现就业，是我国的长期战略和政策，是加快推进以改善民生为重点的社会建设的具体体现，是建设人力资源强国和创新型国家的要求。因此，如何帮助规模日益扩大的研究生群体实现更充分、更有效、更高质量地就业已成为各高校的重要任务之一。

---

* 基金项目：北京农学院学位与研究生教育改革与发展项目。第一作者：史雅然，讲师，辅导员，主要从事学生教育管理工作，电子邮箱：shiyaran@bua.edu.cn；通讯作者：李国政，副教授，副书记、副院长，主要从事学生教育管理工作，电子邮箱：lgz_78@bua.edu.cn。

一、研究生就业情况的现状

随着高等教育的发展趋势，研究生办学规模扩张明显，根据教育部近年公布的有关数据显示，研究生招生人数每年呈上升趋势，尤其专业学位硕士招生规模大幅扩大。高校毕业生人数的增长使就业形势日渐严峻，研究生就业市场中的供需结构性矛盾将更加突出，研究生毕业生的就业优势逐渐减弱。与此同时，研究生毕业生的就业情况也有其自身的特征。

（一）就业意向定位

关于读研与就业的相关性，大多数研究生主要认为：读研是探索和明确职业方向的过程；是加强自己的专业技能、夯实职业发展基础的过程；是推迟就业，暂时缓解压力与提升就业竞争力的过程。部分研究生认为读研是从事学术发展和科学研究的必经之路。[1] 由此可见，多数研究生认为，读研是为了更好地就业，能获得更高的职位和待遇，因此研究生的求职意向较本、专科生有较大提高。

（二）就业自身竞争力

在求职过程中，研究生认为更重要的是学历优势、专业知识、科研意识或者问题意识、提案能力或者解决问题能力，而对人脉资源、实践经验、创新能力认可度低。同时，研究生也认识到实践经验不足和可塑性不强是自身的劣势。[1] 这说明多数研究生对自身的认识比较客观，能够了解自身竞争力的优势与不足，对自身有较为清晰的定位。

（三）职业规划方向

多数研究生有较为明晰的职业发展方向，其中以专业内方向为主。研究生的就业单位首先为公务员和事业单位，其次为国企、外企、三资企业等大中型企业，后为小微企业，少数研究生选择自主创业或自由职业。但认真研究过行业发展形势的研究生较少，职业规划多以稳定为主。

（四）就业准备情况

多数研究生具有理性思考和分析形势的能力，基本了解目标岗位的技能要求及特点，但就业准备尚不足，没有制订符合自己的生涯规划并执行；对职业发展规划的认识不足；对于提升求职技能相关的学习和培训参与度不高，缺乏较为全面、系统的就业指导和学习、实践。

二、研究生就业过程中的问题

（一）市场需求变化，就业压力增大

受国际经济形势和国家经济调档换速的影响，就业形势越来越复杂，加之高校毕业生逐年增多，研究生学历的含金量随之下降。中小型企业更偏向于招聘成本相对较低的本科生，大中型企业对毕业生的综合素质要求更加全面，科研院所和学术研究更倾向于专业程度较高的博士研究生。研究生毕业生在研究精度、专业深度、综合求职条件上处于"上有博士、下有本科、中有往届毕业生"的竞争态势中，导致研究生毕业生就业过程中有时处在劣势。

（二）学习成本较多，就业期望较高

研究生在高校深造多年，是高于本、专科生的人力资源，在学习精力、时间、经费等方面都比本、专科生投入更多，因此，研究生更强调职业发展空间及薪酬待遇，对工作位置、未来发展、福利待遇有更多诉求。有研究显示，在接受调查的研究生群体中，2/3的研究生有意向的就业单位为公务员和事业单位，接近1/5的研究生有意向留在高校任教，只有部分研究生有意向到企业工作。其中优先选择"工作稳定、有各类保障"职位的占比近90%，选择在一线城市或者内地发展的占70%以上。[2] 由此可见，研究生毕业生的整体就业期望相对较高。而随着社会的发展，很多用人单位招聘人才已经从重学历转变为重能力，不再唯学历论，使研究生就业容易陷入"两难境地"。

（三）求职投入较少，就业规划不足

研究生相对于本科生学制较短，毕业要求较高，科研任务较多，学业安排较为紧凑。因此，研究生大多会将重心放于科学研究和顺利完成毕业上，对求职投入的时间和精力都相对较少。研究生面临毕业、就业的双重压力，虽然对就业问题心存焦虑，但先毕业再就业是多数研究生的选择。同时，由于前期对自身的能力和适合的工作方向理解不够，对当前的就业政策和就业形势等了解较少，对合适自己的就业规划准备程度不足，只在临近毕业时短时间内进行求职、面试，缺乏求职经验和素养，因而很难应聘到满意的岗位。而具有较高学历的研究生对先就业再择业意向较低，且对"应届生"身份理解不到位，使研究生毕业生出现了暂缓就业或待业的情况。

三、研究生就业指导的必要性

随着研究生招生规模的扩大化、就业形势的复杂化、新生代研究生的个性化,就业指导工作的需求也愈加迫切。学校开展就业指导对毕业生就业具有积极作用,有助于毕业生端正就业心态,促进就业实践。良好的就业指导工作可以促进研究生就业。

(一)增强研究生职业规划能力

研究生承担着较大的科研压力,虽然多数研究生都意识到了增强个人能力的重要性,但在职业规划方面所投入的时间和关注度有限,实践的机会不多,当面临选择时,往往陷入迷茫,在缺少目标、缺乏规划的盲目尝试中错失了掌握真本领、培养差异化核心竞争力的机遇,导致自己陷入就业困难的危险境地中。因此,学校应安排特定的就业指导活动,尽量为研究生提供更多的机会开展学习和实践活动,以使学生切实学有所得、学有所用。

(二)纠偏研究生就业价值观

有相关调查显示,现阶段研究生职业价值观的形成受到功利导向和个人主义影响,学生对薪资水平、工作地点、企业声望、职业地位等因素的重视程度越来越高,很多毕业生在进行职业规划时没有从客观实际出发,出现跟风、盲从的现象,盲目地追求大城市、大企业、大机关和高地位、高福利、高收入,追求的目标越来越功利化。[3-5]因此,高校应开展就业指导,对研究生进行正确的就业价值观教育,帮助研究生树立正确的就业观念,引导学生将职业生涯同国家实际需求相结合,选择符合自身的职业方向,以使学生得到更好的发展。

(三)提高研究生就业成功率

"稳就业"作为"六稳"工作之首,表明了党中央对民生的高度关切。就业是民生之本,关乎社会的长治久安和前进发展。研究生毕业生作为一个重要群体,其就业形势关系着个人、家庭、高校和社会的发展,也关系着我国脱贫攻坚任务的开展。保障研究生的就业是高校的一项重要工作。因此,针对研究生开展就业指导,可以培养研究生的求职技能,丰富研究生的求职经验,提高研究生的基本职业素养,提升研究生的综合竞争力,以使学生顺利就业、良好就业,从而保障社会稳定。

四、研究生就业指导工作的探索

(一) 开展研究生求职引导

首先,高校是培养社会主义建设者和接班人的阵地,就业工作也应以此为目标,开展就业指导,要进行研究生思想引领和价值观引导,加强思想意识引导、激发研究生使命感和责任感,强化研究生将个人梦想融入民族复兴和国家富强,正确认识远大抱负,树立正确的求职观念和崇高的职业价值观。高校在就业指导过程中,应加强宣传和沟通,分析社会发展趋势和政策优势,有针对性地做好人才引流,切实推进研究生正确价值观的建立,做好研究生的培养定位,为国家和民族培养有效的人才。

其次,高校在思想引导的同时应注重心理疏导的开展。高校在面对研究生求职过程中普遍存在的消极自卑、急躁、抗压能力差、定位不准、自信心受挫、情绪不稳定的共性问题要做到及时疏导,在日常教育工作中引导研究生积极就业,在平常加强心理健康教育,正确疏解负面情绪,以促进研究生的身心健康发展。[6]通过以上举措,帮助研究生进行思想和心态调整,以良好的状态面对就业;树立就业自信心,不畏失败,不惧挫折,时常开展总结分析,不断完善和提升自我。同时,高校还应积极鼓励研究生参与就业相关活动和交流,在实践中培养个人适应社会、适应就业的心理状态,提高自身竞争力。[2]

(二) 开展研究生职业生涯规划测评

高校应利用专业的职业生涯规划测评体系,对在校研究生进行职业生涯规划测评。通过测评,可进行研究生的自我探索、职业探索,对研究生的技能状况、兴趣特征、性格类型、学习风格、价值观倾向等进行科学评估;获得研究生想要的职业信息,并帮助学生较清晰地定位自己的职业方向。同时,为研究生提出决策行动指引,提出相应的职业生涯规划建议,帮助研究生获悉决策方法、制订出比较可行的职业规划和行动计划。通过测评,使研究生增强对自我的认知,从而建立适合自己的、明确的职业规划方向和目标,形成对职业的初步规划。

(三) 开展研究生就业指导活动

首先,高校应针对研究生开展就业相关政策解读和就业形势分析,使研究生了解当前的就业政策,从而在就业方向选择过程中,寻找更适合、更有利的发展方向,进一步明确就业目标。同时要组织开展就业交流座谈会、政策宣讲会等,架起研究生与用人单位之间的桥梁,增强学生与用人单位间相互沟通的有效性,使研究生对用人单位需求有详细的了解，并以此建立自己的发展方向，有针对性地进行个人相关能力的培养和经验积累，为就业奠定基础。

其次，高校要通过调研了解研究生当前面临的就业需求和问题，并针对问题开展集中就业指导。对当前的就业形势、如何明确就业方向、如何了解就业渠道、如何获取就业机会、如何提升就业能力等方面进行重点辅导，给予研究生与实际直接相关的、可直接应用的就业指导，帮助研究生处理亟待解决的问题，体现就业指导的实用性与时效性。

最后，高校要针对毕业生开展就业指导。从各渠道收集就业信息，经过筛选后，将符合研究生的招聘信息通过微信群、信息平台、学院网站等途径及时发布招聘公告，使毕业生获取更多的就业信息。

（四）开展针对研究生个体的就业指导

高校要在研究生就业过程中施行"一生一策"的有针对性的辅导。一是建立毕业生就业工作台账，根据不同毕业生的状况进行登记和实时更新，施行"一生一策"以便于有针对性地为学生开展就业指导、推荐就业岗位、进行就业帮扶。了解学生自身特点和优势，针对某些招聘信息，可定向给符合条件的同学进行推荐。二是与毕业生进行一对一交流和辅导，分析其现在遇到的问题，并帮助寻求解决方式，制定出针对性措施，提高学生就业竞争力。三是为毕业生进行简历修改，增加学生求职简历的针对性和有效性，增加面试机会。对就业屡屡受挫的学生跟进开展就业辅导，不仅为其分析优势劣势、摸清问题症结，同时对该类同学进行思想指导和心理疏导，调节其负面情绪、维持身心健康。

研究生是国家宝贵的人才资源，是社会创新发展的重要力量。研究生就业指导工作的良好开展，是促进研究生更好地就业、走向社会和服务国家的保障，对国家的发展和民族的富强具有重要的意义，因此任重道远，需要我们在今后付出持续的关注和努力。

参考文献：

[1] 蔡寒菁，陈晓梅. 大众化教育背景下研究生就业困境与突围 [J]. 黑龙江教育学院学报，2019，38（09）：7-9.

[2] 王冉. 加强研究生就业指导和心理疏导的几点对策 [J]. 市场周刊，2019（08）：165-167.

[3] 黄敏. 大学生职业规划现状和对策研究 [J]. 中国大学生就业，2012（20）：43-46.

[4] 李恺，朱威. 硕士研究生职业价值观特点分析 [J]. 现代商贸工业，

2012（06）：104-105.

[5] 黄玲莉，荣东平．新时代下研究生就业指导体系优化研究 [J]．中国大学生就业，2018（14）：45-49.

[6] 夏禛．浅析思政辅导员对提高研究生就业质量的影响 [J]．当代教育实践与教学研究，2019（03）：234-236.

毕业生管理工作改进之研究

北京农学院动物科学技术学院　吴春阳　石燕萍

摘要：近年来，我国研究生规模不断扩大，实行更加规范、科学、完善的毕业生管理制度，对毕业生就业及个人发展来说尤为重要。毕业生管理工作并不限于毕业生离校这一年，而是贯穿研究生入学到毕业这一整个阶段，对研究生学籍、档案、论文的规范管理有助于研究生毕业生更好地就业和升学，大大提高工作效率。

关键词：学分管理；档案管理；论文评阅；就业

随着社会经济的发展和研究生教育的不断进步，毕业生管理工作也应该及时做出调整与改变，必须提高高校对毕业生管理的水平。目前对于毕业生管理依旧存在一些问题，因此必须加强和优化毕业生管理，通过不断改革和创新管理手段，解决管理工作中存在的问题，让毕业生的管理工作更加规范，同时充分利用大数据，有效地为毕业生的就业提供相应的支持，为学生毕业做好保障。

一、学分管理现用方案及存在问题

目前，北京农学院研究生教育主要以完全学分制为主，完全学分制有利于充分调动学生的学习热情[1]；有利于实施因材施教，提高人才培养质量，促进教学资源优化配置。完全学分制以自由选课制度和弹性学制为主要特征，但是也存在毕业要达到总学分等不合理的情况。

（一）学分管理现用方案

目前学分管理主要为课程学分不少于28学分，实训学分不少于3学分。其中，课程学分包括学位公共课 9 学分及学位专业课 8 学分，选修课不少于 11 学分。研究生在规定的学习阶段需修够学分才可以顺利毕业。

（二）学分管理存在问题

研究生学习阶段学分要求强度大，学生上课压力大，造成了部分课程中学生只是为了学分而上课，学习效率低，因此应将研究生课程教学更多地跟研究生课题结合起来，并在课程设置上加强试验技能的培训以及科研网站的科普。将科研与课程相结合，强化研究生的动手能力和思考能力，使其摆脱简单的教与学形式。减少研究生阶段总学分要求，让研究生有更多的科研时间，提高学生的自学能力。

二、强化毕业生档案管理

当今社会在不断地发展，档案管理尤其是高等学校毕业生的档案管理变得越来越重要，毕业生的档案记录了学生的学习成绩、社会活动表现、奖励与惩罚情况、思想道德品质等全方面信息，起到保障毕业生的作用。档案管理具有很强的复杂性和严谨性，不仅关系学生的前途，同时也影响着学校的发展和毕业生的就业状况等。档案管理水平越高，就越能有效地提高毕业生就业效率。因此，对高校毕业生进行档案管理非常重要，高校要多重视档案管理工作，增强管理力度，明确其管理工作存在的不足与问题，改革高校毕业生档案管理工作的方法，树立更完善的全新的服务理念，不断提高高校毕业生档案管理工作的质量，从而更好地服务于高校毕业生。

（一）档案管理存在问题

一是研究生档案管理没有设定统一的管理制度，一般只有在毕业生即将毕业时，才对各个学院的档案进行规整和管理，这样就容易加大毕业生档案管理的工作量，再加上工作环节分布的不科学，导致高校毕业生档案管理工作的不合理，容易产生档案丢失等一系列问题。二是没有设定统一的管理人员，研究生档案管理基本分散在各个学院，有些学院不重视学生档案的管理工作，管理人员也不够专业，缺乏必要的素质，档案管理意识也比较淡薄，缺乏系统性科学性的管理制度，导致档案存放时太过杂乱等现象的发生，最终影响了学生档案的管理质量。

（二）优化档案管理的方法意义

目前大数据存在于各行各业，高校的档案管理工作应及时引入大数据，降低档案管理的杂乱性。推动高校毕业生档案管理信息化，不仅可以提升学校的档案管理效率，也可以改变档案利用滞后的现象。信息化档案管理模式使档案储存模式不限于单一的纸质版，大大地提高了档案信息资源的共享能力，并可以有效地防止档案遗失，更快地查找到毕业生档案所在位置，解决档案信息存储难的问题，为管理人员减轻了工作量。同时，就业单位也可以经过学生同意登录档案管理系统，查询和整理应聘者的档案，对学生有更全面的认识。强化高校毕业生档案管理，将纸质档案信息化，让档案信息变成流动的资源，不仅有效减少档案丢失等问题的出现，同时也利于保存管理，保证了档案利用的及时性。

三、研究生毕业论文管理方案

硕士研究生学位论文工作是研究生培养工作的重要组成部分，是培养研究生独立担负专门技术工作能力的主要环节，加强研究生学位论文工作管理，对研究生毕业尤为重要。

（一）毕业论文开题

根据以往研究生培养来看，研究生开题越早，毕业论文提交越顺利，如果研究生能在入学后就在老师的指导下确定自己的研究方向，就会大大加快研究生个人的发展。专硕研究生只有两年的培养时间，研一第一学期以修学分为主，第二学期以学习试验基础技能为主，以往开题大部分集中在研一第二学期末或者研二第一学期初，结合2020年因疫情导致的特殊情况看，9月一开学学生压力大，科研进度慢，为了避免特殊情况再次发生而影响研究生科研进度，将开题时间提前尤为重要，同时建议学生在课余时间可以根据自己的研究方向学习相关技能并大量阅读相关文献，提高论文开题和写作效率，这也将有助于培养学生养成遇到问题积极查阅文献并与导师及时沟通的好习惯。

（二）毕业论文预答辩

毕业论文预答辩是对毕业生科研进度的一次摸底，主要看毕业生能否顺利毕业，也能及时发现毕业生论文存在的问题并进行纠正，避免造成毕业答辩发现问题而来不及纠正的情况。毕业生预答辩的提前对毕业生存在的小错误给了纠正的机会，因此规范重视预答辩模式，能够提高毕业生完成毕业论文的效率，在毕业前给毕业生找工作和考试等预留更多的时间，提高就业率。

（三）毕业论文查重

毕业论文是研究生科研成果体现的一种形式，也是研究生教学质量的一个体现，研究生课题、技能都体现在论文的写作中。更为重要的是，高校开展对毕业论文质量的检测工作反映了一个学校的学风和治学态度，学生论文水平，不仅反映了学生的科研水平，更能够体现出学校的科研管理、经费和管理投入效用，是对科研管理的科学性和学术成果的检验。[2]当前毕业生毕业论文最严重的问题就是剽窃抄袭程度较高或存在严重学术不端行为。为了避免类似问题出现，高校进行论文查重和外审，但学生为了追求论文重复率达标，通常会采用"粘贴"书籍或相关教材内容、翻译外文文献、删减重复内容等方式来逃避论文检测不合格的风险，更有甚者通过改变重复句的句式或将文字内容转为图片格式来降低重复率。因此，将导师作为第一责任人，针对学生开展具体、严格的论文指导和检查，极大地减少了类似问题的出现。

四、在疫情影响下毕业生就业

在疫情影响下全球经济处于低迷状态，但近年来毕业生数量在急剧地增加，这导致2021年毕业生的就业形势极其严峻，新冠肺炎疫情加速了就业结构性矛盾的深化，"就业难"和"用工荒"并存。因此高校要切实做好毕业生就业工作，助力毕业生实现更高质量和更充分就业。辅导员作为高校就业工作队伍的重要组成部分，应当充分发挥自身优势，帮助毕业生解决在就业过程中出现的困难与问题，引导学生走出误区，顺利实现就业。

（一）研究生找工作途径改变

以往针对毕业生的双选会以线下的形式进行，2021年线上招聘受到越来越多的企业和学生的青睐。首先，线上招聘不受时空限制，实现多部门、多机构之间的资源共享，有利于毕业生及时、快速、准确地筛选出个体需要的就业信息。[3]其次，以往为解决异地考察或节约时间成本而采取的网络视频面试，在疫情期间已成为最主要的招聘手段，实现了用人单位与毕业生的即时沟通，有效论证了线上招聘的可行性、优越性以及可推广性。线上投简历、线上面试已经成为学生就业的主要渠道之一，因此要进一步优化线上就业服务流程，实现一站式"云服务"，加快"互联网+就业"智慧平台建设，鼓励毕业生和用人单位通过网络进行供需对接，推动供需双方网上面试、网上签约。

（二）关注研究生心态变化

新冠肺炎疫情使大学生就业形势雪上加霜，对毕业生的求职心态、就业价值观念等产生一定的负面影响，导致毕业生出现逃避、焦虑、迷茫等就业心理问题。大学生就业心理障碍问题，已成为困扰高校就业工作的重要问题之一。正确分析大学生就业心理障碍的成因，对促进大学生身心发展和成功就业具有重要的现实意义。当前，不少毕业生找工作以兴趣为导向，但往往对自己的兴趣目标并不很了解，对自己的职业发展也缺少规划，导致对工作不满意就辞职，增加了劳动力市场的不稳定性。受新经济的影响，困难学生就业将面临更大的困难，应当对这部分特殊群体学生做好关心和就业帮扶，解决他们的燃眉之急。通过一对一的帮扶，有针对性地推送就业岗位信息，开展细致的就业咨询和心理辅导，确保困难学生能够顺利就业。

学校应对毕业生管理进行创新改革，学生自身应增强个人忧患意识、危机意识，抓住学校及导师提供的每一个提高自身机会。总体来说，调整管理方式、整改教育模式、提高学生自我创新意识是当前研究生培养的主要方向和定位，同时也是对于毕业生管理的职责和使命。

参考文献：

[1] 鲁映青，孙利军. 复旦大学医学生学分制管理实践研究 [J]. 中华医学教育杂志，2007，27（03）：1-4.

[2] 孔翠英. 查重率、指导教师与本科毕业论文质量 [J]. 高等财经教育研究，2019（22）：20-23.

[3] 宿钦静，钟新文. 高校就业创业平台的生成机理与服务体系构建研究 [J]. 黑龙江高教研究，2020（02）：124-127.

高校研究生党建工作的困难及改进策略

北京农学院生物科学与工程学院/农业部华北都市农业重点实验室
王燕 刘续航

摘要：目前，随着各高校研究生党员群体数量的不断扩增，研究生党员工作却面临着研究生党员发挥作用小、研究生党支部吸引力下降、党员思政教育知识薄弱等困境。而高校对研究生党建工作不重视、对党建工作的认识不足、工作呆板僵硬化、生活组织时效性不强等一系列问题都是研究生党建工作的重大难题。为了加强和改进高校研究生党建工作，高校要从思想认识、支部建设、党建与学科专业相结合及活动规划等方面不断完善和创新党建工作的内容和形式。

关键词：研究生；党建；困境；对策

研究生教育是高等教育的最高层次，2020年，高校研究生数量和规模不断扩大，使高校研究生党建工作面临着一系列的新情况和新问题。研究生党建工作的重要课题是如何结合研究生的特点，发挥研究生党员和研究生党支部在党建工作中的重要作用。[1]

一、高校研究生党建工作的困境

（一）重视程度不够，工作呆板僵硬化

2020年来，随着研究生招生的不断扩大，研究生整体的教育资源不平衡现

---

* 基金项目：北京农学院与研究生改革与发展项目"依托专业开展研究生党建活动"（2017YJS086）。
第一作者：王燕，北京农学院生物科学与工程学院办公室主任，主要研究方向：高校教育管理工作。通讯作者：刘续航，北京农学院生物科学与工程学院研究生党支部书记、研究生秘书、辅导员，主要研究方向：研究生思想政治教育。

象也在加剧，有些高校对于研究生培养松懈，只重视学术研究，而忽略思政教育。同时投入研究生党建工作的研究生党员数量不足，工作经费短缺，使党建工作远不能跟上研究生的整体规模，研究生思想教育逐渐被忽视，最终导致研究生党建工作的不断呆板僵化。这也使部分研究生党员的思想不积极、政治观念不强、组织纪律松散，党员的先锋带头作用无法体现，这些都在一定程度上抑制了研究生党建工作的发展和改革。

（二）党支部不规范，组织生活时效性缺乏

一般来说，研究生党支部由不同的专业、年级、学科的研究生党员组成，由于研究生党支部的人员流动强、学习自由度广、人员较为分散等，党建工作存在党支部建设不完善、工作不明确的问题，因此必然会导致工作上的疏忽及漏洞。在平时党支部活动中，由于研究生的时间主要用于科研，组织生活较为枯燥单一，实践性、实用性缺乏，往往都是在走流程、走形式，远远背离了党员的模范带头作用，党员整体的集体观念不强，无论是在自身的吸引力与凝聚力还是对群众的号召力方面都无法体现现代高校研究生党员的先进性。

（三）导师带头作用不强，无法支持党建工作

在研究生阶段，研究生个人的全面发展离不开研究生导师的影响，研究生导师在日常生活中的专业知识素养、人格魅力、态度等都在潜移默化地影响着研究生的成长和发展。在研究生党支部的建设中，党员老师是在教师党支部，而研究生是在学生党支部，导师与研究生的党建工作几乎没有联系，一般只注重对研究生科研能力的培养和指导，几乎忽视了研究生的思想教育，使党建工作无法与学科专业有机地联系在一起。通常只有辅导员和党支部书记负责研究生党支部的建设及日常的民主生活会，而主管领导和导师与党支部联系却不是很紧密，这大大削弱了党建工作的力度。

二、高校研究生党建工作困境的原因

（一）高校对研究生党建工作的重视程度不够

经调查，全国大部分高校的二级学院党委在一年内对研究生党建的讨论次数为1~2次，远比本、专科党建工作的讨论次数少。这是由于学校的主体学生为本、专科学生，因此，学校及学院对本、专科党建活动的专项经费支持较多，而研究生党建却很少有学校及学院的专项经费支持。人员配备、活动组织、活动经费等方面无法得到稳定的支持，使研究生党建存在的问题很难解决，而学校层面

又没有太多时间和精力去管理，导致研究生党建工作停滞不前。

（二）高校对研究生党建工作规律性认识不足

由于研究生群体的广泛性，既有应届毕业生也有社会工作人士，个体较为鲜明，思想较为多元化，生活和学习空间较本科学生更为独立，集中组织活动远比本科生要更难。这就需要高校抓住研究生群体的特点，仔细分析，准确科学地掌握党建工作的具体规律。但在具体实践活动中，大多数高校依然无法掌握研究生党建工作与本科党建工作的异同点，习惯于生搬硬套，没有结合研究生群体特点来开展党建工作。因此，党支部进行党建活动时，会经常出现出勤率低、活动时间不统一、党员积极性不高等问题；党支部活动单调枯燥，无法与党员心理需求一致，使研究生党员参与活动的兴趣大大下降，党支部很难有号召力和凝聚力。

（三）高校对研究生党建工作主体责任不清晰

研究生党建工作的关联单位有学校党委组织部、党委研究生工作部、学院党委。二级学院中，有研究生党支部书记和导师。学校党委组织部负责学校各基层党组织的建设，党委研究生工作部负责全校研究生的思想教育。学校党委组织部与党委研究生工作部都在研究生党建工作中发挥着重要角色，但二者工作的职能和权限划定不清楚，这导致研究生党建工作的管理和落实不到位。大部分高校的研究生党建工作是由党委研究生工作部和学院党委共同管理，但是会经常由于管理上的疏忽而无法满足党建工作的实际要需求。实际上，研究生党建工作只剩下研究生党支部书记来管理，而研究生党支部的学生党员由于学业、科研等各种原因很难全身心投入党建工作中，使党建工作无法快速改革创新，导致党员们对党支部建设的满意度不高，党建工作很难开展。

三、改进高校研究生党建工作困境的对策

（一）完善研究生党建的组织建设和制度建设

要提升研究生党建在高校党建工作的地位。一方面，有关研究生党建工作部门应积极调查研究，寻找研究生党建工作中出现的问题和矛盾，提高党支部的组织建设与制度建设。[2]另一方面，严格要求研究生党员的发展标准，完善对研究生党员的管理机制，加强民主监督机制，努力提高研究生党员的模范带头作用，加强对研究生党支部书记的教育与培养，切实发挥党支部书记的管理作用，对研究生入党严格把关。

（二）不断创新研究生党建工作的活动内容和形式

要充分利用研究生党员群体的特殊性与现代化资源，丰富党建工作的形式和内容，使党支部具有吸引力和活力，激发广大研究生党员参与组织活动的积极性。一是可以通过开展"网上党课"，提供丰富的党课资料，既不用花费大量时间集中人员也不用花费党员太多的时间。二是可以通过建立微信群，实时传递党内和国家的重大文件，方便党员互相交流和讨论，提高党支部的工作效率。三是开设党支部微博，展示党支部建设成果，发布党支部建设动态，增强党支部的凝聚力。通过不断丰富党建工作的活动形式，研究生党员随时随地都可以进行学习，从而不断增强党建工作的效果。

（三）加强研究生党建工作和学科专业优势的有机结合

目前，大多数研究生党员对于专业知识及科研能力较为看重，而对于如何起到党员的模范带头作用却有所忽略。特别是研究生机制改革后，研究生更加偏向对专业知识的学习，忽略了政治理论学习，弱化党性修养，参与党支部活动的积极性下降，对党支部甚至是党内的文件学习较少。因此，研究生党建工作一定要和学科专业优势有机结合在一起，将研究生党建活动与学科的专业学术活动相结合，并利用专业与学科的特色，使党支部的活动更加丰富多彩，而且随着研究生党员的参与度和重视程度不断提升，党建工作的进一步开展也会更加顺利。

研究生党建工作是研究生思想教育的重要内容，工作的顺利开展需要高校相关各部门的密切配合管理，在研究生党建开展过程中，一定要密切结合研究生群体的特点、党建工作的规律性，同时要对党建工作方法和内容形式进行创新，为党和国家培养更多具有良好的政治素养和专业素养的优秀共产党员。

参考文献：

[1] 李立峰. 新形势下研究生党建工作存在的问题与对策研究 [J]. 内蒙古农业大学学报（社会科学版），2006（03）：17-19.

[2] 黄文光，黄锋，盛育冬. 高校研究生党建工作现状及对策研究 [J]. 成都大学学报（教育科学版），2008（03）：11-12.

浅谈如何推进高校基层学生党建工作*

北京农学院生物科学与工程学院/农业部都市农业北方重点实验室　刘续航

摘要：随着新时代的到来，高校学生党建工作也应开启新的篇章。为了更好地跟随党的领导方针，我们应该顺应新时代的要求，改善党建工作的实施方法。通过发挥新媒体的优势，进而改变传统交流模式的单一性，采用学生喜闻乐见的方式，更能突出党建工作的主动性，做到既重视普遍性，又突出针对性，点面结合。同时，进一步发挥学生组织和教师对党员思想的正确引导作用，切实增强当代大学生的"四个自信"，为实现"两个一百年"的奋斗目标贡献力量。

关键词：高校；基层；学生党建

高校的思想政治教育与"培养什么样的人才以及为谁培养人才"等问题息息相关，学生的综合素质关系着我国未来的现代化建设。各大高校应当根据学生的特殊性，开启党建工作新的篇章。为了更好地跟随党的领导方针，我们应该顺应新时代的要求，改善党建工作的实施方法。

党的十九大的主题是"不忘初心，牢记使命，高举中国特色社会主义伟大旗帜，决胜全面建成小康社会，夺取新时代中国特色社会主义伟大胜利，为实现中华民族伟大复兴的中国梦不懈奋斗"。我们每一位中国共产党员的初心和使命就是为中国人民谋幸福，为中华民族谋复兴。这个初心和使命是激励中国共产党人不断前进的根本动力，以永不懈怠的精神状态和一往无前的奋斗姿态，继续朝着实现中华民族伟大复兴的宏伟目标奋勇前进。党的十九大报告明确指出："经过长期努力，中国特色社会主义进入了新时代，这是我国发展新的历史方位。"高

---

* 基金项目：北京农学院与研究生改革与发展项目"依托专业开展研究生党建活动"（2017YJS086）。
作者简介：刘续航，北京农学院生物科学与工程学院研究生党支部书记、研究生秘书、辅导员，主要研究方向：研究生思想政治教育。

校思想政治教育伴随中国特色社会主义进入新时代而迈入新征程，应因事而化、因时而进、因势而新，切实肩负起新时代赋予的新使命。这个具有极大历史意义的跨越性新阶段对高校基层党建工作也提出了新的指导方针。党建工作的推进首先必须要做好学生的思想教育工作。

当前社会发展日益新兴，新媒体应运而生，给生活带来巨大变革。不仅为人们的生产生活提供了更多的便捷，也给政治思想方面的教育带来了新的发展机遇和挑战。我们必须跟随社会发展的方向，重新审视新媒体，并合理加以利用，做好党媒，将党的方针和建设路线进一步宣扬和改革，在新媒体时代充分发挥党建工作的针对性和时效性[1]。

我们应当充分认识到现今网络时代对学生党建工作的必要性和紧迫性，采取切实可行的方法对学生进行积极引导、有效监督和正确教育，真正、切实地加强党的思想建设，帮助学生树立正确的社会主义世界观、人生观和价值观。[2]

当然，学生党建工作的推进不仅要借助教师对学生的思想政治教育，更应该把党支部、团支部以及班级三者紧密联系到一起，依据其组织自身所独有的特点，针对性地开展思想政治教育工作。[3]班级团组织是高校班级的重要组织形式，班干部是大学生和教师之间联系和沟通的桥梁。在日常工作中，需要通过各种形式来发挥学生班团对党建工作的建设所起到的积极作用，并依托班团建设来做好大学生思想政治教育工作，进而不断提升学生们的思想政治教育工作的实效性、针对性和吸引力[4]。

一、新时代下，做好学生思想教育的跟进

青年强则国家强，青年兴则国家兴。党的十九大提出："从二〇三五年到本世纪中叶，在基本实现现代化的基础上，再奋斗十五年，把我国建成富强民主文明和谐美丽的社会主义现代化强国。"

高校是人才培养的重要基地，也是研究和发展先进文化、传播先进文化的前沿阵地。要始终站在培养德智体美全面发展的社会主义现代化建设者和接班人的战略高度，大力发展社会主义先进文化，增强当代大学生对中国特色社会主义的道路自信、理论自信、制度自信和文化自信，为实现中华民族伟大复兴的中国梦汇聚起磅礴的青春力量。

首先，高校要充分发挥思政理论课的主渠道作用，把社会主义先进文化教育贯穿教学全过程，打牢"四个自信"的坚实基础。一是根据不同课程的特点和性质，进行合理分工，把社会主义先进文化教育有机融入各门课程教学。二是有针对性地采用案例教学法、比较教学法和讨论教学法等方法，激发并提高学习的积极性、主动性。三是以第二课堂、社会调查、实地考察等方式开展社会主义先

进文化教育的实践教学，加深学生对社会主义先进文化的理解。四是鼓励教师不断深化对社会主义先进文化的学习和探讨，做习近平新时代中国特色社会主义思想的坚定信仰者、积极传播者和模范践行者。

其次，高校要充分挖掘社会主义先进文化的育人资源，增强大学生对"四个自信"的价值认同。一是按照先进文化前进方向的要求建设高品位大学文化，以社会主义核心价值观引领大学文化建设，形成独特的精神文化、制度文化、学术文化、管理与服务文化和环境文化，使大学文化浸润学生的心灵，在潜移默化中强化学生对"四个自信"的价值认同。二是大力推进文化素质教育。结合社会主义先进文化的内容和要求，建立文化素质教育课程体系，创新育人载体，搭建育人平台，将文化转化为学生的素质，促进学生全面发展。

再次，马克思曾经说过，全部社会生活在本质上是实践的。高校要不断强化"四个自信"的实践养成，搭建"三下乡"社会实践、志愿服务等实践育人平台，让青年大学生通过亲身实践和切实观察，感知中国特色社会主义的巨大进步和卓越成就，领悟社会主义先进文化的精髓，感受社会主义先进文化的魅力，进一步坚定"四个自信"。

最后，高校要将社会主义先进文化建设作为研究对象，积极搭建研究与传播平台，集中力量开展理论研究与宣传阐释。要加强对社会主义先进文化内涵、内容体系、特色的研究阐释，要对社会主义先进文化的样本进行发掘和凝练。要树立问题意识，针对青年大学生的现实困惑，在认真研究的基础上给出有说服力的解答，提高社会主义先进文化的大众化传播能力。要开展协同创新，联合开展重大科研项目攻关，在关键领域取得实质性成果，不断推进理论创新，提高社会主义先进文化的传播水平。

党的十九大为高校发展社会主义先进文化指明了方向。高校学生党建也要坚持中国特色社会主义文化发展道路，激发文化创新创造活力，大力发展社会主义先进文化，切实增强当代大学生的"四个自信"，为实现"两个一百年"的奋斗目标贡献力量。

二、发挥新媒体优势，构建高校党建学生工作新模式

新媒体的因其独有的特性使网络成为一把"双刃剑"，高校学生党建工作可以取其精华，去其糟粕，通过发挥新媒体在交流沟通方面的优势，改变传统交流交往模式的单一性，采用学生喜闻乐见的方式，这样更能突出学生党建工作的主动性，既重视普遍性，又突出针对性，点面结合[5]。

（一）建立新的特色网站，打造有内涵和吸引力的党建平台

在节假日特定推送与党的政策有关联的信息内容。在工作日及时发布党建信

息，开展问答活动，充实和更新内容并附上链接或者有趣的图文，让接收和学习党的思想信息不再枯燥无味，从而增强网站对师生党员的吸引力，并做到新媒体传达信息、教育党员、推进党建工作的目的[5]。除此以外还可以线上联系，开展网上党日活动，如建立网络社区，定时或不定时地举办各类针对性主题活动，把实时要政、方针政策、党务活动等做成网上活动，让各位师生党员积极参与，让党日活动更加丰富多彩[5]。

（二）实行党建官博专人管理，建立稳定的交流平台

官方微博可以创建话题，设立党建栏目，与多校联合进行思想教育的传播。还可以及时发布近期工作动态，这样师生无论在何时何地都可以上网浏览并参与讨论，既可以各抒己见，还可以和他人进行线上交流。同时，官博可以对广大同学提出的意见和建议及时整理并向上级党组织汇报，并解答学生们提出的学习和生活等方面的问题。

（三）正确认识新媒体，监管好"双刃剑"

为了增强党组织与党员之间的紧密联系，现今很多高校都先后创建了党建专题网站。但新媒体是一把"双刃剑"，它方便了我们的生活，也丰富了党建学习的方式，让各种信息的传播变得更加迅速，但也可以使未经证实的信息在顷刻间就能蔓延至整个校园，并且导致大家习惯于接收碎片化的信息，怠于思考。因此在使用新媒体时更应提高对媒体网络的正确认识，做到不人云亦云，接收真实且有意义的信息，并进一步学习。

三、依托各种基层组织，开展好思想政治教育工作

一是要充分发挥基层党组织及班团组织的作用。高校大学生的组织形式有很多，基层党组织及班团组织是其中最基本、最重要的组织形式之一。相比之下，基层党组织及班团组织具有其他组织形式所欠缺的政治优势和组织优势，能够将广大学生更为牢固地团结在一起，将学校的各项指导进行丰富和拓展，使之具体化、生动化，从而为有效开展大学生思想政治教育工作奠定坚实的工作基础。因此，学生党建工作可以把党支部、团支部以及班级三者紧密联系到一起，依据其组织自身所独有的特点，针对性地开展思想政治教育工作。[3]

二是要发展学生组织，加强班级思想教育。学生组织是高校学生的重要形式之一，在集体组织生活中，个体往往更容易受到整体的影响。因此培养学生的集体意识、群体竞争及团结协作能力尤为重要，同时个体在集体生活中也更能受到各种先进思想及先进个人的影响，有利于开阔视野，促进个体成长[4]。教师可以

通过构建优秀班团组织,从而对整个班级产生潜移默化的影响,有效地帮助学生提升思想水平,坚定信念,提升信心,不断发展个人潜力。

四、发挥教师作用,推进学生党建工作

作为青年学子的重要引领人,教师应正确引导学生的思想,一方面让学生们脚踏实地做事,有正确的认识和远大的理想抱负,肩负起这一代人的时代责任和历史使命;另一方面树立牢固的政治意识、大局意识、核心意识、看齐意识,全面提高学生的思想政治素质[5]。

高校教师应侧重对学生进行入党启蒙教育,增强学生对国家的敬爱之情,引导学生端正入党动机,自觉树立共产主义信仰。除此以外,还应让学生们真正理解什么是新时代,什么是中国特色社会主义思想的精神实质,教育引导青年学子坚定"四个自信"[6]。

五、总结

党的十九大报告指出:"要全面贯彻党的教育方针,落实立德树人根本任务,发展素质教育,推进教育公平,培养德智体美全面发展的社会主义建设者和接班人。"这是新时代赋予高校思想政治教育的重要使命。因此,高校要深入理解立德树人的深刻蕴涵,坚守中国特色社会主义大学的立身之本;要坚守立德树人的根本价值取向,提升学生的思想政治素质。

一方面,要引导学生正确认识世界和中国发展大势、明确时代责任和历史使命,增强在复杂的国际国内环境中辨明方向、看清趋势、把握未来的能力,自觉将个人的理想追求融入国家和民族的事业中,把远大抱负落实到实际行动中,勇做走在时代前列的奋进者、开拓者。另一方面,要把握立德树人的关键环节,大力加强师资队伍建设。健全教师政治理论学习制度,引导教师增强对中国特色社会主义的思想认同、理论认同和情感认同;加强师德师风建设,培养造就有理想信念、有道德情操、有扎实学识、有仁爱之心的好教师队伍,确保立德树人根本任务落到实处,真正做好学生党建工作。

参考文献:

[1] 李建,董雪童. 新媒体环境下的高校党建工作创新性分析 [J]. 考试周刊, 2018 (16): 19.

[2] 王超,胡宝林. 网络意见领袖:高校思想政治辅导员党建工作新角色

[J]. 化工高等教育, 2018, 35 (01): 105-109.

[3] 王颢翔. 依托学生党建及班团建设做好大学生思想政治教育工作 [J]. 考试周刊, 2018 (17): 129.

[4] 王燕, 刘续航. 高校研究生党建工作的创新性研究 [J]. 教育教学论坛, 2018 (04): 55-56.

[5] 茹阳, 曹庆新, 刘欢. 发挥新媒体优势构建高校党建工作新模式 [J]. 共产党员, 2013 (23): 45.

[6] 任建蕊. 高校辅导员在学生党建工作中的角色定位 [J]. 西部素质教育, 2017, 3 (23): 35-36.

基于两个《条例》的研究生党建工作思考
——以北京农学院经济管理学院为例*

北京农学院经济管理学院　邬津

摘要： 高校党建工作在党的建设中意义重大，基层党支部是高校党建工作推进和实施的基础。本文将以北京农学院经济管理学院研究生党支部建设和党员教育管理为研究对象，对标《中国共产党支部工作条例（试行）》和《中国共产党党员教育管理工作条例》的相关要求，分析学院研究生党建工作的现状及存在的主要问题，并结合要求，以学院工作实际为出发点，充分思考学院研究生党建工作提升路径。

关键词： 研究生；党建工作

习近平总书记指出，加强党对高校的领导，加强和改进高校党的建设，是办好中国特色社会主义大学的根本保证。基层党支部作为高校党建工作的基石，必须坚实牢固，才能发挥坚强战斗堡垒的作用。随着全面从严治党主体责任的层层压实，基层党支部的党建工作成效直接关系到整个党组织的党建成效。俗话说："基础不牢，地动山摇。"党的根系在基层，活力在基层，党的工作最坚实的支撑力量也在基层，为此有效加强基层党支部的党建工作是新时代党建工作的重中之重。

一、两个《条例》下研究生党建工作的重要意义

自党的十九大以来，党中央针对基层党支部的建设先后做出明确指示。2018

---

* 基金项目：2020 年北京农学院学位与研究生教育改革与发展项目。作者简介：邬津，男，北京农学院经济管理学院硕士研究生，主要研究方向：思政教育和党建管理。

年 10 月 28 日中共中央印发了《中国共产党支部工作条例（试行）》，2019 年 5 月 21 日中共中央印发了《中国共产党党员教育管理工作条例》（以下简称两个《条例》），两个《条例》的颁布为基层党支部开展支部建设，推进党员教育管理提供了根本遵循。[1]

《中国共产党支部工作条例（试行）》的颁布对于加强党的组织体系建设，强化党支部政治功能，推动全面从严治党向基层延伸，全面提升党支部组织力，巩固党长期执政的组织基础，具有十分重要的意义。《中国共产党党员教育管理工作条例》的颁布对于提高党员队伍建设质量，激发党组织的生机活力，推动全面从严治党向纵深发展，具有十分重要的意义。[2]

二、研究生党建工作的现状及问题

（一）研究生党支部建设现状及问题

1. 支部建设现状

学院现有农业经济管理、工商管理 2 个一级学科硕士学位授予点，农业硕士（农业管理）、国际商务硕士 2 个专业学位硕士，按照现有党员数量，共设置研究生党支部 4 个，分别为农经工商学术型硕士研究生党支部、农业管理专业硕士研究生第一党支部、农业管理专业硕士研究生第二党支部、国际商务专业硕士研究生党支部。现有的 4 个党支部书记均为学生，支委成员也均为学生。但研究生党支部在落实党支部的工作任务、工作机制和组织生活等相关要求方面还存在一定差距。

2. 支部建设存在的问题

一是研究生党支部委员流动性较大。研究生按照类别分为学术型研究生（学制三年）和专业硕士型研究生（学制两年）。目前学院的研究生党支部支委成员都是研一新生担任，任期一般是一年，到研二（毕业年级）基于毕业论文压力和就业压力，支部委员均会届中调整。新支委都是研究生新生党员，对高年级党员的管理也心存敬畏。

二是研究生党支部建设落地不实。按照目前的支部建设要求，研究生党支部的建设还停留在较为粗浅的层面。研究生学制较短，科研和日常学习压力较大；研究生管理试行导师全面负责制，能力较强的研究生党员一般情况下分配到导师科研工作上的精力较多，导致支部建设疲于应付；支部书记作为学生本身，对上级要求的理解有限，导致贯彻落实不了核心和关键要求。

三是研究党支部党日活动单调。研究生党支部的活动主要以理论学习和党员发展为主，理论学习以读文件为主，并且理论学习不能够系统地、原原本本地学，存在蜻蜓点水的现象。学习内容和方向不能够很好地切合学科发展前沿，不能够紧贴时事热点，学习存在延时和滞后的现象。

（二）研究生党员教育和管理现状及问题

1. 党员教育管理现状

研究生党员具有双重身份，一是党员，作为党员其自身务必按照《党章》要求履行相关的职责和义务；二是学生，基于学生身份，有些又放低了对自己的要求。目前学院党员教育以学生党支部书记履行"第一责任人"为主，主要通过学生管理学生，更多地依靠研究生党员的自我管理、自我服务、自我教育能力。研究生教育按照规定工作完成"三会一课"、组织生活会以及每月完成一次支部学习，除此之外针对研究生党员的教育管理不够深入。

2. 研究生党员教育和管理存在的问题

一是研究生党员教育形式和内容都与新要求有距离。党员教育和管理的根本在于有效地激发党组织的生机活力，通过教育管理旨在建设一支信念坚定、政治可靠、素质优良、纪律严明、作用突出的党员队伍。而研究生党支部党员教育和管理的成效不突出，一定比例的党员存在这样那样的缺位，对推动全面从严治党要求落实到每个党员的根本要求缺乏基本的认识。

二是研究生党员"学生管学生"的方式存在弊端。研究生党支部在组织实施党员教育和管理的过程中，主要依靠研究生学生支部书记执行，"学生管学生"中管理者自身的思路、方法受到很大的挑战，工作指令和要求是否能够得到其他学生认可和支持是推动工作过程中最大的障碍。

三是研究生党员发挥党员先锋模范作用不明显。发现党员有思想、工作、生活、作风和纪律方面苗头性、倾向性问题的，以及群众对其有不良反映的，研究生党支部书记不敢正面面对。针对研究生培养要求的日趋提高，研究生的学业和科研压力较大，导致研究生参加党支部活动及考察培养的热情不高。

三、基于两个《条例》的研究生党建工作的思考

（一）关于研究生党支部建设的思考

1. 选配优秀党员青年教师担任党支部书记

积极推行大党建格局，在教师党支部中选派政治觉悟较高、专业素质较强的青年教师担任党支部书记。青年党员教师工作积极性较高，专业实力较强，工作岗位较为固定，可以较为出色地落实好相关支部建设的要求。青年教师理解、贯彻、执行、落实上级要求的能力相对突出，在全力做好组织建设的同时也可以有

效地将个人成长和组织发展融合在一起。

2. 结合学科发展有效开展党建活动

党建工作要围绕中心工作开展，要较好地引领和服务中心工作，研究生作为高层次人才，在夯实理想信念的基础上，要融合学科发展和前沿热点开展党建活动，将理论学习和学术研讨融合起来，认真学习、领会党和国家关于农业农村发展方面的文件精神、重大部署、重大战略和重大科研发现。

（二）关于研究生党员教育和管理的思考

1. 加大研究生积极分子的储备量

加大研究生党建工作和复试录取工作的结合度，充分解读研究生复试环节的政治审查材料，从拟录取研究生本科阶段的综合表现中发现、挖掘较为优秀的研究生，一入学即推优，进而通过支部讨论吸收为入党积极分子，从根本上破解专业硕士研究生因学制较短而无法加入党组织的难题。持续推进本校本科生考取本校研究生的积极分子的连续性考察，做好外校本科生积极分子的认定和连续培养考察工作。

2. 设置研究生党员发展导师一票否决制

充分融合研究生党建、思想政治教育和学术研究工作，大力推行课程思政、科研思政，强化研究生导师全面负责制，设置研究生党员发展导师一票否决制，对在列为发展对象前思想政治表现不佳、不积极配合导师完成科研工作或者完成工作成效不突出等其他诸多由于研究生自身问题而影响师生良性关系的行为，均可一票否决列为发展对象。

3. 探索适合研究生特征的量化考核管理制度

充分突出学院特点，研究符合研究生特点的党员发展对象量化考评、党员积分管理机制，实现党员发展、教育和管理的全过程量化考核，从制度上强化研究生党员教育和管理成效。从严管理研究生党员，将党员积分管理成效运用到研究生毕业环节的政治审查和毕业生登记材料班组意见中，充分激发研究生党员在校期间做出表率、发挥作用。

参考文献：

[1] 中国共产党党员教育管理工作条例 [N]. 人民日报, 2019-05-22.

[2] 孙红梅. 高职院校基层党支部党员积分制管理的路径探索 [J]. 教育教学论坛, 2020 (30): 354-355.

新形势下高校研究生党支部建设的探究

北京农学院文法与城乡发展学院　安利清　李向楠

摘要： 研究生党支部是我国高校党组织中非常重要的一部分，是高校党组织管理中实现对研究生党员进行教育、管理以及监督的重要平台。本文对当前我国高校研究生党支部现状及存在的问题进行分析，在此基础上结合当前我国新形势下的要求，提出了研究生党支部建设需从支部班子建设、创新工作形式及健全评价考核机制等方面改进，为推进高校研究生党支部建设工作的高效发展提供参考意见。

关键词： 新形势；高校研究生；党支部建设；思考

党的十九大报告中指出，党的基层组织是确保党的路线方针政策和决策部署贯彻落实的基础。建设好高校基层党支部，是全面从严治党的需要，是实现"立德树人"根本任务的重要载体。加强党对高校的领导，加强和改进高校党的建设，是办好中国特色社会主义大学的根本保证。因此，要全面推进党的建设的各项工作，有效发挥基层党组织战斗堡垒作用和共产党员先锋模范作用。

研究生党支部是高校最基础的党组织形式，研究生是我国的高素质的新生力量，他们的发展和建设将会直接关系未来的发展状况。研究生党员是我国在现代化建设进程中建设强国的高素质的党员后备军，也是我国发展建设中非常有力量的党员队伍，对国家的发展进步有着非常重要的意义。高校的基层党组织在工作落实过程中一定要不断加强对党建工作和思想政治教育工作的重视。党的基层组织是党工作的基础和核心，因此在新形势下一定要加强我国高校研究生党支部的建设。

＊ 作者简介：安利清，讲师，研究方向：大学生思想政治教育，电子邮箱：20118498@bua.edu.cn。

一、党支部建设的意义

党支部是我党的基层组织机构,也是加强党的思想建设的最基本的单元。在人类发展的历史进程中可以发现,在新形势下政党的先进性一方面是理论的先进性,另一方面就是要求党的基本的组织机构与广大的党员建立密切的联系,同时要求广大基层的党员能够在工作和生活中利用党的先进理念武装头脑,并且指导其实践活动能使党的思想和精神得到进一步发扬[1]。在新形势下,宣传党的思想观念和政治主张一直都是我党工作的重心,因此高校研究生党支部的建设具有非常重要的意义,不仅能够促进党的思想建设的发展,而且对于研究生党员的成长和发展具有重要意义。

党支部建设是我党在发展过程中制定和贯彻正确的纲领路线的基础,在新形势下,高校研究生也是党员队伍的重要组成部分,也是我党发展建设中高素质党员的后备力量。因此,让这部分后备力量的思想意识得到不断提高,而且能够在进行先进技术的研究中紧跟社会发展和进步的步伐,在国家的发展建设中起到很好的模范带头作用是在高校研究生中进行党支部建设的重要意义。另外,党支部的建设也是我党在发展中与群众建立密切联系的基础,党支部在工作中担负着联系群众、服务群众的重要职责,因此建立高校研究生党支部一方面是帮助我党加强对研究生党员的思想道德教育,另一方面也是为了建立与研究生之间的联系,及时了解研究生在学习中的思想动态以及实际的生活情况,架起党联系群众的桥梁和纽带。

二、高校研究生党支部现状及存在的问题

(一) 党支部书记队伍和支委班子的综合素养有待提升

在新形势下进行高校研究生党支部的建设中,党支部书记的综合素养在很大程度上决定着党支部工作总体的质量。党支部书记一般由辅导员担任,部分由优秀的研究生担任,基本都是兼任的,在专业化、职业化上还欠缺,平时还有其他工作,在支部的业务研究方面投入的时间很少。高校研究生的党支部书记作为高校党建的主要负责人,在工作中需要结合社会发展形势以及党的工作安排定期组织和召开与党的思想文化宣传相关的组织活动。党支部书记的工作能力与综合素养和整个党支部的发展有着密切的关系,党支部书记在某种程度上甚至是党支部日常工作的领导者,对党支部工作的有效开展肩负着重要的职责。[2]

支委作为党支部发展的排头兵,在工作中主要承担着党支部的日常工作和活

动。一般支部支委由研究生党员担任,对党务工作不是完全熟悉,基本都是按部就班完成安排的工作,缺乏创新意识,基本每年都涉及支委换届。党支部支委班子的建设也同样是党支部建设非常重要的内容。但是在当前阶段我国的很多研究生党支部书记队伍的综合素养和能力还很欠缺,支委班子主要来自研究生单元的投票选举,大多数时间都忙于学习和研究,在开展党支部工作中缺乏有效的沟通与交流,导致党支部的建设形式大于内容,无法真正在党支部工作落实中发挥积极的作用。

(二) 研究生党员教育管理有待跟进

近些年高校研究生扩招,研究生群体人数增长。研究生的学制一般是 2~3 年,大部分的积极分子都是在本科阶段确立,在党员发展过程中往往出现考察周期短,为发展而发展现象,对学生的入党动机、思想动态和在校表现不能全面的掌握,缺乏针对性和系统性;对于研究生来讲,平时学习任务较繁重,加上忙于实验、调研等科研项目,对参与党支部活动开展的积极性不高,再加上专业硕士在入学第二年基本都进行校外实习,这样就造成研究生党员后续教育管理无法很好地跟进;党支部的主题教育活动一般是传达文件精神的形式,对党的理论知识缺乏深入的交流和讨论,与实际学习和生活联系较少,在党员的管理上也较为松懈和粗放,研究生支部党员无法起到先锋模范带头作用。

(三) 党支部工作的开展和考核评价机制不完善

为了能够有效促进基层党支部持续健康发展,完善的党支部考核评价体系是确保党组织工作顺利进展的关键,也是充分发挥基层党支部战斗堡垒作用的非常重要的条件。当前高校开展党建工作活动,对本科党支部和研究生党支部实行一致化,忽略不同对象群体的区别,没有结合研究生群体特点和发展规划部署相应的党建活动,不能充分调动研究生党员的积极性,导致部分党员出现思想上不重视、随便应付等现象,使基层党建工作不能很好地落到实处,起到真正的作用。党支部缺乏具体的管理章程和奖惩制度,对党员缺乏约束和监管。因此新形势下进行高校研究生党支部的建设需要加强对考核评价机制的完善,让基层的党员也能够在完善的考核评价机制下不断提高自己的思想觉悟和行为规范,在人民群众中树立良好的党员形象,促进基层党组织的健康稳定发展。

三、新形势下对研究生党支部建设的思考

(一) 加强支部班子建设,提高整体综合素养

研究生党支部书记很多由辅导员或优秀的研究生担任,作为党组织工作的

非常重要的负责人,党支部书记的工作能力和个人素养在很大程度上决定了党支部工作的质量和效率。因此,在新形势下高校研究生党支部的建设中一定要加强对党支部书记队伍的建设,在党支部书记人员选择上要严格把关,对研究生党支部支委班子要做好选拔,在中期阶段要定期对党支部班子队伍进行培训,从我党的政治理论、领导力以及在工作中的服务意识等方面不断提高研究生党支部班子队伍整体的思想意识和服务水平,进而提高他们在工作中的能力水平。在后期进行合理的党支部组织工作考核,坚持围绕党支部组织生活的规范性以及党员组织生活的参与度等方面制订规范有效的考核标准,确保党组织工作的高效开展。

(二) 结合研究生学科科研特点,创新支部工作形式

在新形势下,创新是一个社会发展进步的非常强有力的动力。对于高校研究生党支部的建设来说,创新也是必不可少的,创新意识在很大程度上决定着党组织工作进展的效果和质量。因此高校研究生党支部在建设中要区别本科生党支部,应该具备一定的创新意识,通过创新改变以往工作形式单一、内容枯燥的局面,使党支部的工作可以呈现出多种形式,充分调动研究生参与到党的组织活动中的积极性。例如,充分结合支部成员的专业、学科和科研特点,让研究生党员走出校园,到社区、乡村、企事业单位开展党日活动,利用所学的专业知识和理论知识服务社会、提高个人实践能力的同时,实现自我价值。将党建与科研结合,创新支部工作形式,既能调动党员的积极性,发挥党员的先锋模范带头作用,也可以更好地让其服务社会。

(三) 增强支部制度建设,健全考核评价机制

新形势下,为了能够有效促进高校研究生党支部的建设,需要在工作中增强制度建设,通过有效的评优激励管理促进研究生党员的不断进步。在具体实施中可以从以下方面入手:一是结合不同的高校研究生党员的实际生活和学习状况,以研究生党支部为考核评价单位,在工作中制订有效的评优激励政策,同时还要确保政策的可操作性,使各个研究生党支部都能在相关政策和制度的指导下落实具体的工作。比如,可以将研究生党员在校期间的学业情况、学术科研成果、在工作中的发展创新以及志愿服务事迹等都作为研究生党员评优的重要方面。二是定期开展优秀党员和党支部评比活动,激发党员的荣誉感和责任感,通过这种方式提高研究生党支部开展工作的积极性,通过有效的激励促进内部团结,使不同的高校党支部之间形成一种良好的竞争局面,不断改善党支部整体的精神面貌,促进研究生党支部的可持续发展。

四、小结

在新形势下,高校研究生党支部建设工作是我国党建工作的重要组成部分。但当前阶段中,高校研究生党支部的建设工作在实际落实中存在一些问题,为了使高校研究生的党支部建设工作能够顺应当前党组织工作的发展,需要从支部班子建设、创新工作形式及健全评价考核机制等方面进行工作的改进,从而促进研究生党支部建设工作的高效开展。

参考文献:

[1] 孙吉吉.新形势下"学习型"研究生党支部建设的现状及思考[J].教育教学论坛,2020(05):295-296.

[2] 张晓,赵钢,李莹等.新形势下研究生党支部建设的新方法和新途径[J].教育教学论坛,2020(22).

[3] 冯洲静.新形势下高校学生党支部的规范化建设分析[J].现代交际,2019(05):164-165.

[4] 苏予燕.在新形势下加强高校学生党支部建设的思考[C]//中国教育干部网络学院——高校学生党支部书记培训成果汇编(2019).2019.

[5] 骆毅,金旋,俞通海.新形势下加强高校学生党支部政治建设的路径研究[J].浙江工贸职业技术学院学报,2020,20(03):39-44.

切实开展新时代高校研究生党建活动的实践探索*

北京农学院生物与资源环境学院　高亭豪　杨爱珍　刘续航

摘要：研究生党建活动是强化高校党建工作的有效途径，是高校落实立德树人根本任务的重要载体。北京农学院生物与资源环境学院生物工程研究生党支部在开展研究生党建活动的实践上，完善了常态化理论知识学习机制、特色化党建活动的内涵，丰富了新时代党建活动形式，延伸了党建阵地，取得了较好的党建成效。

关键词：新时代；研究生；党建活动；实践

习近平总书记在全国研究生教育会议上指出："中国特色社会主义进入新时代，即将在决胜全面建成小康社会、决胜脱贫攻坚的基础上迈向建设社会主义现代化国家新征程，党和国家事业发展迫切需要培养造就大批德才兼备的高层次人才。"切实开展新时代研究生党建活动，无疑是加强高校党建工作的有效途径，更是强化思想政治教育的重要抓手。为使新时代高校研究生党建活动更加深入、有序地开展，需要从理论知识学习机制、活动内涵、活动形式等方面进一步探索：要加强理论知识学习，构建常态化理论学习机制；要充实活动内涵，充分结合研究生的身份特征和专业特色；要丰富活动形式，延伸党建阵地。本文以北京农学院生物与资源环境学院生物工程研究生党支部（以下简称"党支部"）切实开展新时代研究生党建活动的实践为例，浅析高校研究生党支部在落实立德树人根本任务的重要作用。

---

* 基金项目：2020年北京农学院与研究生改革与发展项目资助，项目编号：2020YJS072。作者简介：高亭豪，研究生秘书、研究生辅导员、研究生党支部书记，主要研究方向：研究生教育管理，电子邮箱：tiny19qka@163.com。

一、推进常态化学习机制，扎实理论知识学习

严格党员思想政治教育是党建工作的重要组成部分。加强支部内部党的理论知识学习就是强化党支部发挥政治功能、教育功能和服务功能。传统的集中学习方式，让书本上的内容停留在读一读、看一看的阶段，没有真正入脑入心，无法达到学习教育的真正目的。积极推进常态化理论知识学习机制，将"学"与"用"结合，理论联系实际，真正做到知行合一，才能永葆党支部先进性和凝聚力。

自"不忘初心、牢记使命"主题教育开展以来，党支部针对不同的学习内容，以党员集中学习讨论结合党员自学的机制开展理论知识的学习。对于《习近平关于北京工作论述摘编》《党的十九届四中全会〈决定〉学习辅导百问》等书籍的学习，党支部参考图书馆运作模式，建立借阅机制。书籍借阅机制激发了学生党员的对理论知识的学习热情，在党支部内形成良好的学习氛围。通过学习，党员充分认识到党内政治生活的严肃性，进一步增强"四个意识"，坚定"四个自信"，做到"两个维护"，深化思想认识。

为持续深化"不忘初心、牢记使命"主题教育，继续加强支部党员对党的理论学习，磨炼党性，党支部策划了"写于手，铭于心"活动，组织党员临摹党章字帖，强化主题教育，理解党的纲领，牢记党的宗旨，增强党员的责任感和使命感。活动开展以来，支部全体党员积极参与，反响热烈，通过每天的临摹营造了"勤奋学习，甘于奉献，不忘初心"的良好氛围，通过临摹不断检视自己，特别是在履行党员义务、保持先进性方面，不断提高政治思想觉悟，把党员的先进性落实在实际行动中，真正发挥一个党员应有的先锋模范和积极带头作用，永远保持先进性。正所谓"温故而知新，可以为师矣"，党员通过学习党章，结合学习工作中的一些思考总结，达到提升理论水平、拓展学习工作能力的目标，进一步牢固树立正确的世界观、人生观、价值观，争做新时代党和国家需要的人才。

二、结合身份特征和专业特色，充实党建活动内涵

在党建活动内涵方面，应注重紧密结合研究生的身份特征和专业特色，充分发挥研究生群体优势，更好地促进研究生党员展现自身高层次人才的专业水平，体现先锋模范作用，打造研究生党建活动特色品牌。

党支部立足生物工程学科专业特色，积极联系学院重点实验室与实验室中心教师党支部，推动教师支部与研究生支部共建机制。党支部组织党员结成若干组

志愿服务小分队，协助实验中心老师对重点实验室中多项精密仪器设备进行日常管理、维护、清扫等工作；重点实验室与实验室中心教师党支部则多次为研究生开展专题讲座，讲解重点实验室中各仪器设备的日常使用和维护，解决支部学生党员在科研学习中的具体问题。此项活动不但让党员充分利用了自身专业优势，真正学以致用，而且也能够在活动中汲取有助于科研的专业知识，形成了互帮互助的"双赢"模式，实现了"党建促党建"的良性循环。

2019年，党支部利用研究生这一身份特征，积极搭建研究生与本科生交流平台，开展以考研经验分享为主题的学业帮扶活动。研究生党员结合自身考研经历，为正在准备考研的本科生分享经验，发挥学业特长。通过研本交流，党员自主结成考研帮扶对子，在日常学习生活中发挥党员的模范引领作用，形成了党支部联系群众、服务群众的良好机制，同时为学院学风建设贡献力量。两年间，这样的学业帮扶对子已有数十组之多，而生物与资源环境学院的本校升研上线率也稳定在90%以上。

三、丰富党建活动形式，拓展党建工作阵地

研究生科研任务重、学业任务多、课程安排紧凑，党建活动常常受到人员和时间的限制，而主动解构、化整为零、分组开展，可以很好地解决这一问题。除此之外，党支部积极探索党建活动形式的多样化，努力拓展党建工作阵地。

积极利用网络资源，让发达的网络资源和通信手段成为党建活动切实开展的助推器。在此次新冠肺炎疫情期间，线下党建活动模式平移至线上，让多姿多彩的党建活动充实着因疫情而延长的假期。在抗击新冠肺炎疫情这场没有硝烟的战争中，涌现出了大量的先进模范事迹。他们的感人事迹正是广大学生党员的鲜活教材。党支部组织开展了多项学习活动，充分发挥学生主观能动性和自主学习能力，让抗疫精神、中国特色社会主义优势真正入脑入心。在"共克时艰，学生党员在行动"主题宣讲活动中，研究生党员代表分别以"致敬最美逆行者——援鄂医疗队""大国重器，国士无双——钟南山""其心若兰，心济苍生——李兰娟""同心战疫，驰援各国"为题分享了自己的所见所闻所想所感。宣讲活动也启发着更多学生以自己的方式为抗击疫情贡献力量。这个假期，学生们认真落实学校规定，积极抗疫，从2020年2月到6月，"北农生院"公众号上共发布了10余篇关于研究生党建活动内容的新闻，50余人次通过网络分享了自己的假期生活，展现着高校研究生所特有的青春、朝气与正能量。

疫情暴发后，党支部还就习总书记的重要讲话等内容多次组织党员学习，并通过视频会议等线上方式分享心得。而对于人类命运共同体理念、中国特色社会主义优势等的理论知识学习，则采取"微课堂"形式开展。组织党员代表分模

块学习,并将所学成果相互讲授。在提高党支部整体学习成效的同时,丰富了疫情期间党支部党建活动形式,扩大党员的影响力,拓展了党建工作的阵地。

综上所述,研究生党建活动是强化高校党建工作的有效途径,是高校落实立德树人根本任务的重要载体。在奋进新时代的征程上,高校研究生党建活动虽然积累了一定的经验,但仍需结合新思想、新形势以及高等教育发展的实际,在实践中持续探索。

参考文献:

[1] 黄悦华,薛田良,黄华. 高校院(系)基层党建标准化的实践探索 [J]. 学校党建与思想教育,2019 (14):49-50.

[2] 黄昭彦. 公办高校基层党建工作科学化水平提升的思路——评《高校党建工作实践与思考》[J]. 新闻爱好者,2020 (7):121.

[3] 陈怡,周文娜,张航. "双融合"型高校学生党建工作模式的实践探索 [J]. 江苏高教,2019 (01):107-110.

[4] 方凤玲,黄绍华,毛霞. 高校基层党建工作品牌建设的实践理路 [J]. 学校党建与思想教育,2020 (12):38-40.

[5] 闫弢. 高校基层党建工作高质量发展研究与探索 [J]. 学理论,2020 (10):110-111.

[6] 尹红健. 新形势下高校基层党建的特点与实践路径探索 [J]. 改革与开放,2019 (02):64-66.

[7] 高柏,陈井影,张红军,管文娟,马文洁,郭亚丹. 新时代高校基层支部党建工作探索与实践 [J]. 高教学刊,2020 (01):171-172,175.

[8] 谭勇,杨凤藻,李勇,宋国晶,杨羚. 高校基层党建工作带动学风建设的实践探索 [J]. 改革与开放,2018 (22):131-133.

[9] 李洪涛,吴其林. 运用微信开展高校基层党建工作模式创新探索 [J]. 思想理论教育导刊,2019 (07):135-137.

党建与党史教育结合的意义与路径研究[*]

北京农学院经济管理学院　顾美聪　胡冠华　曹文博　邬津

摘要：党建工作是我党开展日常活动的工作基础，而党史则为党建工作的顺利开展提供了丰富的历史资料与借鉴经验。顺利开展党建工作离不开与党史教育的结合，而党史教育也是党建工作不可或缺的一部分。基于此，本文首先对党建与党史教育的概念进行界定，探究二者对于我党发展的重要意义，并提出党建与党史教育结合的具体方法与措施，以期对党建和党史教育相关研究做出贡献。

关键词：党建；党史教育；意义与路径

回顾中国共产党成立与发展的历程，其中所包含的所有辛酸苦辣和中国共产党人坚韧不拔、顽强拼搏的精神和品质，都激励着后人不断学习、不断前进，并养成自强不息的品质和积极向上的生活态度。长久以来，实现国家富强与民族解放是我党不断为之奋斗的理想。中国共产党是以马克思主义思想为指导的无产阶级革命党，经过多年的艰苦奋战，我党带领全国各族人民和广大劳动农民开辟了一条具有中国特色的社会主义发展道路，其中党建工作始终贯穿于革命发展道路，并为我党的发展与壮大打下了坚实的基础。所以，新时期更需要将党史融入党建工作中，展现出和谐、美好、稳定的社会主义新面貌。党建工作能否顺利、高效、高质量地开展，与党史教育有很大关系。可以说，促进党建工作的有效开展，需要提高党史教育质量，将党史教育与党建工作结合起来，在不断发现、实

---

[*] 基金项目：北京农学院学位与研究生教育改革与发展项目（2020YJS060）。作者简介：顾美聪，硕士研究生，主要研究方向：农产品市场与贸易，电子邮箱：18810256192@163.com。通讯作者：邬津，北京农学院经济管理学院，讲师，主要研究方向：高校党建和思政教育、高校学生管理，电子邮箱：wujin20080420@163.com。

践的过程中，提高党建工作的质量。但目前党建与党史教育结合还存在一定不足，我们应该重视并积极研究党建与党史教育相关问题。

一、党建与党史教育概述

（一）党建的概念

党建是党的建设的简称，而党的建设则是指运用马克思主义理论来开展党的日常实践活动。高校是开展党建活动主要的承载基地，也是为我党培养优秀接班人的重要途径。目前高校党建工作的主要目标有以下几点。第一是培养优秀党员人才。目前高校当中党员比例不断提升，越来越多的教师和学生以优异的成绩与品格，在经历了党的严谨考验后加入了中国共产党，为了使广大的师生党员日后能够更好地成为一名合格的党员，高校党建工作的重要性就凸显出来。一是日常的党建工作可以及时地纠正广大师生党员思想上的偏差和工作上的瑕疵，及时传递最新的思想政策，为我党培育大量优秀的党员人才。二是积极接纳吸收新党员。目前高校中越来越多的大学生渴望加入中国共产党，为了使广大学生顺利加入我党，党建工作在培养大学生磨炼艰苦意志、树立远大理想、弘扬责任与奉献精神上发挥了不可替代的作用。日常的党建工作既可以帮助更多的大学生了解党的性质、目标与历史任务，也可以吸收接纳更多的优秀大学生党员。

（二）党史的概念

党史是指我党带领人民群众在新中国成立和发展过程中所形成的一系列理论、方针政策和历史事实的总和。党史是伴随着我党成立和发展而逐渐形成的，是历史的积淀与映照。党史贯穿于党的发展史，并与新中国的成立紧紧结合，其主要是以制度规范、精神文化为主要的表现形式，其中最重要的是精神文化。党史文化在是党和全国人民伟大的历史斗争中孕育出来的，包含着中华民族不屈不挠、艰苦奋斗的优秀品质，所以将党建与党史教育结合，对于引导我党的发展具有重要的现实意义。

二、现阶段党建与党史教育结合的困境

开展党建工作的主要目的在于维护党的权威，传递最新的党政理论，帮助广大党员不断提升自身思想素质，培养基层党员的政治认同感、法治意识，从而在党的领导下带领全国人民走向和谐、繁荣、富强、民主的道路，而党史见证了党的发展历程，能够为党建工作的开展提供更加清晰的政治方向。所以党史教育与

党建工作的相互结合是新时代下高校党建工作的重要发展方向，具有十分重要的现实意义。以史为鉴，不仅能够确立党的基本发展方向，还能培养公民自强不息、顽强奋斗的精神。党建工作的开展，必须要站在客观的角度，站在党史的基础上，分析党建工作开展的政治方向以及发展目标是否符合中国国情，是否具有正确的实践价值。新时代全球形势变化纷乱，我国党建与党史教育结合现状也不容乐观，总体上来说目前党建工作与党史教育结合的主要困境有以下几点：

第一，西方价值体系不断冲击。随着全球一体化进程的发展，中西文化不断融合碰撞，逐步在社会范围内形成了多元化的价值体系，这对党建工作和党史教育的发展产生了一定的阻碍。由于当前互联网技术的迅速发展，网络带来便利的同时也给相应的监管提出了较高的要求，监管不严则会导致网络信息缺乏准确性和科学性，影响广大人民的价值判断与思想意识。在全球化浪潮的冲击下，多元化的价值体系对于我国传统文化与思想的冲击影响是巨大的，由于部分群众价值判断能力较差，容易被错误信息所误导，这些都会给党建和党史教育结合工作的开展带来一定的影响。

第二，工作方法与形式简单。党建与党史教育结合的主要目的是宣传发扬我党在长期带领全国人民过上幸福生活中所形成的艰苦奋斗、勇于奉献的优良传统精神，鼓励广大人民群众和党员树立正确的价值观。但目前，党建与党史教育方法较为落后，与实践结合不紧密。多数党建与党史教育结合仅仅停留在传统的宣传和理论上，且宣传力度与宣传面有限，无法在广大群众中普及。近年来网络技术迅猛发展，新媒体技术方兴未艾，党建工作与党史教育的开展更应抓住这一机遇，与时俱进深入发展，通过创新技术与方法，推动党建工作与党史教育更好地结合。

第三，群众思想意识变化。新时期互联网技术的普及与应用使得社会思潮产生了较大的变化，对人们的生活与生产方式产生了深远的影响。当前一些人民群众对于党建工作与党史教育的态度较为漠视与冷淡，缺乏积极主动的心态。加上目前社会中金钱主义、享乐主义以及西方思想意识的泛滥，侵蚀了部分人民群众与党员干部的思想意识，形成了好逸恶劳、好高骛远的风气，这些思想都与党建工作、党史教育背道而驰。因此新时期我们更应该注重党建工作与党史教育的开展，大力宣传发扬党的优秀传统作风，在全社会形成一种奋发向上的氛围。

三、党建与党史教育结合的意义

2020年是不平凡的一年，全世界经历了新冠肺炎疫情的侵扰，原本多极化的世界格局，更加动荡和不稳定。在全世界大多数国家GDP都下降的一年，中国反而实现平稳增长，这离不开党的正确领导，党建和党史教育的重要性越发凸显。

（一）让广大群众学习和了解党的历史，确保党的执政地位不动摇

2021年是中国共产建党100周年，在党成立的这100年间经历了成功研制"两弹一星"、实行改革开放和一国两制等重大事件的风云变幻，虽然时代和社会在进步，然而党的理想和信念却是始终不变。建设中国特色社会主义是所有中国共产党党员共同的信念。只有党的领导才能铸就中国社会如今的辉煌，只有党的领导才能让中国的发展受世界瞩目。中国共产党历经100多年的风雨历程，积累下宝贵的革命经验和建设经验，对党史进行研究和学习可以对共产党的宝贵经验进行总结，可以进一步汲取党的先进建设理念和经验，掌握社会建设的规律，对党建工作进行科学的指导，促进党建工作水平的不断提升，从而充分发挥中国共产党的先进性，确保党的执政地位不动摇。

（二）弘扬党的优良传统和作风，助力伟大中国梦的实现

党的历史传承凝结出宝贵的革命经验和建设经验，而党建工作和我们宝贵的党史相互结合可以让党员、群众等铭记和传承井冈山精神、长征精神、延安精神、西柏坡精神等，同时学习铁人王进喜、雷锋、焦裕禄这些时代先进模范全心全意为人民服务的精神。通过相关活动推动党建和党史教育结合，让党员、普通群众等群体对共产党的优良传统作风进行深刻的了解和学习，弘扬党的优良传统和作风，让这些红色精神时刻提醒和激励着共产党员为中国梦和建设中国特色社会主义国家而奋斗，助力伟大中国梦的实现。

四、党建与党史教育结合的路径

党建工作与党史教育结合具有重要的现实意义。党史是历史问题，对党建工作具有纵向引导意义；党建是现实问题，对目前的社会发展具有横向引导意义。将横向引导与纵向引导结合起来，才能更好地促进和谐社会的建设，才能引导党和人民的事业朝着正确的方向继续发展。党建工作与党史教育相结合，其主要目的不仅在于学习党的历史文化、历史经验、历史方针，更是要为党和国家的发展，进行科学定位。通过查阅相关文献，本文认为党建与党史教育结合一是要借助互联网、新媒体等工具，促进党建与党史教育更好的结合；二是要创新和丰富党建与党史教育结合方式，提高党员和群众参与度。

党建与党史教育结合要想取得好的成果，拓宽学习途径尤为重要，目前来看党建与党史教育长期以来以出版印刷图书、杂志等进行宣传，但是普通广大群众大多无法接触最主要和最权威的党史研究出版物。对比高校在校大学生，广大普通群众更是难以接触并参加一些优质的学习活动。且高校大学生虽然可以借阅和

学习党史专业研究书籍，但是其学习党史的积极性不高，高校组织学习党史活动频率不高，不能系统地掌握中国共产党的历史。所以必须对党建与党史教育的渠道进行拓宽，同时创新党建与党史教育结合方式，让基层群众和接受过高等教育的新时代大学生们都积极主动地参与到党建与党史教育中。我们应结合新媒体，如电视、公益广告、微信公众号、微博等形式进行创新。众所周知，电影和电视剧是宣传党建与党史教育的有效途径之一，比如《亮剑》《雪豹》《红日》《我的团长我的团》等优秀革命题材电视剧，都取得了优秀的收视率，在新媒体平台上引起了网友们的激烈讨论，并且还掀起了回顾历史、展望未来等的热门话题，人们通过观看《建党伟业》《建国大业》和《建军大业》《我和我的祖国》这些电影，更加深入地学习到了党的历史、党的优秀精神，树立了共产党在人们心目中的光辉形象，使社会掀起了红色浪潮。所以未来相关部门应该在党史教育方面继续加大对红色革命题材的电影和电视剧等的制作。

五、结语

综上所述，党建和党史结合的重要性不言而喻，学习党的历史，传承党的精神，坚持党的目标，是党员和广大人民群众的重要任务。党建与党史教育能够让广大群众学习和了解党的历史，确保党的执政地位不动摇，弘扬党的优良传统和作风，助力伟大中国梦的实现。通过借助互联网、新媒体等工具，真正做到促进党建与党史教育结合，创新和丰富党建与党史教育结合方式，提高党员和群众参与度。

参考文献：

[1] 苗鑫桐. 中共党史教育路径问题研究 [D]. 长春：吉林财经大学，2017.

[2] 李涛. 历史虚无主义思潮冲击下的高校党史教育 [J]. 辽宁广播电视大学学报，2016（03）：21-23.

[3] 杨静. 中国共产党党史教育文本研究 [D]. 杭州：浙江理工大学，2015.

[4] 田德胜. 加强党员干部党史教育的策略研究 [J]. 中小企业管理与科技：中旬刊，2017（10）：132-134.

[5] 胡恒柱. 党建工作中的党史教育及现实意义探索 [J]. 办公室业务，2017（24）.

[6] 许艳萍. 切实增强党史工作的新担当新使命 [N]. 淄博日报，2018-07-26.

[7] 刘志妍. 发挥党史工作在党建中的作用研究 [J]. 法制与社会，2018（21）.

如何提升高校学生党支部理论学习与爱国主义教育的融合度[*]

北京农学院经济管理学院　吴欣玥　邬津

摘要：新形势下，为了切实有效地提升高校学生党支部理论学习与爱国主义教育的融合度，本文以学生党支部规范化建设为契机，论证支部理论学习与爱国主义教育之间的辩证关系，阐述其相互融合的必要性，分析高校党支部理论学习与爱国主义教育融合过程中存在的问题，并对提升其融合度的路径进行探索。

关键词：高校学生党支部；理论学习；爱国主义教育

党的十九大报告明确提出用新时代中国特色社会主义思想武装全党的要求。理论上的坚定是政治和党性坚定的前提和基础，2019年11月中共中央、国务院印发了《新时代爱国主义教育实施纲要》，对如何大力弘扬爱国主义精神，把爱国主义教育贯穿国民教育和精神文明建设全过程，作出了部署要求[1]。高校作为高层次人才培养的摇篮，担负着为党育人、为国育才的重要历史使命，高校学生党支部肩负着引领学生党员的重要任务，在全面做好支部理论学习的基础上，势必要将加大理论学习中的爱国主义教育成分，进而有效地夯实理论基础，提升理想信念，厚植爱国主义情怀。

一、理论学习与爱国主义教育的辩证关系

理论学习与爱国主义教育之间存在着相互促进、相辅相成、协调同步的辩证

---

[*] 第一作者：吴欣玥，北京农学院经济管理学院研究生，研究生党支部书记；通讯作者：邬津，北京农学院经济管理学院，硕士研究生，主要研究方向：思政教育和党建管理。

关系。一方面，理论学习是促进爱国主义教育的基础，也是厚植爱国主义精神的重要途径，良好的政治理论体系有助于培养独立思考的能力，进而理智、冷静、全面地分析问题，并运用联系和发展的眼光看待问题。务必将爱国主义教育建立在理性的基础上，避免因情绪狂热、态度偏激、认知狭隘、思维僵化而形成消极爱国和极端爱国。另一方面，爱国主义教育是进一步深化理论学习的方法，爱国主义精神越强，爱国热情越高，理论学习的积极性也就越高，对政治理论的认识越深刻。

理论学习与爱国主义教育的有机结合可以使抽象的概念与实际经历相结合，运用学到的理论知识解决和分析实际中的问题，并在实践中检验、论证理论，在"理论—实践—理论"的基础上，以理论指导实践，争做中国特色社会主义事业的可靠接班人，以实际行动践行爱国情怀。在为社会主义事业建设添砖加瓦的过程中，持续的总结和创新能够更好地指导工作的理论。在这样螺旋式上升、不断前进的学习和实践过程，形成以厚植爱国主义精神为基础的理论学习体系，进而避免理论学习形式化。

二、高校党支部理论学习与爱国主义教育融合过程中的现存问题

（一）创新意识缺乏，学习形式单一

面对新形势、新挑战，爱国主义教育成为高校学生党支部思想政治教育的核心。同时，随着全面从严治党的要求不断加强，理论学习受到越来越多的重视，学习内容更加规范，政治性更强，要求基层党支部能够做到及时更新、与时俱进，有些党支部虽能够按照相关制度规范执行，但是学习形式需要进一步改进，学习效果和政治理论素养也有待提升。部分学生党支部往往局限于读文件、听党课，采用灌输式、填鸭式的学习形式，导致学生党员参与度不高，参与机会较少。看似对理论概念、政治文件进行了仔细研读，实际上对于抽象的理论知识，很难做到真正的学懂学通，对于新的会议精神等，更是缺乏深刻的理解，导致理论学习效果不明显，进而无法有效地指导爱国实践活动。

（二）爱国热情较高，政治理论基础薄弱

近年来，我国大学生的爱国意识和爱国热情高涨，绝大多数大学生具有较高的国家认同感，并对祖国的未来充满信心，愿意为了实现中华民族伟大复兴而奉献自己的力量。但是也展现出来一系列的问题，部分大学生的爱国表现过于偏激与激进，缺乏理性，甚至出现了盲目、错误的"爱国"行为，还有部分大学生的"爱国"仅仅停留在口头，并不知道应该如何采取正确且恰当的行为，没有

明确的方向，这正是由于缺乏系统的政治理论做支撑和指导所导致的。调查发现，高校学生党组织的理论学习多以党组织生活和学习培训为主，但支部建设多以学生为主，其自身的学习就业、成长发展压力较大，导致其在政治理论学习方面投入的精力有限，出现这样的现象是因为学生没有将个人成长和国家发展有机地统一起来。

（三）理论转化能力不足，融合度不高

在理论学习中，要学会正确理解、把握马克思主义的立场、观点、方法，更进一步深刻领会习近平新时代中国特色社会主义思想，学会融会贯通，并运用学到的理论指导我们的日常实践生活，在实践中体悟理论的指导力量，进而形成正确的爱国情怀[2]。但是现实中，部分支部只注重政治理论的学习，对于学习的内容缺乏针对性，与所学专业联系不紧密，对于理论知识的理解停留在表面，不利于大学生理论转化为实践等能力的养成。大学生由于长期生活在校园内，缺乏与社会活动的直接联系，缺乏对社会的直接体验，因而阻碍了将理论成果转化为实践行为的过程，减少了理论学习与爱国主义行为的联系[3]。

三、提升理论学习与爱国主义教育融合度的路径探索

（一）创新学习形式和学习载体，提高支部理论学习的爱国主义教育成分

第一，以组织观看红色影片、重唱红色歌曲、参观红色景点等丰富多样的方式，增强政治学习和爱国主义教育的生动性，激发学生党员的爱国热情，增加学习政治理论知识、了解历史的兴趣，调动学生党员的积极性。第二，开展多种形式的读书交流活动，采用自主阅读、线下共研、线上导读、成果交流相结合的阅读形式，创建校园党务书刊阅读论坛和党支部交流分享群等，提供定期提问、解答的平台。第三，充分利用"学习强国"等软件，打通理论学习"最后一公里"，既能解决高校学生支部自身政治素养不足、高度不够、方向把握不准确等问题，又可以第一时间了解时政新闻、重要会议及讲话内容，把握新思想、新精神，开阔眼界。开展"学习强国"有奖知识竞赛、学习积分兑换等活动，调动各方面参与的积极性，营造浓厚的学习氛围。第四，关注官方微信公众号、抖音短视频等新媒体，运用新颖且大学生易接受的传播手段，通过生动丰富、通俗易懂的形式，让党的创新理论和新形势下的爱国主义教育更容易被大学生所理解和接受，加强传授者与大学生之间的沟通与互动，缩小距离感。

（二）发挥学生党员的主体性和主动性，充分调动每位党员的爱国主义热情

第一，转变大学生党员在政治理论学习和爱国主义教育中的身份，从被动接

受的学习者转变为亲身讲授的教育者。充分发挥大学生党员的自身特长，比如从军事行动、体育精神、科学研究等方面开展专题宣讲，激发爱国热情和国家荣誉感，增强学生党员的参与感和组织归属感，培养学习兴趣，提高学生党员理论学习和爱国的主体性和主动性。第二，开展传帮带活动，老党员帮扶新党员，引导带领新党员和积极分子在思想上积极向党组织靠拢，有效覆盖和带动全体学生党员以支部建设者的身份开展活动，进而履行义务，增强党性，这既有助于促进老党员发挥先锋模范作用，积极参与支部日常管理的党员发展等任务，又可以消除新党员与党组织的距离感，提升学习的主动性。

（三）选择符合特点的教育内容，构建理论学习的层次性和阶段性

大学生正处于由学生时代步入社会的过渡时期，是建立正确、良好人生观和价值观的关键时期，在选取政治理论学习和爱国主义教育内容时要符合大学生党员的成长变化，使理论学习和爱国主义教育具有层次性和阶段性。第一，在学生党员向党组织递交入党申请书之后，采用通俗易懂的形式，引导大学生了解优秀人物传记、党史故事等内容，例如观看《青年马克思》《我和我的祖国》《建国大业》《建党伟业》等影视作品，阅读《青年们，读马克思吧》《青年毛泽东》《习近平的七年知青岁月》等书籍，调动大学生的学习兴趣和积极性，奠定良好的爱国基础；第二，成为入党积极分子，参加党校初、高级班培训时，邀请专业的党校老师和优秀老党员，传授马克思主义理论知识和习近平新时代中国特色社会主义思想，针对当下时事热点问题和党的精神展开交流讨论，奠定理论基础；第三，成为预备党员后，继续深入学习党的政治理论知识，以党章、党的十九大报告、新时代爱国主义教育实施纲要、习近平系列讲话等纲领性文件为学习重点，在此基础上，结合理论知识加强爱国主义教育，形成爱国精神的个性化、理性化的理解；第四，转为中共正式党员以后，再次深入研读相关书籍，形成更深刻的理解，并将理论知识融会贯通，用于指导实践活动。

（四）建立体验式理论学习方法，将理论学习的现实表现具体化和形象化

大学生对理论学习和爱国主义理念的理解往往停留在文字和口头层面，缺乏具体、形象的认识，很难经受住现实的考验，可以通过体验式学习的方法，参与扶贫社会调查，实地了解我国民生情况；参加志愿者活动，体验平凡岗位的辛劳；拜访优秀爱国主义人士和突出贡献者，接受思想的洗礼。这些活动都有助于大学生对"爱国"概念理解的具体化与形象化，增加体验性，提升学生党员学习的兴趣，也能使抽象概念的内涵得以拓展延伸。例如，大学生参加国庆阅兵活动，直观感受到我国军事力量的腾飞与强大，激发大学生的民族自豪感；在新冠肺炎疫情之下，通过亲身经历，亲眼见证医护工作者及各行各业人士为社会无私

奉献。这种事关国家、民族的荣辱兴衰、生死存亡的大事，最能在大学生中引起强烈的共鸣，从而培养出强烈的爱国热情[4]。有了爱国热情，才能更好地厚植爱国主义情怀，进而以实际行动践行表达对国家的热爱。让大学生增强感性认识，并在感性认识的基础上升华递进，趁热打铁，对理论知识的内涵进行深入剖析，产生更深刻的理解，向理性认识飞跃，进而形成螺旋式上升的认知过程。

参考文献：

[1] 中共中央、国务院. 新时代爱国主义教育实施纲要 [M]. 北京：人民出版社，2019.

[2] 李朱. 警惕理论学习中的形式主义 [J]. 理论导报，2020（07）：15-17.

[3] 郭芳. 增强大学生党员政治理论学习实效性的研究——以山西工程技术学院机械电子工程系学生第一党支部为例 [J]. 山西高等学校社会科学学报，2020，32（01）：63-66.

[4] 谢东宝. 新形势下大学生爱国主义教育新路径探析——基于大卫·库伯的体验学习理论 [J]. 厦门城市职业学院学报，2013，15（04）：45-48.

思想政治教育在专业学位研究生培养中的引领作用[*]

北京农学院生物与资源环境学院　高亭豪　俞涛　尚巧霞

摘要： 专业学位研究生教育旨在培养高层次应用型专业人才。在专业学位研究生的培养过程中，思想政治教育起到了引领性的作用。充分贯彻全员育人、全程育人、全方位育人精神，将思想政治教育贯穿专业学位研究生的培养过程中，对切实落实立德树人根本任务具有重要意义。本文结合工作实际，阐述在专业学位研究生培养过程中，思想政治教育的重要性及引领作用。

关键词： 思想政治教育；专业学位研究生；引领作用

当前，专业学位研究生已有较大规模，社会对专业学位研究生的关注程度和认可程度越来越高。这源于专业学位研究生教育培养了大批高层次应用型专业人才，为社会各行各业输送了大量具有较强实践能力的专业技术人员。高校思想政治教育是人才培养的基础和保障。在专业学位研究生的培养过程中，思想政治教育起到了引领性的作用，引导研究生身体力行，发挥农业院校专业优势，践行"厚德笃行，博学尚农"的精神，服务我国农业农村发展。

一、思想政治教育的引领作用

思想政治教育是一种有意识的教育，是通过各种教育活动向教育对象传播、灌输、强化和传承特定的意识。这种意识包含主流的社会意识形态，包含正确的

---

[*] 基金项目：2020 年北京农学院与研究生改革与发展项目（2020YJS090）。第一作者：高亭豪，研究生秘书、研究生辅导员、研究生党支部书记，主要研究方向：研究生教育管理，电子邮箱：tiny19qka@163.com。

社会价值导向，包含政治道德品质规范，更包含优秀的传统文化与时代精神。高校思想政治教育注重学生思想意识的建构，是在学生的思想意识层面进行着塑造。通过多种形式和方法，引导学生能够正确地认识自身，正确认识个人与社会的关系。《思想政治教育探本——关乎其源起及本质的研究》一书中提到，"思想政治教育对整个国家、社会的正常运转与发展提供了思想保障与精神引领"以及"实现社会的思想统一"。高校思想政治教育的引领作用便体现于此。它从学生的发展的需求出发，关注学生心灵深处的真善美，实现"建设人自身"，以及对人的精神引领，达到促进学生全面发展的目的。

习近平总书记在全国高校思想政治工作会议上强调，要坚持立德树人，要将思想政治工作贯穿教育教学全过程。本文结合工作实际，从学生党团建设、专业课程建设、实践环节建设三方面着手，阐述以思想政治教育引领专业学位研究生培养全过程，切实落实立德树人根本任务的具体实践。

二、思想政治教育引领学生党团建设

高校党团工作是帮助大学生树立正确的人生观和世界观的坚强堡垒，是大学生成才的重要保障，高校党团组织是做好思想政治教育工作的重要载体。应立足于组织建设，多层次、多方位地创新学生思想政治教育模式。加强大学生思想政治教育和价值引领，要与党团建设协同起来，形成育人合力。

要积极发挥党支部、院团委、院研究生会的作用，建立各组织联动机制。一是针对新冠肺炎疫情的特殊情况，学院利用网络阵地，由党支部和院研究生会牵头，组织开展了多项线上活动，做好疫情防控宣传工作，深入开展学生思想理论教育工作，持续推进学生价值引领工作。二是通过不断深入学习，提升学生思想理论水平，建立更加成熟的价值观、人生观、世界观。以"党员—团员—群众"的模式，带动研究生思想政治理论水平提升。三是坚持开展具有专业特色、专业优势的党建活动，包括手抄党章、研本交流、携手助推科研系列共建活动等，并先后与流村北庄村、平谷北寨村对接共建，参与流村中心南流幼儿园和流村中心小学"垃圾分类主题宣讲志愿服务"等活动。

通过组织活动，在学生党团组织内形成良好的学习风气，同时也形成了良好的思想政治教育工作机制。在不断增强学生党团组织的向心力和凝聚力、扩大学生党员的影响力的同时，充分发挥优秀学生党员、团员的先锋模范作用，不断深化思想政治教育。

三、思想政治教育引领专业课程建设

课程思政是深化思想政治教育的重要途径，高校要积极组织、建设专业学位研究生课程思政优秀示范课程。深入发掘专业课程思政元素及融入点，通过在专业理论课程学习中融入思想政治教育，发挥思想政治教育的引领作用，让其真正走进学生内心，及时解决学生的思想困惑，寻找思想与行动之间的共鸣。

以《农产品安全生产技术与应用》课程为例，课程以农业标准化和农产品安全为主要线索，研究讨论农产品安全的标准体系、生产技术规程、实施使用技术和实施案例。该课程通过讲述老一辈农业科技工作者做出的巨大贡献和当代科学家的先进事迹，激励学生继承和发扬优良作风，引导学生立足农业、自觉形成农业科技创新发展的担当意识；通过讲授农产品安全生产与产量效益最大化之间的辩证发展关系以及农业科技发展与农产品安全生产、生态环境的维护等之间的辩证发展关系，使学生能够全面客观地认识社会，能够将理论知识和社会需求融会贯通，建立辩证思维。

此外，针对不同专业课程内容，学院积极邀请优秀专家学者授课，来自兄弟院校、科研院所、企事业单位的校外专家为研究生带来精彩的学术讲座，打造《专家论坛》品牌学术活动，在讲授专业知识的同时，培养学生科学素质和科学思维方法，帮助其增强爱国主义观念并建立辩证唯物主义世界观。学生将思想政治教育的内涵真正吸收、内化，转化为个人良好的行为习惯和正确的人生观、价值观、世界观。

四、思想政治教育引领实践环节建设

一是在专业学位研究生的实践环节中，启发学生主动运用正确的思想理论指导行为，将专业理论知识真正运用到田间实验与生产实践中。以思想认识为先导，情感价值认同为催化剂，形成思想政治信念和思想品德意志，以思想引领实践活动，最终将思想政治教育的成果外在表现为实践行为，完成了"知、情、信、意、行"的思想政治品德形成发展过程，以及"实践—认识—实践"的思想政治教育历程。

二是牢牢把握培养实践能力强、素质全面、具有服务"三农"意识和科研探索精神的高层次复合型专业人才的培养目标。重视校外基地建设，以专业能力培养为起点，以实践能力提高为重点，立足农业，建设了一批专业学位研究生联合培养实践基地。通过在基地的实践实习，研究生不仅完成了研究生毕业论文的部分工作内容，同时还培养了专业学位研究生善于发现问题的能力和灵活解决问题的能力。

三是大力鼓励师生为专业合作社、龙头企业、低收入村等实践基地提供技术服务，形成稳定的产学研合作的良性循环模式，扩大影响力，提高专业学位研究生的培养质量和科技社会服务能力。

学院通过思想政治教育的引领作用，落实习近平总书记在全国高校思想政治会议上的讲话精神，把思想政治工作贯穿教育教学全过程，推动专业学位研究生教育的内涵发展，提升专业硕士研究生培养质量。

参考文献：

[1] 李春杰，赵会茹，王青霞. 抓好实践环节 提高工程硕士研究生培养质量 [J]. 学位与研究生教育，2011（10）：16 - 19.

[2] 盖天昊，贺伟. "大思政"背景下高校学风建设与党团组织的协同作用研究——以辽宁科技大学为例 [J]. 领导科学论坛，2020（13）：90 - 92.

[3] 赵金子. 对分课堂在研究生思政课教学中的创新应用 [J]. 思想政治教育研究，2020，36（02）：113 - 116.

[4] 段远鸿，吴佐文. 国内研究生思政教育水平现状和提升路径研究 [J]. 教育学术月刊，2020（10）：106 - 111.

[5] 黎韵怡. 论研究生思政课贯彻"立德树人"理念的实施路径 [J]. 教育研究，2019（12）：158 - 159.

[6] 姜岩，张海燕. 立德树人视角下研究生思政教育工作协同发展研究 [J]. 黑河学刊，2020（06）：85 - 88.

[7] 鲁萍，张国群. 基于产学研合作培养人才的研究生工作站建设 [J]. 文教资料，2019（34）：125 - 126.

[8] 沈振乾，徐国伟，王浩程，刘意. 工科实践类课程思政之范式研究 [J]. 吉林省教育学院学报，2019，35（07）：41 - 44.

[9] 张逸阳. 全日制专业学位研究生思想政治教育模式探析 [J]. 思想教育研究，2016（05）：113 - 116.

[10] 王方艳，刘兴华，邹剑. 实践环节在全日制专业学位研究生思政教育中的作用 [J]. 中小企业管理与科技（中旬刊），2014（08）：309 - 310.

北京农学院研究生学业奖学金制度改进探析*

杨毅　夏梦

摘要： 在新时代研究生教育改革的背景下，研究生学业奖学金制度在有效弥补研究生的教育费用、鼓励研究生创新、提高研究生的整体素质等方面发挥了重要作用，但在实践中，该制度仍然有可改善的地方。本项目尝试分析研究生学业奖学金奖励标准，探索其实践中存在的难点，通过分析得出完善研究生学业奖学金制度的建议。

关键词： 研究生；奖学金；改进

党的十九大报告提出"健全学生资助制度"，学生资助是一项重要的保民生、暖民心工程，事关脱贫攻坚，事关社会公平。研究生奖学金又是实现资助育人功能的重要一环。研究生学业奖学金自2014年开始在全国范围内实行，由国家和高校共同出资设立，是专门支持研究生更好地完成学业的奖学金，奖励范围较大、奖金额度较高，是继2009年研究生培养机制改革以来的重大变革。研究生上学的成本在一定程度上由学业奖学金的形式来补偿，加之学业奖学金一年一评的动态评定方式，使之成为调动研究生积极性和高校培养人才的重要方式。

一、学校研究生学业奖学金制度运行情况

2014年秋，财政部、教育部发布《研究生学业奖学金管理暂行办法》，对在高校中设立研究生学业奖学金进行了安排部署。北京农学院根据研究生奖助学金管理的相关规定，结合研究生教育实际，为鼓励研究生勤奋学习、创新进取，于

---

* 基金项目：2021年北京农学院学位与研究生教育改革与发展项目。作者简介：杨毅，硕士，助理研究员，主要研究方向：研究生教育管理。

2014年9月制定了《研究生学业奖学金评定管理暂行办法》，设立该项奖学金，目的是支持表现良好的研究生更好地完成学业，其更加注重培优，主要根据研究生的学业成绩、研究成果等，确定覆盖面、等级，分档设定奖励标准。2020年北京农学院对此文件进行了修订，发布了《北京农学院研究生学业奖学金评定管理办法》。目前学校还处于申报博士点的进程中，该办法面向对象是国家统招统分的全日制硕士研究生。

该管理办法对奖励比例、标准与基本条件，申报条件和评定规则，评审组织，发放与管理，评定办法等进行了详细规定。学校研究生学业奖学金设立三个等级：一等奖覆盖面15%，二等奖覆盖面25%，三等奖覆盖面50%。办法实施以来已奖励全日制研究生2700余名，累计奖励金额达2100万余元。这种有针对性的制度设计旨在指导研究生将自己的发展置于当代社会的发展中，培养科学的心态，进行科学的定位，并适应现代社会的多样性、开放性和复杂性，提高竞争力，树立正确的职业观和创业观，并形成符合社会和个人现实的进取心观。根据研究生培养计划，培养思想道德素质、职业素质、文化素质、能力素质等综合实力，充分发挥优势，充分发挥个性，成为科学人才，不断进步，坚持超越和做好准备，为适应和融入社会并取得更好的成就奠定了坚实的学术基础。

二、研究生对学业奖学金制度的评价

学校自2014年起实施研究生学业奖学金制度，学业奖学金制度是帮助研究生顺利完成学业的重要举措，可实现冲抵学费的效果，极大减轻研究生在读期间的经济压力，使其可以全身心地投入研究、学习，有利于培养高质量的研究生和产出高水平的研究成果。为掌握该制度实施情况，本研究通过问卷形式开展多年的调查追踪，了解研究生对学业奖学金制度的评价。

（一）学业奖学金制度程序公平公开情况

任何一项制度若想得到大多数人或是全部人的认可，公开、透明是不可缺少的因素，制度的公开反映出运行的直接过程及结果，让参与者直接感受到每一个环节，学业奖学金制度也不例外。

通过问卷调查发现，学校自开展研究生学业奖学金以来，随着对该项制度的宣传，研究生对学业奖学金的了解更加深入，对该项奖学金给予较高的评价（见图1）。

由此看出，北京农学院研究生有相当大比例了解学业奖学金的评定程序，这表明学业奖学金的评定工作透明、公开，能够得到全校学生的监督，各项环节有依有据，由此得出北京农学院研究生学业奖学金评定程序和评定公平性能够被大多数人获知并认可。

图 1　研究生对学业奖学金评定工作的了解程度

(二) 奖励效果和意义

学业奖学金制度是为了激励研究生更好地完成学业而设定的，研究生对于学业奖学金能够起到哪些作用、对自身有哪些意义等问题有各自不同的见解。具体见图 2、图 3。

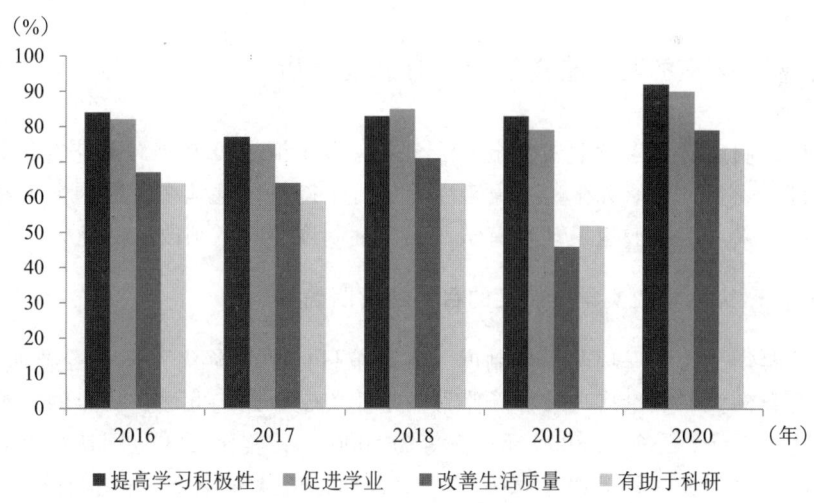

图 2　研究生对于学业奖学金起到的作用的看法

根据调查结果显示，研究生总体认为学业奖学金对促进学业、提高学习积极性的作用最大。

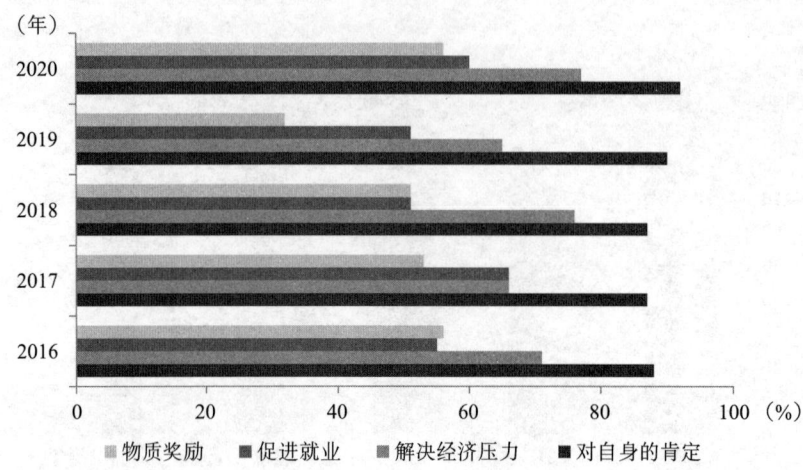

图3 研究生对于学业奖学金对自身意义的看法

"学业奖学金对自身的肯定"占到主要地位,研究生认为学业奖学金是自身努力的回报;而"解决经济压力""促进就业"因素位列第二、三位,说明学校研究生学业奖学金满足了大部分研究生就业和缓解家庭经济压力等方面的需要。以上情况说明学业奖学金的意义偏重于研究生在校期间,对于毕业的影响力次之。

通过多年追踪调查,大部分研究生对学校的奖学金评价较高,认为对其自身的发展、对学业及科研的进步也起到了帮助作用。

三、学校研究生学业奖学金现有制度分析

学校自制定研究生学业奖学金办法至今已有6年,2020年对研究生此文件进行了修订,主要是在研究生奖励覆盖面上进行了调整,这是在实践中突出对研究生奖优的效果。但我们也发现现有学业奖学金制度还有亟须改善的地方。

(一)研究生学业奖学金制度的目的还需明确

学业奖学金作为一项奖学金制度,其政策目标是"奖优"还是"补助"?学业奖学金金额大、数量多,按照新修订的学业奖学金评定办法:每年的一等学业奖学金为1万元,二等为8000元,三等为5000元;奖励覆盖范围达学生群体的90%。学业奖学金这种等级结构看似科学合理,但从奖学金"奖优促学"的角度来看,其实是模糊了"奖励"与"补助"的概念,学业奖学金的"激励和指导"功能并未真正使用。如果只看"奖励数额"的发放结果,那确实是按照相关标准程序进行合理分配,符合使用奖学金和助学金的要求。但只从奖励物质的使用效果来看,它不能充分发挥其"激励和指导"作用。实际情况可能是,覆

盖面过多导致学业奖学金逐渐失去了"奖优"的含义,使它与助学金的作用混为一谈,成了另外一种"补助金"。

(二) 评定标准在学科和类别差异还需兼顾

目前的研究生学业奖学金制度还缺少对不同学科、类别差异的兼顾,缺少对高精尖学科或一般类别的差异化评选,这也是需要统筹考虑的问题。目前学校学业奖学金评定,各学院基本都会采取"综合测评"这种量化的评定方式,即将研究生的学业成绩、发表论文数量及质量、参与科研课题、参加学术竞赛等各项指标都折合成一个分数,将这些分数汇总,最后得出一个称为"综合成绩",再据此结果进行排名,评定学业奖学金等级。一般来说,农、工类自然学科采用量化评定具有一定合理性,但用于人文类学科却不具合理性。因为人文学科从事的是精神活动,需要长期的积累和沉淀,它的意义和价值在于可以给其他思想或精神发展带来启发,影响是逐步的和长期的,这些很难量化。因此,研究生学业奖学金采取"一刀切"的量化评估方法,忽视学科与专业之间的差异是不合理的。

(三) 研究生学业奖学金的奖评标准仍需细化

当前研究生学业奖学金评定条件和计分标准存在需完善的地方。首先是将"全面发展"等同于"全面量化"。例如,通过主观评价来量化相对抽象和无法量化的"遵纪守法、道德素质和公民义务"等指标,这种量化的操作方法缺乏科学性。其次是以物质利益为导向的计分较多。为了加强学生的教育和学习(如参加学术讲座),评分方法对相关行为进行分数奖励,这很容易造成学生利用取巧的办法来获得综合的评估分数。在短期内,参加学术讲座的学生的频率和数量都在增加,但是从长远来看,这种基于物质利益形式的鼓励又会促使学生形成更加功利的心态,即使他们在专业上取得了杰出的成就,但很容易造成人生观、价值观的缺位,这就背离了学业奖学金"奖优"的宗旨,因而有必要改进评估标准。

四、学校研究生学业奖学金制度的改进建议

研究生学业奖学金的建立是研究生培养机制改革的必然结果,它的有效实施将有助于改进研究生资助体系,以使其日臻完善,并形成旨在提高研究生培养质量的资助体系。鉴于此,我们可从如下几个方面对研究生学业奖学金制度优化改进。

(一) 对评价体系要进行科学设置

研究生奖学金评价指标体系对研究生培养起到重要的导向作用,因此研究生

奖学金评价体系应体现人才培养的要求。首先评价标准应更加多元。针对学术型研究生和专业学位研究生应制订不同的评价标准，同一类型的研究生在不同的学年也应有不同的评价标准，以此突出研究生在不同学习阶段的不同特点和重点，即学术型研究生要重点考察其科研创新能力，专业学位研究生应重点考察职业胜任能力和实践能力。其次评价过程应更加科学。科学的学业奖学金评选指标一般由两部分构成：一部分是能够量化的定量指标，如课程学习成绩、科研与实践创新能力、学生工作；另一部分是不能通过量化进行评定的定性指标，如研究生综合素质、科研潜力等。因此，可以在学业奖学金评定过程中引入评议机制或答辩机制，组建由培养单位的主要领导担任主任委员，研究生导师、行政管理人员、学生代表担任委员的评审委员会进行评议或组织答辩。

（二）对评定过程要进一步规范

在完善学业奖学金评定管理办法设计的前提下，还要规范评定的程序，在整个过程中都要坚持公平、公正、公开的原则，做到透明公开，这样可以确保良性竞争。评定程序的公平与否对学生的后续行为有重要影响，因此一是必须建立规范的评审程序，加强对申报材料的核实，确保评审结果的公正性和准确性；二是评审主体的构成要多元化，学校和研究生培养单位要完善建立学业奖学金评审机构，评定过程中的事项应由评审委员会负责，采取民主的方式进行，避免独断专断的现象。

（三）学业奖学金的相关机制要进一步健全

首先是监督机制。健全的监督机制是维护学业奖学金评定工作公平性和公正性的有力保证。除了严格评审外，还必须加强监督。从学校层面来讲，学业奖学金执行过程中的具体评定工作都是交由基层培养单位完成，但由于二级学院较多，各院系的具体情况也不尽相同，所以实施起来灵活性很大，因此学校应对各学院学业奖学金的执行情况进行有效的监督。另外，对于学业奖学金评定过程中的一些不良行为，如弄虚作假、徇私舞弊等要采取严厉的惩处措施。还要成立专门的申诉工作处理小组，为研究生的申诉、举报提供安全、便捷的渠道。

其次是反馈机制。反馈是学业奖学金评估的重要组成部分，能及时将正确的信息反馈给决策者，为奖学金制度调整提供可靠依据，促进学业奖学金评审工作持续健康发展。因此，学校和研究生培养单位应建立配套的信息反馈机制，调查、收集学生的意见和建议，科学地评估学业奖学金的实施效果，发现问题及时整改，这样才能因地制宜地改进学业奖学金评定工作。

目前学校的研究生学业奖学金评选制度还在进一步完善中，我们会依据上级主管部门的政策要求，结合实际，科学、合理地优化学业奖学金制度，尽力体现公平、公正，以达到充分激励和调动研究生对学习和科研的积极性和创造性，全面提高研究生的培养质量。

参考文献：

［1］何兴．全面收费制背景下研究生奖学金评定制度研究［J］．教育教学论坛，2013（44）：146－148．

［2］谷博，高婧祎．研究生学业奖学金评选中存在的问题研究［J］．课程教育研究，2017（03）：217－218．

［3］徐刚，马海波．研究生学业奖学金实施过程中几个问题的思考［J］．学位与研究生教育，2015（12）：27－32．

［4］施耀斌，叶义成，杨彦．研究生学业奖学金评定及其动态调整相关问题探析［J］．研究生教育研究，2016（04）：16－21．

农业院校研究生学业成绩与自我效能感的关系研究*

北京农学院动科学院　尹伊

摘要： 自我效能感是影响个体成就的一个重要因素。对于研究生而言，学业是在校期间最为重要的任务，因此探讨自我效能感对研究生学业成绩的影响有重要的意义。本文采用问卷调查的方式，从性别、生源地、民族、年级几个方面分析了农业院校研究生自我效能感的特点。同时，为了探讨自我效能感与学业成绩之间的关系，根据被试的学业成绩分成学业优秀组和学业困难组，对两组被试的自我效能感进行了差异检验。结果表明，不同性别、生源地、民族和年级的农业院校研究生在自我效能感上的差异不显著，自我效能感水平的高低对学生的学业成绩没有显著影响。

关键词： 研究生；学业成绩；自我效能感

一、研究背景

（一）自我效能感的概念

自我效能感这一概念最早是由美国心理学家班杜拉（Albert Bandura）提出的，他认为个体在完成某一项任务或工作时，对自己能否拥有相应的技能会有一个判断，这种判断的自信程度即为自我效能感。该概念被提出以后，心理学、社会学和组织行为学领域开始对此进行大量的研究，由于不同活动领域之间的差异

---

* 基金项目：2020年北京农学院学位与研究生教育改革与发展项目。作者：尹伊，讲师，主要研究方向：学生党建、思政和心理，电子邮箱：jmzmgm@163.com。

性，所需要的能力、技能也千差万别。在不同的领域中，其自我效能感是不同的。研究表明，自我效能感的个体在进行学习或工作任务时，能够进行有效的行为调节，进而影响自己在任务完成过程中的态度、情感和行为方式，从而影响最终的结果。

（二）大学生学业自我效能感

针对大学生群体而言，学习是大学生活中最主要的一个目标。学业成绩直接关系到学生是否能够按期毕业、对未来的规划以及就业选择等。大学生在学业上的失败容易导致不自信、悲观等情绪，影响心理健康。而这种消极负面的情绪又反过来导致大学生在学业上不思进取、畏难的态度和行为模式，直接影响了学业成绩，变成了一个恶性循环。

影响学业成绩的因素有很多，除了家庭、学校、社会等环境客观因素外，主观个体因素是很重要的因素。而个体因素又包含了智力因素、价值观、个性类型等多方面，而其中一个很重要的影响因素即自我效能感。学业的自我效能感主要体现在学生对于自己能否能够按期取得既定学业目标或成绩的自信程度。有研究表明，如果一个学业自我效能感低的学生在面对学习任务时，为了避免失败，倾向于选择消极或者逃避的方式去应对，这会导致学生在学习的时候动机不足，对成绩期待不高，影响学习任务的完成；而学业自我效能感高的学生会积极主动地面对学习任务，对解决学业问题的自信水平高。因此，除了家庭、学校、社会等环境的外界因素，且无法改变智力因素等先天个体因素情况下，探讨大学生自我效能感对学业的影响有重要的意义。

二、研究方法

（一）研究对象

北京农学院研究生一年级到三年级（有两年制专硕和三年制学硕）的在校研究生自愿参加。通过调查问卷的形式共收集问卷 191 份，其中有效问卷为 159 份。其中女生 121 人，男生 38 人，年龄均在 21～25 岁。

（二）研究方法

自我效能感采用了德国心理学家拉尔夫·施瓦泽（Ralf Schwarzer）编制的一般自我效能感量表（General Self‑Efficacy Scale，GSES）。GSES 共 10 个项目，涉及个体遇到挫折或困难时的自信心情况。采用李克特 4 点量表形式，各项目均为 1～4 评分。对每个项目，被试者根据自己的实际情况回答"完全不正确"

"有点正确""多数正确"或"完全正确"。研究表明,中文版的 GSES(由王才康翻译修订)内在一致性系数为 0.87,重测信度 0.83,具有良好的信度和效度。

(三)统计工具

采用 SPSS 22.0 软件对数据进行描述性统计、差异检验等分析。

三、研究结果

(一)不同性别、生源地、民族在自我效能感上的差异检验

为了研究不同性别、不同生源地和不同民族学生自我效能感水平是否有显著差异,分别对男生和女生、京内生源和京外生源、汉族和少数民族的被试者进行了独立样本检验,结果见表1~表3:

表1　　　　　　不同性别被试的自我效能感水平差异检验

全体（N=159）	性别		t	P
	女（N=121）	男（N=38）		
总分　25.54±5.03	25.54±5.03	24.55±4.83	1.39	0.17

表2　　　　　　不同生源地被试的自我效能感水平差异检验

全体（N=159）	生源地		t	P
	京内生源（N=98）	京外生源（N=61）		
总分　25.54±5.03	26.05±5.07	24.72±4.90	1.63	0.93

表3　　　　　　不同民族被试的自我效能感水平差异检验

全体（N=159）	民族		t	P
	汉族（N=147）	少数民族（N=12）		
总分　25.54±5.03	25.45±5.03	26.08±5.12	-0.39	0.09

通过表1~表3可以看出,女生的自我效能感平均值水平略高于男生,京内生源的自我效能感平均值略高于京外生源,少数民族的自我效能感平均值略高于汉族。但是差异检验均不显著。

(二)学业优秀组和学业困难组在自我效能感上的差异检验

为了探讨自我效能感对学业表现的影响,本研究根据学生上一学年课程成绩,按照学分加权平均分,将高于85分(不含85分)的学生定义为"学业优秀

组",将平均分低于 70 分(不含 70 分)的学生定义为"学业困难组"。对这两组学生的自我效能感水平进行了差异检验,结果见表 4:

表 4   学业优秀组和学业困难组自我效能感水平差异检验

全体(N = 159)		组别		t	P
		学业优秀组(N = 27)	学业困难组(N = 20)		
总分	25.54 ± 5.03	25.15 ± 5.45	26.95 ± 4.35	−1.22	0.38

通过表 4 可以看出,学业优秀组和学业困难组在自我效能感水平上并没有显著性差异,甚至学业困难组自我效能感的平均分还要略高于学业优秀组。

四、研究分析

(一)农业院校研究生自我效能感的特点

以往的研究表明,大学生自我效能感在性别、年级等因素上存在显著性差异。如陈俐等研究发现,男大学生的自我效能感要明显高于女大学生;而曾泽林等研究发现,女生显著高于男生;陈凌等研究发现,自我效能感不存在明显的性别差异。另外,也有研究表明,大学生在自我效能感在年级分布上存在显著性差异。

本文的样本全部为农业院校研究生,通过分析发现自我效能感没有存在明显的性别、年级差异。同时,不同于以往的研究,我们也针对生源地、民族等变量进行了差异检验,也没有发现自我效能感在这些因素上的显著性差异。这表明,针对农业院校的研究生来说,性别、年级、生源地、民族等都不是决定自我效能感水平高低的因素。

(二)农业院校大学生自我效能感与学业成绩之间的关系

很多研究都表明,自我效能感能够预测学业成绩,或者跟学业成绩之间呈正相关。尤其是对于学业困难的大学生来说,往往自我效能感较低,在学业上的自信程度较低。而本研究针对农业院校研究生进行分析发现,自我效能感和学业成绩之间没有显著的相关性。

该结果一方面有可能跟专业和学科有关系,本文所有被试所学专业均为涉农专业,非常注重实习和实践,教学过程中有很多实操环节,并纳入最后的学业考核成绩中。另一方面,研究生的学业表现除了成绩外,还涉及项目研究、论文撰写以及论文发表等考核指标。这些实践环节除了与学业动机、学业自信等相关,还涉及操作技能和动手能力等。学生在课堂和书本学习上的不足,可以通过其他教学环节进行弥补。在学业上自我效能感低的个体，有可能在实践实习过程中取得较好的成绩，因此对最终的学业成绩没有直接的影响。

（三）关于一般自我效能感的研究

本文所采用的是由施瓦泽等人编制的一般自我效能感量表，该量表实际测试的是个体在面对广泛任务时候，所表现出的一般能力和自信程度，即在广泛情境下对自己是否能够完成任务的一种判断。而这种一般自我效能感水平是否可以泛化到不同的任务和领域中，有待进一步研究。如，有专门针对音乐专业大学生编制的学习自我效能感量表，也有专门针对英语学习的自我效能感量表。同时，针对不同的专业和行业，也有不同的自我效能感量表。这说明，在不同的领域或者不同的任务中，个体可能由于面对的情境的不同，自我效能感的水平也不尽相同。因此，研究者们根据不同的任务情境，编制出了不同的自我效能感量表。

就本文来说，一般自我效能感并没有跟研究生的学业有显著的联系，有可能是因为专业、领域和情境的不同，施瓦泽等人编制的一般自我效能感量表并没有很好地测量出中国农业院校研究生在学习过程中表现出的学业自我效能感。

参考文献：

［1］陈俐. 大学生自我效能感与毕业取向的关系研究［D］. 南京：南京师范大学，2004：25-30.

［2］曾泽林. 大学生自我效能感与 CET-4 成绩之关系［J］. 安庆师范学院学报（社会科学版），2008，27（12）：102-106.

［3］鲁琦. 论大学生一般自我效能感的差异［J］. 淮北煤炭师范学院学报（哲学社会科学版），2009，30（02）：122-126.

谈新冠肺炎疫情对高校研究生教育环境影响
——以北京农学院为例

北京农学院国有资产管理处　姚雨延

摘要： 突如其来的新冠肺炎疫情给全国带来了空前的影响，人们的生活、工作、娱乐等发生了较大的变化，对于高校研究生教育也带来了挑战，随着疫情防控常态化，高校研究生教育环境也随之改变，本文针对北京农学院的研究生教育与环境发生了哪些变化进行探讨。

关键词： 疫情；研究生；教育

一、新冠肺炎疫情概述

新型冠状病毒性肺炎（Corona Virus Disease 2019，COVID-19），简称"新冠肺炎"，世界卫生组织命名为"2019冠状病毒病"，是指2019新型冠状病毒感染导致的肺炎。2019年12月以来，湖北省武汉市部分医院陆续发现了多例不明原因肺炎病例，证实为2019新型冠状病毒感染引起的急性呼吸道传染病。

国家卫生健康委员会派出工作组、专家组赶赴武汉市，指导做好疫情处置工作，开展现场调查，调查发现接诊多例病例均与华南海鲜城有关联，并初步判定爆发地为武汉市华南海鲜城，随即将其关闭营业。

2020年1月，武汉市卫生健康委在官网发布情况通报，共发现59例不明原因的病毒性肺炎病例。中国科学院武汉病毒研究所等专业机构初步研发出检测试剂盒，武汉市立即组织对在院收治的所有相关病例进行排查，并将"不明原因的病毒性肺炎"更名为"新型冠状病毒感染的肺炎"。随着时间推移，疫情不断恶化、扩大，出现医护人员感染，河南、四川、云南、湖南、台湾、澳门、江西、福建、贵州、宁夏、河北等多地出现首例输入性病例，武汉市宣布关闭离汉通道，正式封闭。

根据现有病例资料，新型冠状病毒性肺炎以发热、干咳、乏力等为主要表现，少数患者伴有鼻塞、流涕、腹泻等上呼吸道和消化道症状。重症病例多在1周后出现呼吸困难，严重者快速进展为急性呼吸窘迫综合征、脓毒症休克、难以纠正的代谢性酸中毒和出凝血功能障碍及多器官功能衰竭等。值得注意的是重症、危重症患者病程中可为中低热，甚至无明显发热。轻型患者仅表现为低热、轻微乏力等，无肺炎表现。从目前收治的病例情况看，多数患者愈后良好，少数患者病情危重。老年人和有慢性基础疾病者愈后较差，儿童病例症状相对较轻。

二、疫情对研究生教育环境影响

这一场突如其来的疫情影响了人们工作、出行、饮食、娱乐、经济等方方面面。随着国外疫情的暴发，外贸公司没有订单，许多代加工厂濒临倒闭或者裁员。因为疫情管控，服务业、餐饮业、娱乐业，出现了大量的未就业的闲置人员。如今疫情防控已成常态化，势必会对研究生教育以及教育环境产生影响。

（一）对生活环境的影响

随着新冠肺炎疫情的暴发，为了减缓病毒的传播，国内很多地方已经限制了人口走动，各城市、街道以及各个场所均实行管控，对学生的出行等日常生活产生了影响。

学校对食堂、教室等人流量比较大的场所进行管控与防护措施，例如在食堂排队间隔、座位上设置挡板、分批就餐等。由于防控措施，归校后学生的出行遭到了极大的限制，校门、宿舍园区等都有一定程度的管控，所以生活方式也有所改变。不能正常出校对学生的食品、生活物资采购造成较大影响，对研究生的各类生活保障、个人业务办理、社交等造成阻碍。一部分人没必要时不会选择外出，也有一部分人偶尔外出放松但也会注意做好防护。即使疫情有所好转，学生们的安全意识和自我保护意识也依旧很强。同时，娱乐方式也发生一系列变化。相比于走出宿舍，同学们采用电子产品娱乐、室内运动、与室友谈心、阅读书籍报刊等室内活动占据了多数。在宿舍时间增长，使同学们互相敞开了心扉，相比于各自沉迷于手机，开始更多地面对面交流沟通。

（二）对学习环境的影响

受到新冠肺炎疫情的影响，网络教学成为主要的教学形式。各校都开展了网络教学，但也存在一些问题。首先，绝大部分大学生原有的学习计划和考试安排，甚至就业都或多或少受到影响，许多实践课程无法正常进行。其次，线上课程还存在注意力无法集中、无互动感、需要下载的软件太多、网络不稳定、音频视频不清晰、网络软件登录不易操作等问题。网络直播课无法带给师生完整的交互式体验，师生之间缺少一些必要的良性反馈。这些良性反馈在教学过程至关重要，缺少了它，学生的学习就和只依靠课本"读死书"并无太大分别。

虽然线上课程的开展是一次新方式的尝试，但是传统线下课程的重要性和体验感还是无法被取代。不过线上课程也给同学们带来了许多便利，比如课程视频可保存后进行回放，课堂上可通过弹幕提问题，较线下听（看）得清楚仔细等。但总体来说，大部分学生认为线上课程相比于线下课程学习效率是下降的。主要原因是周围诱惑太多、没有浓厚的学习氛围，这也导致了同学们课堂上无法集中注意力；也有部分同学认为线上课程效率更佳，希望这类学习方式加大普及力度。

除了理论课变为网络教学之外，各大实验课也变成了网络授课。但网络实验课无法让学生切身维护实验室的卫生与安全，无法接触足够精密的仪器以及一些仅仅活在课本的图片里的设备，不利于培养其科学研究的使命感与责任感。

除此之外，研究生进入教学楼、图书馆等校园内各类学习场所均需要证件、证明、报备等系列手续，为研究生学业带来额外的负担，部分研究生则放弃进入学习场所，选择在宿舍、家庭学习，大大影响了学习效率，学习氛围也受到影响。

（三）对未来发展的影响

新冠肺炎疫情对研究生未来发展的影响的主要体现在就业方面。

第一，就业机会减少。在疫情的影响下，因延期复工，很多民营企业面临一定的生产经营压力，部分中小型企业甚至面临停产倒闭的困境，为削减人力资本，企业将减少或取消招聘计划，进一步缩小劳动力市场需求，从而直接减少就业机会。

第二，就业成本增加。一是等待成本增加。疫情的完全控制还需要一些时日，一些企业尚未复工，大多数高校的开学日期尚未确定，2020年本定在三、四月份的招聘计划和五、六月份的毕业答辩会相应地推迟，高校毕业生不能及时参加企业招聘会和毕业论文答辩，也就不能及时就业，就业时点因此会拉长，一定程度上加大了毕业生的时间成本。二是机会成本增加。如果没有突发疫情，很多毕业生已经走上工作岗位或正在实习，已能获得一定程度的收入。但因疫情影响只能选择在家等待就业，这导致毕业生本该求职时却在等待，本该就业时却还在求职，从而不得不因为等待而放弃本该就业时能获得的那一部分劳动收入，疫情在一定程度上会增加高校毕业生的机会成本。

第三，就业求职渠道不畅。2019年的一项调查显示，近一半（47.4%）的毕业生通过学校就业指导机构发布的需求信息来进行求职，20.1%的毕业生通过网络招聘来进行求职，10.9%的毕业生通过企业发布的招聘广告来进行求职，通过其他渠道获取求职信息的占21.6%，由此可见学校是毕业生求职的主要渠道。然而受此次疫情影响，各高校延期开学，高校就业指导部门不能提前走访企业，原计划的春招工作相应地推迟或取消，因此高校毕业生的主要求职渠道受到了阻碍。高校毕业生在求职时的信息量和信息拥有能力本就存在差异，主要求职渠道的封锁会导致毕业生在求职过程中的信息不对称现象更加严重。虽然网络招聘不失为一个很好的选择，但是网络信息泛滥，毕业生的精力有限，很难又快又好地捕捉到自己想要的信息。

三、对影响的认识思考

2020年初，一场空前的疫情席卷了中国大陆，给人们的生产生活带来严重的影响。新冠肺炎疫情让学生在家里度过一个特殊的学期，而网课始终贯穿其中。但目前来看，线上教学以及考核还没有起到它应有的效果，就算是高度自律的学生，也难免会受到一定的影响。

学生是学习的主体，不同的学生有着不同的学习能力与学习习惯，而这是可以通过良好的学习氛围不断培养的，但也有可能因为诱惑与迷茫而退化。如果线上教育缺乏互动与监督，则不能有效地为前者提供平台，其漏洞更是后者滋生的温床。因此，如何让线上教育更加规范和有效，是在当今疫情防控常态化下各高校应着力探索的方向。

参考文献：

[1] 胡静敏，陆云，朱娜. 居家应对新冠肺炎疫情对大学生心理健康状态、生活方式及学习能力影响程度的调查报告[J]. 心理月刊，2020，17（15）.

[2] 刘梦琳. 新冠肺炎疫情对大学生就业的影响及对策[J]. 人力资源，2020（10）.

[3] 李涵茜. 新冠肺炎疫情发展态势对大学生学业及择业影响的思考[J]. 现代商贸工业，2020（20）.

农林院校研究生生态文明意识调查
——以北京农学院为例

北京农学院研究生处 夏梦

摘要：本文希望通过对北京农学院在校研究生生态文明意识的调查，测试研究生对生态文明理念的知晓度、认同度和践行度，以此了解高校生态文明理念培养的现状，进一步探究如何加强农林院校学生生态文明意识。

关键词：研究生；生态文明意识；理念培养；生态文明教育

一、生态文明意识研究的意义及现状

（一）高校人才培养纳入生态文明教育的意义

2007年，党的十七大报告在全面建设小康社会奋斗目标的新要求中，第一次明确提出了建设生态文明的目标。党的十八大以来，以习近平同志为核心的党中央高度重视生态文明建设，提出了一系列新理念、新思想、新战略，深刻回答了什么是生态文明、为什么建设生态文明、怎样建设生态文明的重大理论和实践问题。作为中国梦的一个重要组成部分，"美丽中国"的生态文明建设目标在党的十八大第一次被写进了政治报告。随着中国特色社会主义进入了新时代，我国生态文明建设在理论思考和实践举措上均有了重大创新。作为习近平新时代中国特色社会主义思想的一个重要组成部分，党的十九大报告中将建设生态文明提升为"千年大计"。

全国每年都有数以百万计的高校毕业生，他们活跃在经济发展、生态建设的第一线，这一庞大的群体是否具有较高的生态文明素质，能否践行绿色发展理念，直接影响全社会生态文明建设的推进。推进生态文明建设、服务时代发展，培养具有生态文明观、能担当建设生态文明美丽中国时代重任的人才，是高校人才培养所承担的重要责任。高校学生生态环保意识和能力的强弱直接影响着生态文明发展和美丽中国建设目标能否实现。

（二）生态文明意识研究现状

我国首份《全国生态文明意识调查研究报告》于 2014 年 2 月 20 日发布，研究报告显示，我国公众生态文明意识呈现"认同度高、知晓度低、践行度不够"的状态，公众对生态文明建设认同度、知晓度、践行度分别为 74.8%、48.2% 和 60.1%；公众对建设生态文明与"美丽中国"的战略目标高度认同，78% 的被调查者认为建设"美丽中国"是每个人的事，99.5% 的人选择了高度关注、积极参与；公众生态文明意识具有较强的"政府依赖"特征，被调查者普遍认为政府和环保部门是生态文明建设的责任主体。随着生态文明理念的宣传范围逐渐扩大，公众的生态文明意识也有了大幅提升。本次调查以北京农学院研究生的生态文明意识为出发点，了解北京农学院研究生的生态文明意识现状，进一步探究如何加强高校学生生态文明意识、践行生态文明理念。

二、北京农学院研究生生态文明意识调查与分析

（一）调查对象

2020 年第四季度，通过网络问卷形式对北京农学院不同学院、专业的研究生发放问卷进行调查。本次调查问卷共回收 119 份有效答卷，其中研究生一年级答卷 81 份、研究生二年级答卷 36 份、研究生三年级答卷 1 份、已毕业研究生 1 份。

（二）调查方法

本次调查以不记名问卷方式收集到一定数量的真实可靠数据。"农林院校研究生生态文明意识调查"共计 18 道题，其中 13 道单选题、4 道多选题、1 道排序题。题目设置围绕研究生对生态文明理念的知晓度、认同度和践行度。知晓度指的是对生态文明概念、国家战略布局、环保法律法规、生态环境问题等的了解程度；认同度是对生态文明建设、环境保护理念和措施、生态环境状况的认同度；践行度包括节约资源、绿色选购、绿色出行、废旧物品回收、参与环保相关活动、阻止破坏环境行为、深入学习生态文明理念等多个方面的参与度。问卷题目设置贴近学生生活和日常行为，能较为客观地反映出被调查对象的生态文明意识及现状。

（三）调查结果

1. 对生态文明理念的知晓度

问卷中有 4 道题与研究生对生态文明理念的知晓度相关，分别为：您是否了解生态文明的含义？您是否知道 6 月 5 日是世界环境日？您认为"循环经济的 3R 原则"是什么？您是否了解北京市或居住地的垃圾分类相关政策？

针对前两道问题，研究生一年级学生的回答如图 1 所示：

第2题：您是否了解生态文明的含义？ [单选题]

选项	小计(人)	比例
完全了解	19	23.46%
只知道概念	58	71.6%
从未听说过	4	4.94%
本题有效填写人次	81	

第3题：您是否知道6月5日是世界环境日？ [单选题]

选项	小计(人)	比例
知道	43	53.09%
不知道	38	46.91%
本题有效填写人次	81	

图 1　研一学生对生态文明和世界环境日的了解情况

研究生二年级学生的回答如图 2 所示：

第2题：您是否了解生态文明的含义？ [单选题]

选项	小计(人)	比例
完全了解	9	25%
只知道概念	27	75%
从未听说过	0	0%
本题有效填写人次	36	

第3题：您是否知道6月5日是世界环境日？ [单选题]

选项	小计(人)	比例
知道	19	52.78%
不知道	17	47.22%
本题有效填写人次	36	

图 2　研二学生对生态文明和世界环境日的了解情况

从图1、图2可看出，研一的同学中仍有4.94%从未听说过"生态文明"且不知晓其含义，研二的同学这一比例为0，可见随着年级的增长，对生态文明的知晓度有所增加。但是，当问到是否知道世界环境日，两个年级选择不知道的比例持平，均接近一半。可见这类常识性知识的掌握度仍存在欠缺，说明学生对此类信息的关注度较少。

从对循环经济的3R原则的知晓情况来看，大部分研究生都不知道减量化（reduce）、再使用（reuse）和再循环（recycle）三种原则。如图3所示，研一学生中，仅有29.63%答对，研二同学中仅36.11%答对，这一比例明显过低。

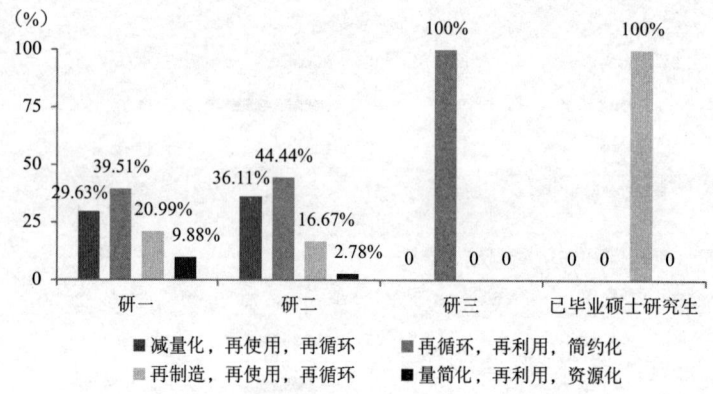

图3 对循环经济的3R原则的了解情况

从对垃圾分类的了解情况来看，如图4所示，70.59%的同学了解北京市或居住地的垃圾分类相关政策，而仍有29.41%的同学表示不了解。北京市的垃圾分类宣传力度很大，但是将近30%的同学仍不了解，足见学生对生态文明的关注度不足、环保意识不强。

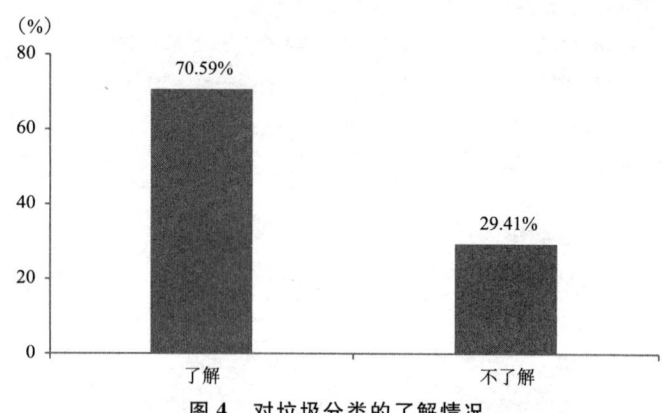

图4 对垃圾分类的了解情况

2. 对生态文明理念的认同度

问卷中有两道题的设计与生态文明理念的认同度相关，分别是：您认为生态文明建设的主体责任是？您认为生态文明建设和经济发展哪个更重要？

如图5所示，大部分同学对生态文明建设的主体责任都有比较清楚的认识。随着年级的升高，越来越多的研究生意识到公民也是责任主体。虽然政府、企业在生态文明建设中扮演了非常重要的角色，但是生态文明建设也是每一个公民的责任，只有公民对生态文明理念的认同度提升，才能更好地践行这一理念。

图5　对生态文明建设的主体责任的认识情况

在对生态文明建设和经济发展的重要性的认知上，如图6所示，84.87%的受访研究生都能正确认识生态文明建设的重要性。

第5题： 您认为生态文明建设和经济发展哪个更重要？ [单选题]

选项	小计(人)	比例
生态文明建设	101	84.87%
经济发展	18	15.13%
本题有效填写人次	119	

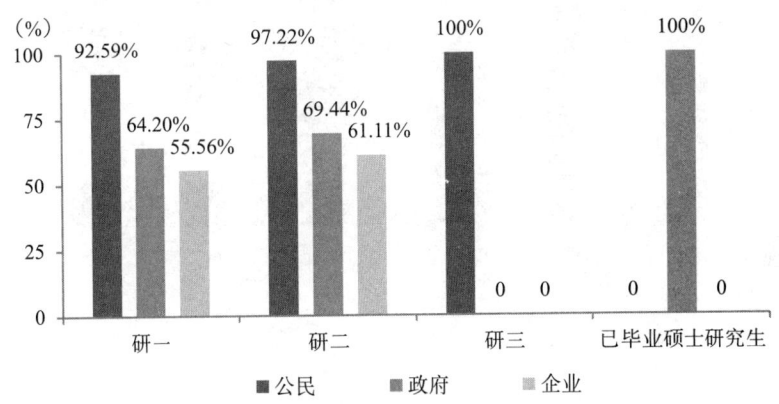

图6　对生态文明建设和经济发展重要性的认识情况

以上数据表明，北京农学院研究生对生态文明理念的认同度较高，能够意识到人与自然和谐相处的生态发展观。

3. 对生态文明理念的践行度

问卷中有5道题与研究生日常生活中的生态文明行为状况息息相关，这也代表了学生对生态文明理念的践行度。

研究生是否经常践行生态文明行为如图7所示，经常使用塑料袋的学生占比为20.17%，经常使用一次性餐具的学生占比为8.4%；在节约用水用电方面，研究生的表现则较为乐观，分别有94.96%和90.76%的同学会做到随时关紧水龙头、随手关灯，64.71%的同学经常购买及使用节能产品；在垃圾分类方面，有超过半数的同学（52.94%）能经常做到对垃圾进行分类。

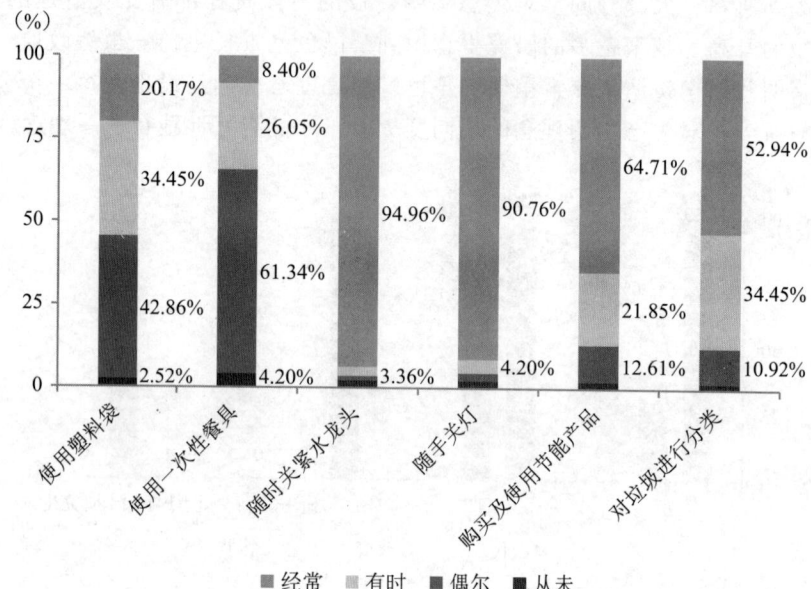

图7　践行生态文明行为的情况

针对以下问题：如何处理用完的快递、餐盒？在打印资料自己看时会选择单面还是双面打印？学生回答情况如图8、图9所示：

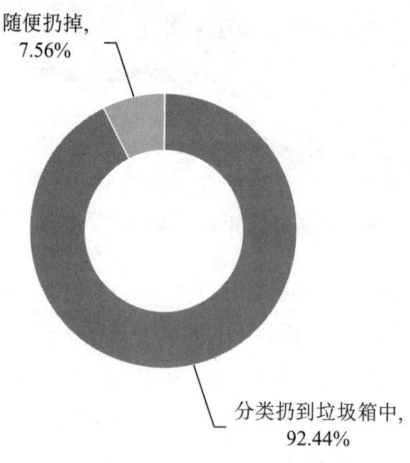

图8　处理用完的快递、餐盒情况

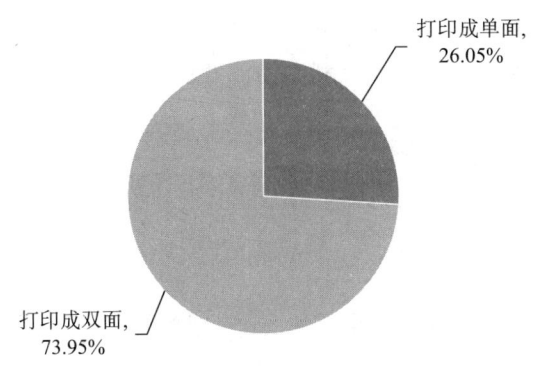

打印成单面,26.05%
打印成双面,73.95%

图 9　打印资料情况

这些情况说明，对于能随手做到且并不太需要花费精力的环保行动，如随手关紧水龙头、随手关灯、处理快递餐盒、双面打印等，大部分研究生都能有较为良好的意识。但在点外卖是否选择一次性餐具以及对垃圾进行分类处理的问题上，能够自觉做到的同学不占多数。可见，要将生态文明意识转化为生态文明行为的能力还有待进一步提高。

如图 10 所示，过半数的同学在发现身边有不爱护或破坏生态的行为时，会选择想办法制止（62.18%），而 36.13% 的同学选择在内心谴责该行为后离去，1.68% 的同学会觉得他人破坏环境、生态的行为与己无关。

第12题：当您发现身边有不爱护或破坏生态的行为时，您会？[单选题]

选项	小计(人)	比例
想方法制止	74	62.18%
在内心谴责该行为后离去	43	36.13%
与我无关	2	1.68%
本题有效填写人次	119	

图 10　对身边不爱护或破坏生态行为的态度

而做出保护环境行为时，同学们的出发点也不尽相同，如图 11 所示。

第13题：当您做出保护环境行为的时候您的出发点是？[多选题]

出发点	国家法律	无损自身利益	地方行为规范	保护环境有利于经济发展	环境和人类是平等的，应该和谐共处	小计(人)
想方法制止	44(59.46%)	25(33.78%)	35(47.30%)	65(87.84%)	66(89.19%)	74
在内心谴责该行为后离去	18(41.86%)	20(46.51%)	20(46.51%)	31(72.09%)	35(81.40%)	43
与我无关	0(0)	0(0)	1(50%)	2(100%)	0(0)	2

图 11　做出保护环境行为的出发点

将图10和图11交叉对比可发现,大部分同学在制止他人破坏环境的行为时,内心的出发点为"保护环境有利于经济发展""环境和人类是平等的,应该和谐共处"。

4. 对生态文明建设的了解

调查问卷中有2道题涉及研究生对生态文明建设的了解途径及意愿:您通常通过哪些渠道了解生态环保知识?您愿意更加深入地学习如何传播生态文明理念、保护生态吗?

其中,了解生态环保知识的渠道情况如图12所示。

渠道	平均综合得分
网络电视媒体	5.39
书本杂志报刊	3.18
课堂学习	2.99
学校宣传活动	2.22
学术讲座报告	1.86
与他人交流	1.54

图12　了解生态环保知识的渠道

注:平均综合得分=(∑频数×权值)/本题填写人次。

从图12的调查结果显示,研究生群体了解和学习生态文明建设相关信息的最主要途径为网络电视媒体,而学校的宣传活动、学术讲座报告等影响比例不高。但大家均表示愿意深入地学习如何传播生态文明理念、保护生态,具体情况如图13所示。

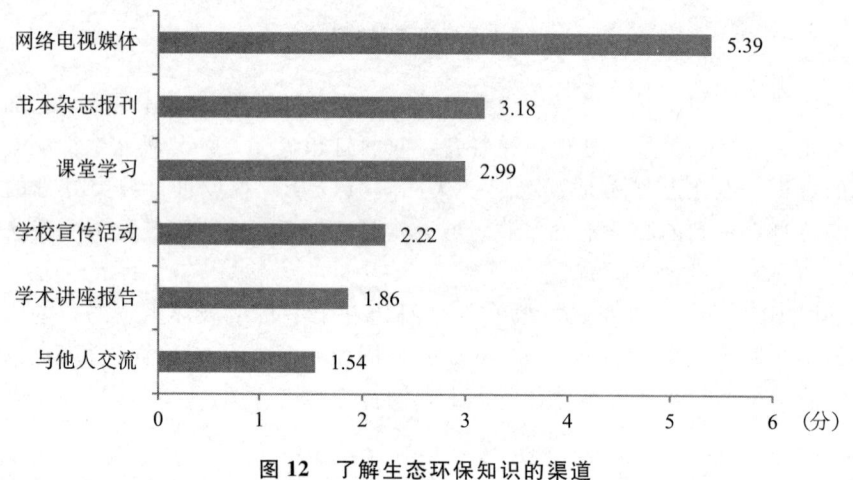

选项	小计(人)	比例
愿意	104	87.39%
不愿意	5	4.2%
无所谓	10	8.4%
本题有效填写人次	119	

图13　深入学习传播生态文明理念、保护生态的意愿

5. 对生态文明理念的思考

问卷有3道题探究了同学们对生态文明理念的思考情况:您认为学校生态文

明建设存在哪些问题？您认为面对越来越严重的生态破坏，最有效的保护措施是什么？提到生态文明建设，您会想到什么？

学校生态文明建设存在的问题如图 14 所示，同学们普遍认为校园内乱扔垃圾、使用一次性餐具和塑料袋、水电浪费现象比较严重，破坏花草树木的情况也时有出现。

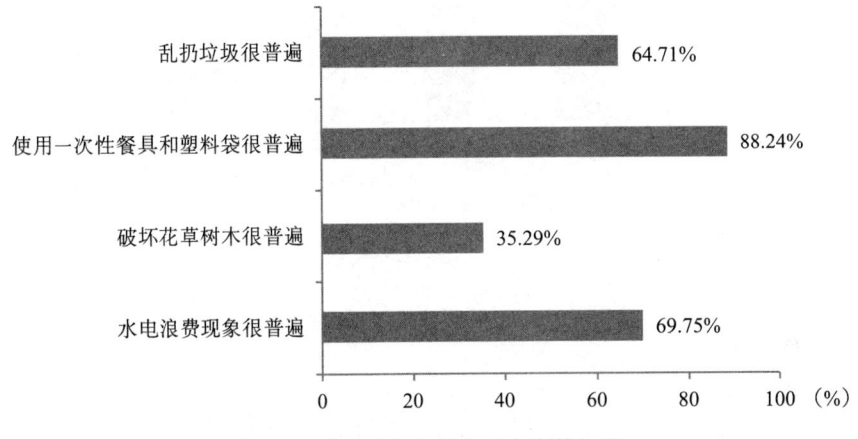

图 14　学校生态文明建设存在的问题

如图 15 所示，面对越来越严重的生态破坏，超过半数同学认为最有效的保护措施是提高人们的生态环境意识使之自觉维护（52.94%），其次是要加大经济惩罚力度（20.17%），责成专业部门采取积极的措施来防治和治理生态的破坏（10.92%），制定严厉的法律制度来防治（10.08%），最后是加大媒体宣传力度（5.88%）。

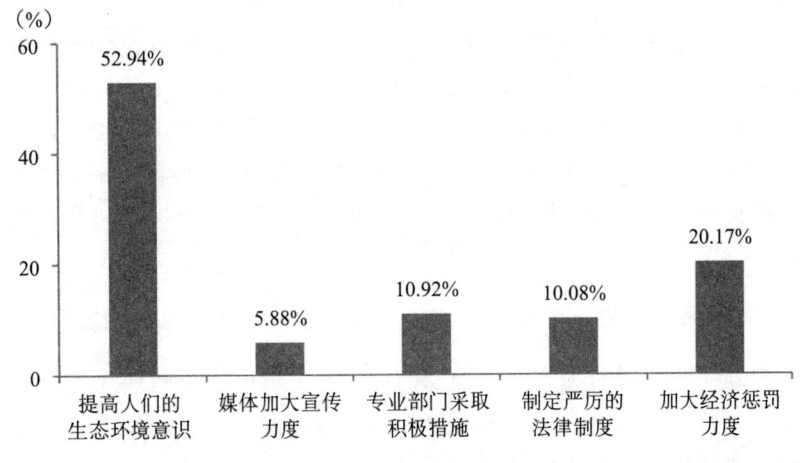

图 15　保护生态环境的有效措施

提高生态文明建设，大家基本都会想到建设资源节约型社会、建设环境友好型社会、走可持续发展道路、从身边小事做起（如图 16 所示）。

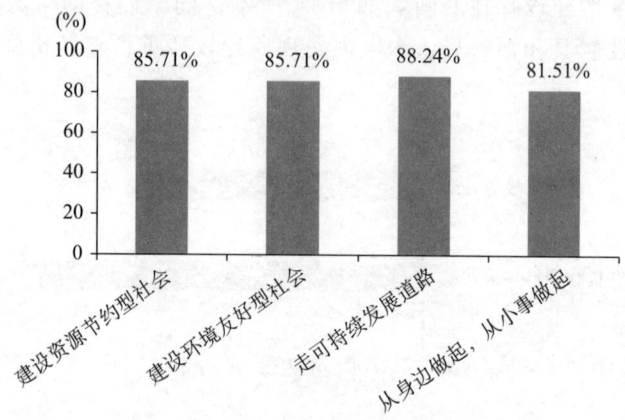

图 16　对生态文明建设的理解

三、加强研究生生态文明意识培养的对策及建议

（一）调研反映出的生态文明意识现状

综合本次调查研究的结果不难发现，目前北京农学院研究生的生态文明意识呈现如下趋势：知晓度较高，但只知其概念不知其具体实施中的相关情况；认同度较高，对生态文明建设的主体责任都有比较清楚的认识，能正确认识到生态文明建设的重要性；践行度不够，对于能随手做到且不太需要花费精力的环保行动，大部分研究生都能有较为良好的意识，但在影响到自己方便度的行为上，能够自觉做到的同学不占多数。这就表示研究生虽然普遍具有环境保护意识，能够认识到环境破坏的严重性，但是并未能很好地将意识转化为主观能动性。在发现身边有不爱护或破坏生态的行为时，有接近 40% 的学生选择在内心谴责该行为后离去，可见在践行生态文明行为时，仅停留在了规范自身层面，并未能很好地行使监督权。

（二）加强宣传和完善基础设施建设，保障生态文明理念的践行

为了调动研究生践行生态文明理念的积极性，将生态文明理念的知晓度及认同度转化为有效的践行度，首先就是要加强宣传力度和完善校园内基础设施建设等，只有加强学生对生态文明知识的了解和掌握，理解其内涵及重要性，由理论指导实践，才能将生态文明意识转化为自觉的生态保护行为。问卷结果显示，研

究生群体了解和学习生态文明建设相关信息的最主要途径为网络电视媒体，而学校的宣传活动、学术讲座报告等影响比例不高。这也表明高校在生态文明理念的宣传教育方面的力度仍有待提高。因此，一是可利用校园内宣传栏、投屏等设施加大传播力度，让学生能够直观、快速了解到绿色生态文明理念及相关践行操作。二是组织生态文明理念相关讲座、开设通识课等，积极促进学术探讨。三是校园垃圾分类投放位置及数量要调研其合理性，在公寓楼、办公楼附近增设可回收垃圾及厨余垃圾回收桶，方便学生、教工收到外卖及快递后进行分类投放。目前学校的分类垃圾桶投放点缺乏必要的监督和管理，有的分类垃圾桶形同虚设，应该在习惯养成初期，定时进行监督和教育，提醒大家在实际操作中的注意事项，进一步培养良好的垃圾分类习惯。

（三）发挥农林院校学科优势，提升绿色校园影响力

高校要积极响应号召，重视人才培养过程中对学生生态文明意识的培养。农林院校应发挥在校园环境方面的优势，通过特色的课程设置，为培养学生生态文明意识打下良好的基础。农林学科可在课题研究和课程设计上纳入生态文明教育，帮助学生树立正确的生态文明价值观，引导践行生态文明行为。积极利用校外实践基地，如林场、农场、公园等，让学生深入了解生态现状，提升认知。鼓励学生根据自身专业优势，围绕可持续发展的绿色校园建设进行研究，如屋顶种植、校园景观改造、校园生态环境维护等，通过学术、环境氛围潜移默化影响学生的生态文明意识。

参考文献：

[1] 崔会平. 农林院校在校大学生生态文明素质培养初探 [J]. 安徽农学通报, 2018, 24 (02)：115 - 118.

[2] 吴巍. 高校大学生生态文明意识调查与培育对策 [J]. 安徽警官职业学院学报, 2019 (03)：104 - 107.

[3] 李平沙. 生态文明建设的根本是化育人心——专访南开大学生态文明研究院院长龚克 [J]. 环境教育, 2019 (07)：12 - 17.

工作报告

北京农学院2020年学科建设质量分析报告

研究生处

一、"十三五"期间北京农学院学科发展总结

"十三五"期间北京农学院学科获得了长足发展,经多年建设及近年来优化调整,学校构建了农科为特色、农工管学科为主干、多学科融合的都市农业学科体系,兼有理、工、经、管、法、文等学科的高等农林院校。目前有11个一级硕士学位点学科,7个专业学位类别,近40个本科专业。

学校紧密围绕首都乡村振兴战略和都市型现代农业发展需求,积极开展农林科技创新和科学研究,努力打造和完善都市型现代农林高级人才的培养,全面建成高水平应用型大学。截至目前,学校在校研究生1200余人,分布在生物与资源环境学院、植物科学技术学院、动物科学技术学院、经济管理学院、园林学院、食品科学与工程学院、计算机与信息工程学院、文法与城乡发展学院8个二级学院。

(一)优化学位授权点布局

2018年3月,学校获批7个硕士学位授权点,分别是生物工程、植物保护、工商管理、畜牧学4个一级学科和社会工作、国际商务、林业3个专业学位。当前北京农学院有11个一级学科分布在农、工、管3个学科门类。农学门类包括作物学、园艺学、植物保护学、兽医学、畜牧学、林学;工学门类包括生物工程、食品科学与工程、风景园林学;管理学门类包括农林经济管理和工商管理。学科布局结构已经基本成型。

2018年5月,根据学校都市型现代农林大学的办学定位,结合一级学科硕士学位授权点研究生培养方案修订工作,研究生处组织开展一级学科内涵大讨论,

以服务区域和学生全面成长需要作为根本出发点，进一步梳理一级学科队伍，凝练一级学科研究方向。

2019年5月，园艺学获批北京高校高精尖建设学科立项，与中国农业大学园艺学共建，进一步加大了学科知名度与经费支持力度，提升了学科建设水平。

（二）完善学科建设机制

坚持都市型现代农林高等教育办学特色，根据新时代首都发展对农林业的新需求，结合学校办学规模和人员总量现实，遵循学科发展规律，分类设置建设目标。根据学科发展现状及发展目标，把现有11个一级学科按照划归为三个层次进行管理建设。特别是加强优势学科建设，以优势学科的发展辐射带动其他学科发展，起到良性的引领作用。同时，取消二级学科设置备案，按照一级学科进行招生，实现二级学位授权点的动态调整。

（三）做好教育部第四轮学科评估和学位点评估工作

第四轮学科评估中，学校共7个1级学科参评，其中园艺学、兽医学、农林经济管理3个一级学科进入C档，园艺学综合实力超过全国4个博士学位授权点，农林经济管理综合实力超过全国1个博士学位授权点，综合来看比第三轮学科评估有明显进步。

学位点合格评估中，学校涉及14个学位授权点参加，其中包含7个学术学位授权点，具体范围如下：作物学、园艺学、兽医学、农林经济管理、食品科学与工程、林学、风景园林学。农业硕士专业学位授权点7个，具体范围如下：农艺与种业、资源利用与植物保护、畜牧、农业管理、食品加工与安全、农业工程与信息技术、农村发展。农林经济管理和作物学抽查均以合格结果通过评估。

（四）提升研究生培养质量

截至"十三五"末，学校在学各类研究生1494人，其中全日制在校研究生1190人（见表1），非全日制304人。同比"十二五"末，全日制硕士研究生总人数增加607人，同比增长1.04倍。

表1　　　　2016—2020年全日制招收硕士生规模统计表　　　　　单位：人

年度	2016年	2017年	2018年	2019年	2020年
合计	300	353	424	486	585

自2007年学校首次授予硕士学位以来，共授予硕士学位1348人，2010—2015年，共授予硕士学位1196人（见表2），其中学术硕士617人，全日制专硕391人，非全日制专硕188人。

表 2　　　　　　　　2015—2019 年授予硕士学位人数统计表　　　　　　　单位：人

年度	2015 年	2016 年	2017 年	2018 年	2019 年
合计	289	307	384	408	442

2015—2020 年，共有 166 篇学位论文被评为"校级研究生优秀学位论文"（见表3）。

表 3　　　　　　　　2016—2020 年研究生优秀学位论文数量统计表　　　　　　单位：篇

年度	2016 年	2017 年	2018 年	2019 年	2020 年
合计	27	29	33	36	41

"十三五"期间，研究生以第一作者发表学术论文 540 篇，其中 SCI 论文 53 篇，以柴叶茂、贾海峰、杨拓、罗荣丽、李华等为代表的优秀研究生在 PP、JXB、PJ、PCE 和 HR 等发表高水平论文；联合培养博士生徐晓龙发表高水平论文，在"top100 被引论文"排名第 15 名。

参与各级各类科研项目 290 人次。研究生就业率始终保持在 98% 以上，其中 77 名硕士研究生考取国内外重点大学博士研究生。毕业生普遍职业胜任能力强，职业素质较高，受到用人单位一致好评，一批毕业生已经成为大型企业、大专院校和科研院所的中坚力量和行业领军人才。

（五）完善硕士生导师考核制度

学校切实把导师立德树人要求纳入培养环节，制定了《北京农学院硕士生导师工作职责的规定（试行）》，把导师考核纳入导师管理体系。截至"十三五"末，学校共有硕士生导师 487 名，其中校内导师 292 名，校外导师 195 名。2016—2020 年，共新增硕士生导师 120 名。2018—2020 年度导师考核合格率达到 97% 以上。

（六）完成研究生培养方案修订

学校着重强调研究生培养过程管理，组织完成 2018 版的研究生培养方案修订工作，完成 3 个博士点申报学科的培养方案制定。通过研究生教育经费与项目支持，为人才培养提供必要保障。近 5 年，立项数量达到 600 余项，内容涵盖研究生创新科研、研究生党建、社会实践等领域，为研究生培养提供了全方位保障。同时进一步加强学位点及研究生工作站立项建设，2014—2019 年，建成研究生工作站 28 个，研究生校外实践基地 68 个，进一步支撑了研究生教学质量。研究生处牵头的"都市型农林高校研究生培养模式改革研究与实践"获得北京市教育教学成果奖一等奖。

二、2020 年开展的主要工作

（一）学科建设工作

1. 组织完成博士学位授权单位申报工作

根据授权审核基本条件（试行）及北京农学院关于印发《北京农学院博士学位授予立项建设单位工作实施方案》（北农校发〔2019〕20 号）文件要求，积极跟进 3 个拟申报博士点一级学科建设情况，制定了 2020 年度申博工作时间安排表，组织学科完成每月一次的申报简况表专家论证与材料完善修改工作。

邀请国务院学位办欧百钢处长及北京市学位办姜世军副处长等上级教育主管部门博士点申报工作负责同志，针对北京农学院博士点简况表情况进行质询，并结合专家意见，适时调整申报方案，将兽医学一级学科博士申请调整为兽医博士专业学位类别，将园艺学科原定的 3 个方向调整为 4 个方向。

协调学校办公室、教务处、科学技术处处、人事处、计划财务处、国有资产管理处、国际合作与交流处、图书馆等相关部门完成申博单位申报数据填报与核验工作，并配合北京市学位办先后于 2020 年 3—5 月，完成两次拟新增博士授权单位摸底工作。

完成博士学位授予单位系统申报工作，组织建立申博工作专班，组织学院完成博士生培养方案制定、申博数据简况表的基本数据填报及信息校对、博士单位申请报告撰写、申博工作总结撰写等相关任务，完成博士点答辩材料准备等相关工作。

2. 完善高精尖学科建设与联合培养博士生工作

加强对高精尖学科的管理工作，跟进高精尖学科的日常建设工作，完成高精尖学科的成果统计、建设情况汇总、预评估、事前评估考核等相关工作。组织完成园艺学科自评工作，并以此为契机，邀请国内园艺学科刘仲华院士、李天来院士等 7 位专家学者对园艺学科建设情况进行指导，得到一致认可，具体情况如下。

人才培养方面，园艺学科成立了共建学科人才培养指导委员会，对学科培养目标和培养方案进行优化调整；实施学科共建互聘研究生导师制度并形成联合培养团队，强化研究生教育教学模式研究；狠抓实践教学体系改革和后培养制度；15 人次教师被聘为联合博士生导师；设立了人才培养研究项目 10 项，优化研究生教学实验示范平台 4 个，建立研究生工作站等校外实习、研究生创新创业基地 11 个，设立了研究生主持的各类科研项目 25 项、创新创业奖励项目 30 余项；积极对接 50 余名毕业生村干部开展美丽乡村建设；培养博士后 6 名，联合培养博士研究生 2 名；研究生获省部级以上各类奖励 3 项，有国家奖学金获得者 2 名，2019 年获批国家双一流建设专业。

经费使用方面，2019 年园艺学科共建总经费 1000 万元，实际支出 956.07 万元。其中，人才引进与青年教师培养：151.65 万元，占总支出经费的 15.86%；科技平台（含仪器设备 129.80 万元、测试平台 67.88 万元）与团队（77.88 万元）建设：275.56 万元，占总支出经费的 28.82%；科技创新能力与教授（院士）工作站等示范基地建设：253.3 万元，占总支出经费的 26.49%；研究生人才培养模式及创新创业能力提升：199.58 万元，占总支出经费的 20.88%；国际合作交流：75.98 万元，占总经费的 7.95%。这显著地提升了人才引进、青年教师培养、省部级重点实验室、科技示范与成果转化基地建设水平，以及人才培养质量，保证了经费在重点方向和领域发挥效益。

师资队伍建设方面，成立了由 10 位院士组成的共建学科学术委员会和由 20 余名国内园艺学专家组成的学科咨询委员会，对学科高精尖建设和博士点申报方案进行了评估和论证；设立院士指导的学术团队 6 个；柔性引进瓦赫宁根大学托恩·贝斯林（Ton Bessling）、北京林业大学尹伟伦、中国农业大学康绍忠等院士以及加州大学河滨分校等高层次人才共 6 名；引进杰青、长江学者等高层次人才 2 名、选拔与培育青年优秀人才 4 名；通过引进、优选、校内调整，学科由过去的 24 人增加到 42 人；专任教师中博士学位 81%，副高以上达到 69%，青年教师比例达到 60%，国家级、省市级人才及学术兼职稳定在 50% 以上，国家级人才和学术兼职 6 人次；受聘中国农业大学等 6 所大学博（硕）士导师 15 人次；建立推广型青年教师成果转化基地 6 个。

科学研究方面，主持与参与市级高精尖研究平台各 1 个，完成了市级协同创新中心的建设与验收，并准备申报省部共建协同创新中心；优化构建园艺植物生物信息学等研究平台 4 个，并准备了北京实验室申报；围绕 4 个研究方向，申报国家重大专项等科技项目 7 项，获得省部级科技成果奖励 7 项；围绕产业需求研发重大关键技术并应用 7 项；建设院士工作站等高标准科技示范和成果转化基地 6 个。共建首都都市型园艺现代产业体系专家团队 3 个、设立科技特派员基层挂职与经费匹配项目 4 个。年度内共申请科研项目 31 项，经费 2871.15 万元；审认定新品种 2 个；中试新品系 6 个；发表学术论文 42 篇，其中 SCI 收录 26 篇；获得软件著作权 2 项，授权国家专利 18 项；建立了成果转化基地 2500 亩（约 167 公顷）。

同时，进一步完善学校与中国农业大学、北京林业大学的学科结对共建和联合培养博士生工作，完善博士生联合培养工作机制。

3. 完成教育部第五轮学科评估部署工作

根据教育部学位与研究生教育发展中心（简称"学位中心"）《关于公布

〈第五轮学科评估工作方案〉的通知》（学位中心〔2020〕43号）、《全国第五轮学科评估邀请函》（学位中心〔2020〕44号）的要求，全国第五轮学科评估工作于2020年11月正式启动。

研究制定发布了《关于做好全国第五轮学科评估参评工作的通知》（研处字〔2020〕35号）。统计上报参评学科合计7个，分别是园艺学、作物学、兽医学、农林经济管理、林学、风景园林学、食品科学与工程；协调植物保护、生物工程、畜牧学、工商管理等4个2016年以后新增学科，由于培养学生不满一届，根据文件要求，本次可不参评。

下一步，学校将进一步贯彻落实中共中央国务院《深化新时代教育评价改革总体方案》精神，发挥学科评估对学科发展的导向作用，立足学校发展大局，全面检验学校"十三五"期间学科建设成效，以评促建、以评促改、以评促升，加快完善都市型农林学科体系，推动北京农学院学科建设工作有序发展。同时，把各项后续工作落到实处，力争在第五轮学科评估中有所进步，为建成高水平应用型大学做出贡献。

4. 完成"十四五"时期学科建设与研究生教育规划工作

第一，根据学校党委统一安排，完成了"十四五"时期学科建设与研究生教育规划工作，总结了"十三五"时期学校学科与研究生教育工作情况，对"十四五"时期的学科与研究生教育布局做出新的规划，具体情况概述如下：

明确指导思想为适应首都经济社会和行业发展需求，立足高水平应用型大学定位及发展目标，根据北京农学院落实《关于统筹推进北京高等教育改革发展的若干意见实施方案"和《首都教育现代化2035》文件精神，服从和服务于党中央"四个全面"战略布局，以服务京津冀协同发展需求为导向，进一步完善学科结构布局，突出学科方向与特色，优化学科人才队伍，改善学科发展条件，增强学科竞争优势，创新学科管理机制，提高学科建设水平。

第二，确定发展原则为以下几个方面：一是分类分层，突出重点。以国家和高校所在地区经济发展需要来确定重点学科，根据学校整体部署，明确各个学科和学位点建设的重点领域、重点方向与重点任务。二是强化优势，形成特色。要以学科群组集合为单位，打造新的优势学科群，使各学科在可比指标上能够凸显更强的实力与优势。三是立德树人，育人为先。以导师落实立德树人为抓手，学生创新创业能力培养为重点，不断完善研究生分类培养模式，全面提高人才培养质量。四是合作开放，共享共赢。与京津冀农林高校、国内外高校院所广泛合作，开展联合培养硕士、博士研究生，共享共赢研究生教育改革成果。五是创新机制，协同发展。形成交叉融合、相得益彰、互相支持的学科建设体系。

第三，明确具体目标为：在"十四五"期间，学校将聚焦应用型大学定位和都市型农林高校的特色优势，坚持"以学科建设为龙头，加强学科统领发展作用"的发展思路，创新机制、突出重点、扩大优势、彰显特色、提升水平；积极开展学位点授权审核工作，主动进行学位点动态调整，科学进行学科优化，构建都市农林业学科群，加快新兴与交叉学科建设，努力培育新的学科生长点，大力推动学科整体发展和学校综合科研能力、学术水平及人才培养质量的全面提升。

第四，在学科布局方面：一是申请新增2个博士一级学科学位点。根据《学位授权审核基本条件》，拟建设食品科学与工程、风景园林学等2个申请博士一级学科。二是申请新增1个博士专业学位授权点。根据《学位授权审核基本条件》，拟建设生物与医药专业为博士专业学位授权点。三是申请新增3个硕士专业学位点。根据《学位授权审核基本条件》，拟建设电子信息硕士、工商管理硕士、法律硕士等3个专业硕士学位授权点。四是提升一级学科评估等次。在教育部下一轮学科评估中，园艺学、农林经济管理、兽医学三个一级学科达到B及以上；作物学、林学、风景园林学、食品科学与工程四个一级学科达到C及以上，生物工程、植物保护、工商管理、畜牧学四个一级学科达到C-及以上。

第五，在研究生教育方面：一是稳定研究生全日制在校生规模。各类研究生在校生人数稳定在1700人，其中全日制1400人，非全日制300人，硕士研究生学术型与专业学位比例保持在1:1.5左右。二是建设研究生优秀课程。新建设50门，年均建设10门。实行项目化管理，推进教学改革，强化思政内容，提升研究生课程质量。三是开设研究生实践课程。新增30门研究生实践课程。将课程设置与培养方案修订相结合，优化现有课程设置，基于区域、产业、行业需求，立足产教融合，强化专业学位研究生实践创新能力培养。四是加大校外研究生联合培养实践基地支持力度。新增30个校外研究生联合培养实践基地，年均新增6个。用于研究生实习、实验、生产实践和技术开发，提升研究生理论运用水平和专业技能，提高研究生研究能力。五是加大研究生工作站建设支持力度。新增20个研究生工作站。实行项目化管理，推进科教融合和产教融合，用于研究生短期挂职锻炼、定岗实习、成果转化应用等。六是开设研究生培养专项班。设置6个研究生培养专班，每年招80名研究生。以产业需求为导向，推进研究生分类培养改革，采取跨学科、跨专业方式，实行多种形式专业学位硕士专项化培养，共同解决产业问题。

(二) 经费预算与管理

1. 校内经费项目

根据学校学科与研究生教育实际需求和《北京农学院预算管理办法》，按照以收定支、平衡预算的原则，根据学校下达的 2020 年学科与研究生教育校内预算经费总额，以及 2020 年工作需要与 2019 年经费执行情况，制定了经费分配方案，涵盖以下几个方面：

（1）学位与学科建设能力提升工程：包含博士学位授予单位建设工程、11 个一级学科、13 个专业学位（领域）；

（2）研究生创业与就业能力提升工程：各学院研究生创业与就业工作经费；

（3）北京农学院 2020 年学位与研究生教育改革与发展项目；

（4）研究生"三助一辅"、科研创新奖励、优秀干部、优秀毕业生；

（5）研究生学业奖学金；

（6）研究生工作站、网络课程、思政工作、研究生招生宣传、创新创业教育等工作。

2. 市级经费项目

对高精尖学科、基本科研经费、学业奖学金等市级项目进行建卡，并督促项目负责人完成月报工作。

3. 研究生教育改革与发展项目管理

2020 年 3 月 24 日，根据《北京农学院学位与研究生教育改革与发展项目管理办法（试行）的通知》文件规定，经前期个人申报、单位推荐、专家评审、研究生处审核等相关程序，已经组织完成学位与研究生教育改革与发展项目立项工作，批准"工商管理硕士点评估体系研究"等 89 个项目立项。

（三）校学位办工作

1. 学位授予工作

根据教育部、北京市和北京农学院有关应对新冠肺炎疫情防控工作的指示精神，2020 年夏季北京农学院硕士研究生学位授予工作分为两批进行，根据《中华人民共和国学位条例》《中华人民共和国学位条例暂行实施办法》《北京农学院硕士学位授予工作实施细则（修订）》等相关规定，共授予硕士研究生学位 489 人。其中 2020 年 6 月 5 日召开的校学位委员会，决定授予夏季第一批 455 名研究生硕士学位；2020 年 7 月 23 日召开的校学位委员会，决定授予夏季第二批 34 名研究生硕士学位。

2020 年 3 月 9 日前，完成了研究生学位申请工作，申请第一批硕士学位研究生 498 人（其中学术学位 90 人，全日制专业学位 311 人，非全日制专业学位 97 人）。研究生通过信息管理系统填写《研究生学位申请与资格审查材料》，由所在学院资格审查小组在线审核，学院审核其学分、论文等情况，学院通过审查后由研究生处完成审核。

2020 年 3 月 16 日至 4 月 3 日，完成了研究生学位论文学术不端行为检测工作,研究生通过网络向学院提交学位论文电子稿,学院汇总交给学科与学位管理科进行学术不端检测。学位论文相似度低于15%视为检测合格,每名研究生有2次检测机会,第一次检测重复率大于50%即取消复检机会,共计检测学位论文538人次,最终3名研究生未通过学术不端检测。

2020年4月7日至4月30日,完成了学位论文盲审工作。论文盲审全部实行"双盲"评阅。论文盲审环节通过国研平台进行送审,评阅人由3名副教授(含)以上或相当职称的专家担任。学校抽检盲评论文数量总体比例不低于10%,具体数量按学科(专业、领域)分别测算,通过电脑抽签,最终确定57人由研究生处送审,其余由学院送审。外审评阅环节,有5名研究生不通过。

2020年5月11日至5月30日,完成了研究生学位论文答辩工作,受疫情影响答辩全部采用线上方式进行,研究生使用腾讯会议、钉钉、好视通等视频会议软件,总计答辩57场491人次,其中2名研究生未通过答辩。

经过以上各环节及6月5日校学位委员会审核,实际授予学位硕士研究生455人(其中学术学位78人,全日制专业学位298人,非全日制硕士79人)。

为进一步降低疫情对北京农学院研究生学位授予工作的影响,2020年6月20日至7月15日,北京农学院进行了夏季第二批学位授予工作,申请夏季第二批硕士学位研究生46人(其中学术学位15人,全日制专业学位11人,非全日制专业学位20人)。经学位申请、资格审查、论文查重、论文外审、论文答辩等环节,7月23日校学位委员会审核,实际授予34人(其中学术学位13人,全日制专业学位9人,非全日制硕士12人)硕士学位。

2020年冬季学位申请环节中,9月25日前,完成了研究生冬季学位申请工作,北京农学院申请硕士研究生学位16人,其中全日制专业学位6人,非全日制专业学位10人。其中14人通过资格审核,进入学位申请下一环节。

2020年9月26日至10月16日,完成了冬季研究生学位论文学术不端行为检测工作,参加检测研究生结果均为通过。

2020年10月17日至11月14日,由研究生处进行送审,完成了论文外审工作,参加送审研究生14人,最终通过论文外审13人。

2020年11月25日至12月13日,进行论文答辩环节,截至目前已有5个学院完成答辩工作。

计划于2020年12月23日召开校学位委员会授予学位。

2. 优秀论文评选工作

按照《北京农学院硕士研究生优秀学位论文评选办法》(北农校发〔2014〕51号),2020年夏季,经各论文答辩委员会、学院分学位委员会推荐,研究生处审核,共审核通过《草莓液泡膜磷转运体FaVPT1调控磷积累和果实品质》等41篇优秀学位论文,具体见表4。

表4　北京农学院2020年硕士研究生优秀学位论文名单

序号	姓名	学院	类别	学科（类别/领域）	指导教师	学位论文题目
1	许鹏昊	植物科学技术学院	学术学位	果树学	沈元月	草莓液泡膜磷转运体FaVPT1调控磷积累和果实品质
2	杨拓	植物科学技术学院	学术学位	果树学	姚允聪	光诱导lncRNA调控苹果果实花色素苷的积累
3	张文强	植物科学技术学院	学术学位	蔬菜学	陈青君	双孢蘑菇蛋白添加剂评价及豆粕蛋白增产机制的多组学研究
4	曹莉	动物科学技术学院	学术学位	基础兽医学	王真	鼠伤寒沙门菌转录组分析及多粘菌素B耐受相关基因的功能研究
5	张萍	经济管理学院	学术学位	农林经济管理	刘芳	"一带一路"背景下中国乳业贸易格局优化研究
6	杜兵帅	园林学院	学术学位	森林培育	房克凤	板栗胚珠败育的细胞学及分子机理初探
7	马波	园林学院	学术学位	园林植物与观赏园艺	冷平生	MYBs在"西伯利亚"百合花香生物合成中的调控作用
8	何大博	食品科学与工程学院	学术学位	食品科学	仝其根	鸡蛋蛋清白热聚集行为控制及其机理研究
9	李桐	食品科学与工程学院	学术学位	食品科学	金君华	母乳喂养婴儿源双歧杆菌对小鼠糖脂代谢紊乱的预防作用
10	刘佳	生物与资源环境学院	专业学位	生物工程	杨明峰	软枣猕猴桃快繁及遗传转化体系的建立
11	刁冬慧	生物与资源环境学院	专业学位	生物工程	刘悦萍	桃PpARF4-PpMYB10.1对果实花青苷合成的调控作用
12	孙悦	生物与资源环境学院	专业学位	生物工程	张国庆	蜡质裸脚菇胞外漆酶纯化、纳米固定化及染料脱色研究
13	闫晨鸽	生物与资源环境学院	专业学位	资源利用与植物保护	李永强	利用深度测序鉴定枣树及百合病毒
14	李亚萌	生物与资源环境学院	专业学位	资源利用与植物保护	毕扬	北京地区番茄灰霉病菌对咯菌腈的抗性风险评估
15	张可馨	生物与资源环境学院	专业学位	资源利用与植物保护	梁琼	施用秸秆和生物炭对设施菜地土壤团聚体稳定性及碳氮固持的影响

续表

序号	姓名	学院	类别	学科（类别/领域）	指导教师	学位论文题目
16	赵新玉	植物科学技术学院	专业学位	农艺与种业	王维香	玉米转录因子 ZmCCT 参与逆境胁迫的作用研究
17	陈晨	植物科学技术学院	专业学位	农艺与种业	郝敬虹	不同品种半结球叶用莴苣抽薹特性及相关生理分析
18	孟宇航	植物科学技术学院	专业学位	农艺与种业	张喜春	遮荫条件下蒲公英转录组测序及类黄酮相关基因表达分析
19	陈思宇	植物科学技术学院	专业学位	农艺与种业	姚允聪	MdMYB4 介导苹果植株抗盐的土壤微生物机制
20	侯昆	动物科学技术学院	专业学位	畜牧	郭玉琴	青蒿素对奶牛乳汁代谢物的影响及其调控机制的研究
21	付博凡	动物科学技术学院	专业学位	兽医	倪和民	奶牛子宫内膜上皮细胞来源外泌体对炎性子宫局部淋巴细胞募集活化的研究
22	刘丹	动物科学技术学院	专业学位	兽医	沈红	多肽提取物对鸡抗氧化、调节免疫及抗球虫感染的研究
23	张肇南	动物科学技术学院	专业学位	兽医	张华	比格犬腹腔镜左肝叶切除模型的建立及术后肠道菌群变化的研究
24	孙潇	经济管理学院	专业学位	农业管理	黄映晖	北京市平谷区农业废弃物综合利用问题研究
25	李春媛	经济管理学院	专业学位	农业管理	徐广才	北京市蔬菜专业村产业集聚度及影响因素分析
26	宋珺	经济管理学院	专业学位	农业管理	苟天来	脱贫户产业发展对策研究——以江西省遂川县为例
27	徐伟楠	经济管理学院	专业学位	农业管理	何忠伟	我国重大动物疫情公共风险评估体系研究
28	张瑶	经济管理学院	专业学位	农业管理	刘笑冰	北京国家森林公园游憩资源评价研究
29	蒋晓彤	园林学院	专业学位	风景园林	冯丽	基于地域文化表达的北京市怀柔浅山区绿道规划设计研究
30	郭杭琦	园林学院	专业学位	风景园林	卢圣	地域文化视角下的京杭大运河景观规划设计研究——以北京通州段为例

续表

序号	姓名	学院	类别	学科（类别/领域）	指导教师	学位论文题目
31	秦宇婷	园林学院	专业学位	风景园林	陈洪伟	一串红（Salvia splendens）与同属6种植物种间杂交亲和性及F1观测
32	陈小娟	食品科学与工程学院	专业学位	食品加工与安全	孙运金	等离子体活化水的灭活效果及对圣女果的保鲜应用研究
33	刘念	食品科学与工程学院	专业学位	食品加工与安全	王芳	酒香风味切达干酪的工艺优化以及品质探究
34	王炯然	食品科学与工程学院	专业学位	食品加工与安全	丁轲	酸枣仁中多种活性成分的分析方法研究
35	韩静瑶	计算机与信息工程学院	专业学位	农业工程与信息技术	张仁龙	基于灰色神经网络实现多因素玉米产量预测
36	齐成林	计算机与信息工程学院	专业学位	农业工程与信息技术	徐践	甘薯预处理系统的设计与实现
37	高文	文法与城乡发展学院	专业学位	农村发展	胡勇	乡村振兴战略背景下教育扶贫现状与问题研究——以吕梁方山地区为例
38	高雪	文法与城乡发展学院	专业学位	农村发展	童光法	我国野生植物保护法律制度完善研究
39	杨峥	植物科学技术学院	非全日制专业学位	农艺与种业	王绍辉	AMF和PGPR对水分胁迫下佛甲草生长及相关生理特征的影响
40	林启敏	园林学院	非全日制专业学位	风景园林	黄凯	基于园艺疗法理念的养老社区景观设计研究
41	乔惠田	食品科学与工程学院	非全日制专业学位	食品加工与安全	陈湘宁	枯草芽孢杆菌的低分子肽对鲜切南瓜保鲜的研究

3. 组织召开学位委员会会议

2020年，分别于6月5日、6月17日、7月23日、9月23日、10月26日、12月23日组织召开6次校学位委员会会议，分别就学士学位授予、硕士学位授予及硕士研究生优秀学位论文评选、导师遴选、博士点申报等议题进行了审核。目前，根据北京市学位办要求，完成北京农学院2020年6月、7月、9月、12月授予学士、硕士学位信息上报工作。

4. 学位证书备案工作

根据国务院学位委员会、教育部《关于印发〈学位证书和学位授予信息管理办法〉的通知》（学位〔2015〕18 号）文件要求，自 2016 年 1 月 1 日起，学位证书由各学位授予单位自行印制，国务院学位委员会办公室印制的学位证书不再使用。为做好北京农学院新版学位证书的设计、印制和发放等工作，同时丰富和完善学校形象标识系统，2016 年北京农学院研究生处联合宣传部，协调教务处、继续教育学院完成了证书的更换工作并于 7 月将新版学位证书在信息系统备案。

5. 林业硕士专业学位研究生优秀学位论文评选工作

为进一步落实全国研究生教育工作会议精神，鼓励林业硕士专业学位研究生的创新精神，推动林业硕士专业学位研究生教育改革和创新，提高林业硕士专业学位研究生培养质量，北京农学院本着"科学公正、严格筛选、宁缺毋滥"的原则，开展第四届全国林业硕士专业学位研究生优秀学位论文评选工作，推荐要求为 2018 年 8 月 1 日—2020 年 7 月 31 日林业硕士专业学位获得者的学位论文。经学院评选，推荐李程、杨云尧 2 人为本次评选提交论文，北京农学院已根据要求将本次推荐论文提交至全国林业专业学位研究生教育指导委员会秘书处。

（四）导师遴选、培训与考核工作

1. 导师遴选工作

根据《北京农学院硕士生导师遴选管理办法》（北农校发〔2015〕6 号），组织开展 2020 年新增硕士生导师资格遴选工作。经学院分学位委员会审议，人事处、科技处对相关申请材料协作审核，共有新增 18 人（其中 13 名校内人员、5 名校外人员）为硕士生导师。

2. 导师培训工作

为落实全国研究生教育会议精神、《教育部关于全面落实研究生导师立德树人职责的意见》（教研〔2018〕1 号）文件精神及《北京农学院 2020 年工作要点》（北农党发〔2020〕10 号）文件要求，学校进一步明确导师作为研究生培养"第一责任人"职责。

2020 年 4 月，组织开设"北农导师云课堂"，邀请校内外专家学者录制培训课程，通过"尚农研工"微信公众号和信息平台推送给导师学习，形成了内容丰富、形式多样、线上与线下相结合的全覆盖硕导培训工作。

学校分别邀请了京内外不同高校的管理专家和学者，分别从学科建设及研究生培养角度为学校导师建言献策，根据反馈情况来看，每期学习视频点击率均能达到 500 次以上，线下反馈效果良好。

未来，研究生处将把导师培训工作常态化，一方面不断邀请校内外专家学者一起走进课堂、营造氛围、共同提高；另一方面指导二级学院有序开展学院层面导师培训工作，从学科建设、研究生培养、立德树人、管理政策等方面进行培训，引导硕士生导师既要做学术训导人，更要做人生领路人，切实增强硕士生导师的社会责任感。

3. 导师考核工作

根据《北京农学院硕士生导师工作职责规定（试行）》（研处字〔2017〕40号）文件精神及《关于做好2019—2020年度硕士生导师考核工作的通知》（研处字〔2020〕17号）文件要求，组织完成2019—2020年度硕士生导师考核工作。

本年度应参加考核硕士生导师数为245人，实际参加考核人数为241人，未参加考核4人，其中1人退休、2人调离、1人延期提交，其余241人均考核合格，合格率达98.4%。

同时，"北农导师云课堂"测评问卷整体参与人数为235人次，合格为223人次、良好为63人次、优秀为110人次（其中满分43人次），本次参加问卷导师平均合格率为94.9%，优秀率为46.8%。

（五）论文抽检工作

论文质量是衡量学科发展的关键，学位论文质量是北京农学院重点关注的方面，结合入学教育、素质课堂、论文抽检等形式，反复加强研究生学术道德和诚信教育，规范了学术道德管理。

2020年12月，北京市教委评估与检测处反馈了上一年度的学位论文抽检结果，根据反馈结果，北京农学院没有不通过的现象（见表5）。虽然本年度论文抽检结果良好，但在学位管理环节，还应加大论文抽检管理力度，要求由导师负责提交研究生抽检论文、试行问题论文约谈制度等，严把论文质量关。

表5　　　　　　　　　　2020年论文抽检反馈结果

学生	导师	学科	论文题目	结果1	结果2	结果3
张含薇	张红星	食品科学与工程	乙酰乳酸合成酶（ilvI）调控大肠杆菌对植物乳杆菌素BM-1敏感性的研究	良好	良好	一般
宋静颐	金君华	食品科学与工程	双歧杆菌中特异性调节蛋白BBMN68_47在酸适应性应答中作用机制研究	一般	良好	优秀
乔博	付军	风景园林学	留住乡愁——基于"场所记忆"的北京棚户区改造景观规划设计策略探究	良好	良好	良好
魏佳赟	卢圣	风景园林学	城市户外儿童活动空间交互性景观设计研究——以北京6个户外儿童活动空间为例	一般	良好	一般
张明明	赵昌平	作物学	小麦SSR指纹鉴定技术优化及小麦品种鉴定专用SNP标记的筛选	良好	良好	优秀

续表

学生	导师	学科	论文题目	结果1	结果2	结果3
陈新红	沈元月	园艺学	草莓果实 FaPYLs 和 FaPP2Cs 互作及类蔗糖结合蛋白 FaSBPL 的功能分析	良好	良好	良好
郭雨欣	刘爵	兽医学	中国猪圆环病毒3型的回顾性调查与猪圆环病毒1、2和3型三重 PCR 检测方法的建立	优秀	优秀	一般
王亚楠	姜代勋	兽医学	木犀草素抑制中性粒细胞 LFA－1 表达的信号通路研究	良好	良好	优秀
苏汉书	蒋林树	兽医学	青蒿提取物对奶牛瘤胃发酵、微生物区系及血液免疫因子的影响	良好	良好	良好
付宇辰	冷平生	林学	茉莉酸在光照调控"西伯利亚"百合花香合成中的作用机制	良好	优秀	优秀
张泽	郑健	林学	花楸树小热激蛋白分子特性及其响应非生物胁迫的分子机制研究	优秀	良好	优秀
王娜	刘芳	农林经济管理	京津冀一体化乳制品安全双链管理机制研究	良好	良好	良好

三、学科建设面临形势与当前存在不足

面对国际国内经济双循环新格局、乡村振兴战略、新农科建设、北京自由贸易区及后疫情时代的新要求，北京农学院致力于培养农业现代化的领跑者、乡村振兴的引领者和美丽北京的建设者，经过"十三五"期间的奠基与努力，着力为首都四个中心及和谐宜居之都建设添砖加瓦。

2020年作为承上启下的一年，在学校学科发展的历史任务中起到至关重要的作用，回首阔别"十三五"，扬帆起航"十四五"。在上个五年规划期间，经过全校上下的努力，学校的学科建设取得了一些成绩和进步。但是，与北京市经济社会需求和学校的发展要求相比，与其他地方院校相比，还存在一些不足，需要在今后努力改进。

（一）学校提升办学层次迫切，学科竞争优势不明显

学校已经具备博士授权单位的申报条件，但还未有博士学位授权点，亟须进一步提升办学层次和人才培养质量，更好地适应首都农林生态建设与经济发展需求。目前，虽然在学科和专业设置以及科研支撑等方面具有较好的基础，但在领军人才和高水平创新团队仍需加强。

为适应北京市都市型现代农林业的发展，要进一步发挥学科建设的引领支撑

作用，增强领军人才的科技实力，锻造一批高水平创新团队。目前北京农学院已有的北京市高精尖学科冲击一流学科的实力不足，主持国家层面的大项目及高水平有显示度的标志性学术成果少，发表高影响因子、高被引数的论文篇数较少。

学科竞争优势不明显，缺少在国内外具有重要影响力的龙头一级学科。学科特色不够突出，重点表现在部分学科研究方向缺乏特色，不能与北京区域经济建设需求很好地结合。对解决国家和北京市经济建设与社会发展中遇到的重大问题的贡献度不够。原创性研究成果和能够带来较高经济效益和社会效益的重大应用研究成果不突出。

（二）学科竞争优势不够显著，整体结构有待优化

北京农学院是市属唯一的农林大学，坚持"立足首都、服务'三农'、面向京津冀、辐射全国"的办学方向，责无旁贷地承担起首都新时代"三农"与"三生"发展所需高层次人才培养的重任，全力建设高水平应用型大学，为建设国际一流的和谐宜居之都提供人才保障和智力支持。对比国内农林高校，新兴学科和交叉学科融合较少，学科创新力度不足。根据2017年第四轮学科评估结果，北京农学院参加评估的7个一级学科中，北京农学院居于优势学科的园艺学、兽医学、农林经济管理分别获得了C+、C、C-，其他学科未进入C-以上排序。重点学科建设虽然取得了较为显著的效果，但学科特色不够突出，与国际一流大学相比存在一定差距，尚未形成高峰和高原学科群；优势学科尚未对学校的学科体系形成坚强支撑，学科实力有待进一步扩展；特色学科群在国内同类高校中的综合学术影响力有待进一步提高。

按照"做强农科、做大工科、做好管科"的思路，完善学校学科管理规章制度，推进学科资源整合和结构优化，突出各相关学科在现代种业、生态环境建设、食品安全、都市农林业发展理论等方向的优势和特色。继续做好教育部学位中心第四轮学科评估后续工作，进一步创新学科组织模式，凝练学科发展方向，根据评估结果分析学科发展不足，积极改进。

（三）学科团队建设有待加强，缺乏领军及高层次人才

学科为基础的科研团队概念仍需强化，应以学科团队为基础，围绕首都发展对农林行业的需求，以及学校总体定位的"食品质量与安全、生态环境、乡村振兴、种质资源开发与利用、智库"等特色研究方向，按照首都重大需求组建跨学科跨学院的科技创新团队，发挥省部级科技创新平台的支撑作用，进一步加强科学研究和技术创新，提高科研水平，为学科建设提供坚实的科研基础。

学校的学科发展在各领域缺乏领军人物。学校缺乏具有国际视野的高水平学者，缺乏能够破解制约首都社会发展中关键问题的顶级专家，缺乏能够引领学科

发展的战略科学家。学科领军人物站在行业科技前沿，具有国际视野，有国内外同行专家公认的重要成就和创新成果，掌握行业科学研究动态，引领行业国际学术前沿，把握战略思维和学术方向，在国内外有较强影响力和号召力，指引着学科的发展和未来，是高校学科人才体系的主导力量，是学校整体学科建设的引导者、设计者，是学科建设的指路人、领航人。学校人才队伍数量、结构、质量与建设国际知名、有特色、高水平研究型大学的要求还存在一定差距，专任教师、管理人员与服务人员的结构还不尽合理，高层次人才聚集度较低，中青年拔尖人才相对匮乏，新老衔接问题日渐凸显，学缘结构需要进一步改善，部分教师的发展目标和培养规划尚不明确，吸引高层次人才的政策、有利于青年教师脱颖而出的机制还未真正建立。

（四）国家级科研平台缺乏，培养都市农业高端人才迫在眉睫

基于产学研一体化，学科发展依赖于科研推动，科研推动依靠产业发展。科研作为产业发展链条中的重要一环，衔接着市场端与人才培养的重要位置。基于北京农学院的办学定位，促进都市农业发展是北京农学院义不容辞的责任，培养高端都市农业人才是北京农学院研究生培养的终极目标。

当前北京市第一产业发展中，都市农业是以生物技术、信息技术引领的，集生产、生活、生态于一体，服务于都市发展和生命健康的新业态，是农业现代化的发展方向，是满足城市居民高质量生活需求的有效方式，更是实现乡村振兴战略的重要途径。培养都市农业新型人才是新农科人才培养的迫切需要，是高等农林教育创新发展的迫切需要，是农业高科技成果转化的迫切需要，是应对京津冀一体化协同发展的迫切需要。北京市委书记蔡奇指出，北京要发展都市型现代农业，走出具有首都特点的乡村振兴路子。作为市属唯一的农业院校，学校在培养都市现代农业高层次人才方面有历史责任，也有强大的内生动力。在北京市支持下，建设都市农业特色的高水平学科，已列为学校的发展规划。

当前北京农学院学科基地和共享平台整体建设尚不完善，与一流学科建设的需求相比，北京农学院重点实验室、实验场站、教学设施等支撑条件方面依然比较薄弱；尚不具备充足的做大做强学科的高水平、高级别研究基地和共享平台。

四、2021年学科建设的主要思路和重点内容

学校学科建设是北京农学院事业发展的重中之重，是学校生存发展的龙头，是落实人才培养的基础工作，是提高教学质量的首要途径，是衡量高校办学水平与质量的重要指标。北京农学院未来发展将紧扣内涵发展、特色发展、差异化发展。一是紧扣首都乡村振兴战略与都市农业发展的主题，坚持立德树人，提升人

才培养水平,加快高层次农林人才培养。二是紧扣北京生态文明建设与和谐宜居之都建设的主线,加强科技创新,产出一批支撑首都绿色发展的高科技成果。三是紧扣首都人民对美好生活的追求与生活品质提升的目标,创新社会服务体制与机制,将学科与发展与市民对美好生活的需求相融合,为保障首都优质农产品供给提供支撑。

(一)进一步跟进博士点申报情况

根据本轮博士点申请进展情况,压实责任,持续跟进博士点申报进度,积极与上级学位办进行对接,紧盯申报的各个环节,组织做好后续各项工作。同时,加大对现有申请博士点学科及"十四五"拟建博士点学科的支持力度,认真研读相关文件、了解政策导向、吃透规则,进一步凝心聚力挖掘内部潜力与自身优势,充分展示自身在服务首都过程中的影响力及重要性,进一步凝练学科内涵与特色,对标条件、摸清家底,进一步凝练学科方向对接首都需求。

(二)完成第五轮学科评估后续工作

积极跟进学位中心通知,完成第五轮学科评估后续材料审核提交工作。总结本轮评估工作填报情况,并就第五轮学科评估简况表出现的新变化进行总结归纳,梳理出需要补充和完善的材料,把工作做实做细,找到问题,弥补短板,为今后工作提供支撑。

围绕都市型农林特色应用型大学定位,优化现有学科布局,进一步打造构建都市农林业学科群,把现有11个一级学科进行分类建设,按照优势学科、培育学科、新增学科三个层次进行建设,培育新型交叉学科增长点。根据学科发展现状,确立各一级学科五年发展指标。

第五轮学科评估将进一步贯彻落实中共中央国务院《深化新时代教育评价改革总体方案》精神,发挥学科评估对学科发展的导向作用,立足学校发展大局,全面检验学校"十三五"期间学科建设成效,以评促建、以评促改、以评促升,加快完善都市型农林学科体系,推动北京农学院学科建设工作有序发展。研究生处将积极运用第五轮评估结果,并作为未来学校一级学科动态调整的重要参考依据。

(三)落实"十四五"时期学科与研究生教育规划工作

面对新形势、新任务、新要求,在下一步的工作中,按照规划内容,坚持"以学科建设为龙头,全面带动研究生教育水平提升"的发展思路,创新机制,突出重点,扩大优势,彰显特色,提升水平。积极开展学位点授权审核工作,主动进行学位点动态调整,科学进行学科优化,构建学科集群,加快新兴与交叉学科建设,努力培植新的学科生长点,大力推动学科整体发展和学校综合科研能力、学术水平及人才培养质量的全面提升。

(四) 继续完善高精尖学科建设与联合招生博士生工作

一是坚持"精准建设"高精尖学科,以立德树人为根本,以人才培养、科研创新、服务贡献为重点,要突出学科建设,突出人才培养;努力把建设成效体现在学科理论体系、人才培养体系及对北京城市发展的贡献力三个方面,要"自比有进步、他比有特色"。

二是强调年度绩效考核。高精尖学科的建设周期为五年,每年都需要进行绩效自评,两年后进行中期考核。要加强绩效考核工作,积极邀请专家对学科建设现状把脉,并对下一步发展提出建设性意见。

北京农学院 2020 年研究生教育质量分析报告

研究生处

一、研究生教育概况

（一）学校概况

北京农学院是北京市属的以农科为特色，兼有理、工、经、管、法、文等学科的高等农林院校。学校紧密围绕首都乡村振兴战略和都市型现代农业发展需求，积极开展农林科技创新和科学研究，努力打造和完善都市型现代农林高级人才的培养，全面建成高水平应用型大学。

自 2003 年获得硕士学位授予权后，独立开展研究生教育已经走过十余个年头。目前学校共有园艺学、兽医学、作物学、林学、风景园林学、食品科学与工程、农林经济管理、生物工程、植物保护、工商管理、畜牧学 11 个一级学科硕士学位授权点，形成了都市型现代农林学科布局。有农业硕士、兽医硕士、风景园林硕士、工程硕士、社会工作硕士、国际商务硕士、林业硕士 7 个专业学位类别和 13 个招生领域，构成植物科学学科群、畜牧兽医学科群、农林经济管理与文法学科群、生物技术与食品工程学科群、生态环境建设与城镇规划学科群，服务首都区域发展。

学校紧密围绕首都乡村振兴战略和都市型现代农业发展需求，积极开展农林科技创新和科学研究，努力打造和完善都市型现代农林科技创新体系。近年来，学校承担了国家重点研发计划、国家自然科学基金等一批高水平国家级项目。都市型现代农业理论研究、生物种业研究、肉牛转基因体细胞克隆技术、中兽药和生物农药等在国内行业处于领先水平。近年来，学校共获得省部级及以上科技成果奖励 40 余项，重点解决了一批北京乃至全国都市农业、现代农业发展中的重大问题和关键技术。

学校拥有一支年龄结构合理、学术水平较高、实践应用能力较强的硕士生导师队伍。现有硕士研究生导师487人，其中校内导师292人，校外导师195人（外籍导师5人）。兼职博士生导师18人。教师中享受国务院特殊津贴3人，教育部教学指导委员会委员4人，长江学者奖励计划、国家杰出青年基金、科技部创新领军人才入选人员1人，教育部新世纪优秀人才1人，北京市百千万人才工程人选2人，科技北京百名领军人才1人，北京高校思想政治理论课特级教授1人，北京市委组织部高层次创新创业人才9人，长城学者培养计划入选人员8人，北京市教学名师8人，北京市优秀教师8人，北京市现代农业产业技术体系岗位专家20人，岗位专家数位居北京市涉农单位之首。还有200余人次先后入选各级各类人才工程。

全日制硕士研究生教育实行新制奖助学金政策，2021年学校按照国家规定收取学费，研究生入学即可享受较高的奖助学金；学校提供相当比例助研、助管、助教岗位。此外，学校每年还评选一定数额的优秀研究生、优秀研究生干部、优秀研究生毕业生、研究生优秀学位论文等，并给予一定的奖励。

在长期的办学实践中，学校全面贯彻党的教育方针，坚定走内涵式发展道路，以立德树人、服务需求、提高质量、追求卓越为主线，聚焦首都"四个中心"战略定位和建设国际一流的和谐宜居之都现实需求，全面服务首都区域经济社会发展、乡村振兴和京津冀协同发展，努力把学校建设成为"立足首都、服务'三农'、面向京津冀、辐射全国"的高水平都市型现代农林大学。

（二）培养目标

学校研究生教育紧紧围绕学校"全面建成高水平应用型大学"的发展定位，遵循教育发展和高水平大学建设的内在规律，坚定不移地走"服务需求、提高质量、内涵发展"之路，确定了"坚持以立德树人为根本任务，培养德智体美劳全面发展、综合素质高、知识结构合理、实践能力强、满足区域经济社会发展和都市型现代农林业发展需要的、具有创新精神和创业能力的复合应用型人才"的人才培养总目标。学校办学定位更加明晰，事业发展不断迈上新台阶。

学校扎实推进新时代学科与研究生教育改革发展。为适应首都经济社会和行业发展需求，立足高水平应用型大学定位及发展目标，进一步完善学科结构布局，突出学科方向与特色，优化学科人才队伍，改善学科发展条件，增强学科竞争优势，创新学科管理机制，提高学科建设水平。

立足国家战略需求和首都城市功能定位，优化调整现有学科专业结构，突出特色。进一步强化学科专业内涵与新时代首都发展的契合度，推动学科专业转型升级，提升学科专业建设水平。加强学科交叉融合，大力推进新农科建设。建立健全专业动态调整机制，着力建设优势专业、新兴专业及新兴交叉融合专业。

（三）基本条件

学校现有果树学、临床兽医学、农业经济管理、农产品加工及贮藏工程、园林植物与观赏园艺5个北京市重点（建设）学科；有1个博士后科研工作站；有农业部华北都市农业北方重点实验室、农业应用新技术北京市重点实验室、兽医学（中医药）北京市重点实验室、北京市乡村景观规划设计工程技术研究中心、北京新农村建设研究基地、首都农产品安全产业技术研究院、北京都市农业研究院、北京市大学科技园等20个省部级科研机构和成果转化基地。

学校科学研究和社会服务瞄准首都发展需求，凝练资源创新利用、生态环境建设、食品质量安全、乡村区域发展科研方向，借助重点实验室、工程中心、协同创新中心和高精尖创新中心等平台，服务农林产业转型升级和乡村振兴战略。近年来，主持和参加省部级以上项目569项；累计科研经费5.7亿元，发表SCI论文360篇，授权专利529项，培育审定植物新品种74个；30多份决策咨询报告或政策建议被市政府采纳或获中央领导批示。通过教授工作站、综合试验示范基地、产业扶贫工作站等平台，示范推广新品种、新技术200余项，转化科技成果80项，承担各类发展规划110项，培训北京市及对口协作地区干部和技术骨干4万余人次。全面参与世界葡萄大会、世界种业大会、世界园艺博览会等国际活动。

学校研究生教育坚持"以人为本"，提升创新和实践能力，努力贯彻国家提出的"以人为本"的发展理念。在研究生教育发展过程中，"以研究生为本"，为研究生提供良好的学习、科研环境，营造良好的学术氛围，并通过学习和实践过程，提升研究生为社会服务的能力。同时，为导师提供良好的教学科研环境，充分发挥导师的作用，使研究生的能力得到全面的提升。

二、学科建设情况

（一）组织完成博士学位授权单位申报工作

根据授权审核基本条件（试行）及学校关于印发《北京农学院博士学位授予立项建设单位工作实施方案》（北农校发〔2019〕20号）文件要求，积极跟进3个拟申报博士点一级学科建设情况，制定了2020年度申博工作时间安排表，组织学科完成每月一次的申报简况表专家论证与材料完善修改工作。

（二）完善高精尖学科建设与联合培养博士生工作

加强对高精尖学科的管理工作，跟进高精尖学科的日常建设工作，完成高精尖学科的成果统计、建设情况汇总、预评估、事前评估考核等相关工作。组织完成园艺学科自评工作，并以此为契机，邀请国内园艺学科刘仲华院士、李天来院士等7位专家学者对园艺学科建设情况进行指导，得到一致认可。具体情况如下。

（1）人才培养。园艺学科成立了共建学科人才培养指导委员会，对学科培养目标和培养方案进行优化调整；实施学科共建互聘研究生导师制度并形成联合培养团队，强化研究生教育教学模式研究；狠抓实践教学体系改革和后培养制度；15人次教师被聘为联合博士生导师；设立了人才培养研究项目10项，优化研究生教学实验示范平台4个，建立研究生工作站等校外实习、研究生创新创业基地11个，设立了研究生主持的各类科研项目25项、创新创业奖励项目30余项；积极对接50余名毕业生村干部开展美丽乡村建设；培养博士后6名，联合培养博士研究生2名；研究生获省部级以上各类奖励3项，有国家奖学金获得者2名，2019年获批国家双一流建设专业。

（2）经费使用。2019年园艺学科共建总经费1000万元，实际支出956.07万元。其中，人才引进与青年教师培养：151.65万元，占总支出经费的15.86%；科技平台（含仪器设备129.80万元、测试平台67.88万元）与团队（77.88万元）建设：275.56万元，占总支出经费的28.82%；科技创新能力与教授（院士）工作站等示范基地建设：253.3万元，占总支出经费的26.49%；研究生人才培养模式及创新创业能力提升：199.58万元，占总支出经费的20.88%；国际合作交流：75.98万元，占总经费的7.95%。这显著地提升了人才引进、青年教师培养、省部级重点实验室、科技示范与成果转化基地建设水平，以及人才培养质量，保证了经费在重点方向和领域发挥效益。

（3）师资队伍建设。成立了由10位院士组成的共建学科学术委员会和由20余名国内园艺学专家组成的学科咨询委员会，对学科高精尖建设和博士点申报方案进行了评估和论证；设立院士指导的学术团队6个；柔性引进瓦赫宁根大学托恩·贝斯林（Ton Bessling）、北京林业大学尹伟伦、中国农业大学康绍忠等院士以及加州大学河滨分校等高层次人才共6名；引进杰青、长江学者等高层次人才2名、选拔与培育青年优秀人才4名；通过引进、优选、校内调整，学科由过去的24人增加到42人；专任教师中博士学位81%，副高以上达到69%，青年教师比例达到60%，国家级、省市级人才及学术兼职稳定在50%以上，国家级人才和学术兼职6人次；受聘中国农业大学等6所大学博（硕）士导师15人次；建立推广型青年教师成果转化基地6个。

（4）科学研究。主持与参与市级高精尖研究平台各1个，完成了市级协同创新中心的建设与验收，并准备申报省部共建协同创新中心；优化构建园艺植物生物信息学等研究平台4个，并准备了北京实验室申报；围绕4个研究方向，申报国家重大专项等科技项目7项，获得省部级科技成果奖励7项；围绕产业需求研发重大关键技术并应用7项；建设院士工作站等高标准科技示范和成果转化基地6个。共建首都都市型园艺现代产业体系专家团队3个、设立科技特派员基层挂职与经费匹配项目4个。年度内共申请科研项目31项，经费2871.15万元；审认定新品种2个；中试新品系6个；发表学术论文42篇，其中SCI收录26篇；获得软件著作权2项，授权国家专利18项；建立了成果转化基地2500亩（约167公顷）。

同时，进一步完善学校与中国农业大学、北京林业大学的学科结对共建和联合培养博士生工作，完善博士生联合培养工作机制。

（三）开展第五轮学科评估工作

根据教育部学位与研究生教育发展中心（简称"学位中心"）《关于公布〈第五轮学科评估工作方案〉的通知》（学位中心〔2020〕43号）、《全国第五轮学科评估邀请函》（学位中心〔2020〕44号）全国第五轮学科评估工作于2020年11月正式启动。

研究制定发布《关于做好全国第五轮学科评估参评工作的通知》（研处字〔2020〕35号）。统计上报参评学科合计7个，分别是园艺学、作物学、兽医学、农林经济管理、林学、风景园林学、食品科学与工程。协调植物保护、生物工程、畜牧学、工商管理等4个2016年以后新增学科，由于培养学生不满一届，根据文件要求，本次可不参评。第五轮学科评估材料已经于2021年1月15日全部上传至评估系统。

（四）开展专业学位水平评估工作

根据国务院教育督导委员会办公室《关于印发〈全国专业水平评估实施方案〉的通知》（国教督办函〔2020〕61号）和教育部学位与研究生教育发展中心（简称"学位中心"）《关于组织实施全国专业学位水平评估工作的通知》（学位中心〔2020〕47号），全国专业学位水平评估工作正式启动。

本次全国专业学位水平评估范围为金融等30个专业学位类别，要求在2015年12月31日前获得专业学位授权，且通过专项评估或合格评估的专业学位授权点须参评。按照评估范围与参评条件，北京农学院农业（包括7个领域）、兽医、风景园林3类专业学位硕士授权点参加此次全国专业学位水平评估。专业学位水平评估材料将于2021年1月27日前上传至评估系统。

三、研究生招生及规模状况

（一）全日制研究生招生

2020年研究生处深入贯彻落实教育部和北京市关于做好研究生招生工作的

指示精神，与各相关学院共同努力，做了大量卓有成效的工作。全年共招收了677名硕士研究生，其中全日制研究生585名，非全日制研究生92名。

全日制研究生中，应届本科毕业生共429人，占总人数的73.33%，非应届人员156人，占总人数的26.67%；一志愿生源为330人，占总录取人数的56.41%；考生共来自29个省（区、市），来源最多的是北京考生，共298名，占50.49%，其他考生来源比较多的地区是山东省、河北省、山西省、河南省等；本科毕业于北京农学院的考生共278人，占总人数的47.52%，外校生源人数为307人，占总人数的52.48%，其中来自985、211院校的考生共14人，占总人数的2.39%；男生182人，占31.11%；女生403人，占68.89%。

（二）非全日制研究生招生

非全日制研究生中，应届本科毕业生共10人，占总人数的10.81%，非应届生82人，占总人数的89.13%；85人通过普通全日制学习完成本科学历，占总人数的92.39%，同等学力考生7人，占总人数的7.61%；考生共来自19个省（区、市），来源最多的是北京考生，共43名，占46.74%，其次考生来源比较多的地区是河北省、山东省；外校生源是非全日制研究生的主要来源，占到71.74%。本科毕业于北京农学院的考生共26人，占总人数的28.26%；男生45人，占48.91%；女生47人，占51.09%。

四、研究生培养过程

（一）加强研究生教育综合改革

根据教育部、国家发展和改革委员会、财政部印发的《关于加快新时代研究生教育改革发展的意见》文件要求，结合学校工作实际，进一步修订《北京农学院关于加快新时代学科与研究生教育改革发展的实施方案》，扎实推进新时代学科与研究生教育改革发展，围绕学校办学特色及定位，推进学术、专硕研究生分类培养，提升研究生教育质量。

（二）研究生课程建设情况

研究生课程体系紧密围绕学校的人才培养目标，坚持"复合型、应用型、创新型"的培养机制定位以及应用型与学术型人才培养并重的理念，从培养方案的内容、课程体系的设置到课程开设结构均体现了学校的培养特色。

根据国家关于新冠肺炎疫情防控要求，在学校疫情防控工作领导小组的指导下，发布《关于做好2020年春季学期研究生培养与教学工作的通知》，协同网络与信息中心、相关学院及时引进了雨课堂、超星平台、好视通等线上授课平台。春季共开设研究生课程 60 门次，其中第一周共开课 41 门次，开学第一天共开课 8 门次；秋季共开设研究生课程 176 门次，第一周共开课 47 门，另有 2020 年春季开设的 7 门课程，因受疫情影响未完成实验教学或线下教学部分，学生返校后，均按常规方式线下授课。教师上课准时，课前准备充分，讲授内容清晰，课件图文并茂，教学案例丰富，可以通过直播正常与学生互动，进行线上答疑，教学效果良好。为了给研究生提供更为丰富的优质课程资源，2020 年继续为研究生提供《工程伦理》《研究生的压力应对与健康心理》《如何写好科研论文》《科研伦理与学术规范》《英文科技论文写作与学术报告》5 门慕课资源，并在"尚农研工"公众号上进行了课程推介。

（三）研究生培养过程管理

1. 2020 年春季组织 2020 届研究生预答辩

根据《北京农学院研究生学位论文工作管理规定》（研处字〔2019〕10 号）文件要求，首次开展研究生毕业生预答辩。2020 年 2 月 24 日至 3 月 9 日，组织开展 2020 届研究生学位论文预答辩工作。预答辩采用好视通云会议平台、腾讯会议平台等方式组织，或采用网上论文审查的方式进行。2020 届研究生共有 497 人参加预答辩，其中 495 人通过预答辩，2 人未通过预答辩。

2. 检查 2019 级研究生课程学分修习情况

结合 2020 年春季期中检查，研究生督导组检查了 2019 级研究生的培养计划进行情况及课程学分修习情况。加强学业预警管理，关注在校研究生学业进展。

3. 开题报告情况检查

结合 2020 年春季期中检查，研究生督导组检查了 2019 级研究生的开题报告准备情况，各学院组织开题的时间集中在 5—7 月，各学院一年级专硕基本完成了在线开题工作。学术学位和非全日制专业学位二年级研究生按照培养计划，在导师指导下，居家进行文献阅读、综述撰写等工作，准备返校后及时投入到实验室工作和实地调研中去。

结合 2020 年秋季期中检查，重点对研究生培养计划、开题报告、实践实训、论文进展等培养环节进行检查。

（四）研究生培养类项目管理情况

为进一步提高研究生人才培养质量，推进研究生教育教学改革和人才培养模式创新，切实提高研究生服务和管理水平，研究生处从 2014 年开始，开展"学位与研究生教育改革发展项目建设项目"。

1. 研究生校外实践基地管理

实践教学是研究生培养的重要组成部分，是研究生提升理论运用水平、提高专业技能不可或缺的重要环节。实践基地建设直接关系研究生的培养质量，对于培养提高研究生的实践能力和创新能力十分重要。

为了适应国家研究生教育改革和发展需要，提高研究生教育水平和培养质量，增强研究生实践动手和科研创新能力，学校于 2016 年发布了《北京农学院研究生联合培养实践基地建设与管理办法》，旨在搭建学校服务地方经济建设和社会发展平台，创新高层次专业人才培养模式，建设高层次人才培养基地，促进"产学研"联盟的形成，加大联合研究生培养力度。

为建设和完善以提高创新能力和实践能力为目标的研究生培养模式，全面提高研究生的实践能力，研究生处重视研究生实践教学工作，尤其是专业学位硕士研究生的实践教学工作，研究生处从 2014 年开始筹建研究生校外实践基地，目前已建成研究生工作站 40 个，研究生校外实践基地 72 个，具体见图 1。

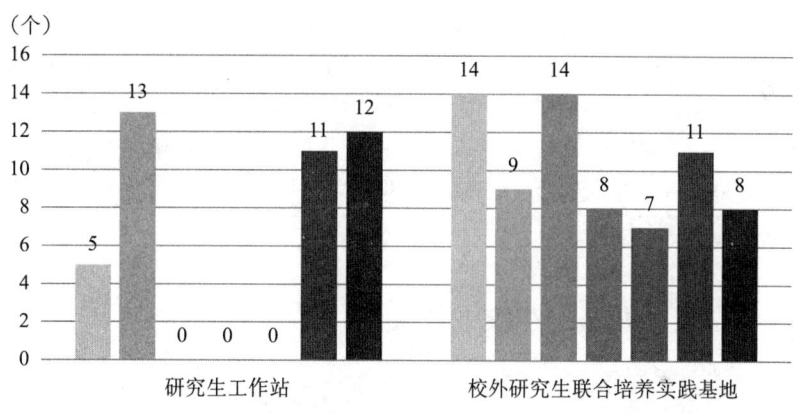

图 1　研究生工作站、校外研究生联合培养实践基地建设

2. 研究生优秀课程建设项目

从 2014 年开始，北京农学院重点建设一批优秀研究生课程。到目前为止，共有优秀课程建设项目 72 项。2020 年学位与研究生改革发展项目中，共有研究生优秀课程建设项目 6 项，具体见表 1。

表 1　2020 年北京农学院研究生优秀课程建设项目一览

序号	学院	项目名称	项目负责人
1	植物科学技术学院	设施园艺研究进展	刘超杰
2	动物科学技术学院	针灸治疗技术	姜代勋
3	动物科学技术学院	动物细胞培养及在中医药研究中的应用	张涛
4	经济管理学院	农林业资源环境与管理	黄雷
5	经济管理学院	国际商法	王琛
6	园林学院	景观生态工程	冷平生

3. 研究生"课程思政"示范课程项目管理

为进一步强化专业课程育人导向，突出价值引领，使各类课程与思想政治理论课同向同行，形成协同效应，北京农学院在2019年底组织实施"研究生'课程思政'示范课程建设项目"，组织召开研究生"课程思政"建设研讨会，发布《关于组织申报2020年北京农学院研究生"课程思政"示范课程建设项目的通知》，组织2020年研究生"课程思政"示范课程项目的申报和项目立项，最终立项项目数为8项。2021年，研究生"课程思政"示范课程结合研究生改革发展项目，成为研究生优秀课程建设的重要内容。

（五）动态信息公开、信息化建设工作

为使广大师生及时了解北京农学院研究生教育相关工作动态，将研究生处一段时间内具有代表性工作进行汇总整理，于2017年5月开始，不定期发布研工简报，累计发布研工简报56期。其中，2020年发布研工简报13期，内容涉及研究生校外实践基地建设、尚农大讲堂、博士硕士学位点申报等多方面；编制印刷《2020年北京农学院硕士研究生手册》。加强研究生教务管理系统建设，利用新系统完成2020级研究生选课、培养计划填写、授课计划填写、课程成绩录入及2021年春季排课等。

五、学位授予及研究生就业情况

（一）研究生学位授予情况

学校非常重视研究生的学位授予质量。从2004年开始招收硕士研究生时，即研究制定了硕士学位授予工作细则等相关文件。在实施过程中，根据国家研究生教育的发展形势和学校实际情况，于2008年、2013年又进行了相关文件的修订。目前，使用的研究生学位管理文件为2013年修订的《北京农学院硕士学位授予工作实施细则》（北农校发〔2013〕2号）。经过多年的管理实践，学校已经初步形成研究生学位管理的规章制度体系，有力地保障了硕士学位授予质量。

根据教育部、北京市和北京农学院有关应对新冠肺炎疫情防控工作的指示精神，2020年夏季硕士研究生学位授予工作分为两批进行，根据《中华人民共和国学位条例》《中华人民共和国学位条例暂行实施办法》《北京农学院硕士学位授予工作实施细则（修订）》等相关规定，共授予硕士研究生学位489人。其中2020年6月5日召开的校学位委员会，决定授予夏季第一批455名研究生硕士学位；2020年7月23日召开的校学位委员会，决定授予夏季第二批34名研究生硕士学位。2020年夏季，经各论文答辩委员会、学院分学位委员会推荐，研究生处审核，共审核通过 41 篇优秀学位论文。

2020 年冬季，共授予硕士研究生学位 12 人。其中全日制研究生 4 人，非全日制研究生 8 人。

根据北京市学位办要求，完成硕士学位论文抽检相关材料汇总上报工作。同时，针对 2019 年抽检反馈学校被抽检论文无不通过现象，修订了论文查重相关管理规定，进一步加强对学位论文出口管理工作。

（二）毕业生就业情况

面临疫情形势对研究生就业的影响，在学校党委的高度重视下，研工部、二级学院、研究生导师共同努力，克服了重重困难，完成了学校 2020 届研究生毕业生就业工作，达到了学校预期目标。

2020 届研究生毕业生共有 472 人，学校研究生毕业生以农、工、管学科为主，经过不懈努力，截至 2020 年 10 月 31 日，学校研究生毕业生已就业人数为 459 人，实际就业率为 97.25%，签约率为 60.17%。研究生就业单位性质分布情况见图 2。考取博士生、出国 28 人，占毕业生总数的 5.93%；到高等教育和研究院所就业 36 人，占毕业生总数的 7.63%；到机关事业单位就业 126 人，占毕业生总数的 26.69%；到涉农企业单位就业 120 人，占毕业生总数的 25.42%；到其他企业单位就业 149 人，占毕业生总数的 31.57%。

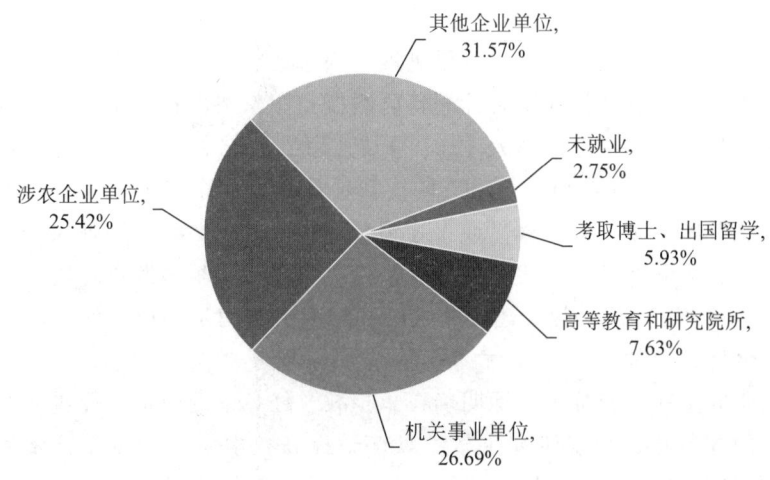

图 2　2020 届毕业研究生就业单位性质流向

六、研究生教育质量保障体系建设及成效

研究生教育是培养高层次人才的主要途径，是国家创新体系的重要组成部

分。考察研究生教育的发展历史，现有的研究生培养模式是适应工业化大生产的需要，在原有"学徒式"培养方式基础上发展而来的，具有"专业式"大规模培养的特点。与这种培养方式相适应，研究生教育管理发展成为一种系统工程，需要构建复杂的培养和管理体系。北京农学院在研究生培养模式探索和改革中，经过十余年的实践，现已建立起招生、培养、学位、导师、服务"五位一体"的都市型农林高校研究生教育质量保障体系。

（一）经费保障

根据 2020 年学科与研究生教育校内预算经费总额，以及 2020 年工作需要与 2019 年经费执行情况，制定了经费分配方案，涵盖以下几个方面：学位与学科建设能力提升工程：包含博士学位授予单位建设工程、11 个一级学科、13 个专业学位（领域）；研究生创业与就业能力提升工程：各学院研究生创业与就业工作经费；北京农学院 2020 年学位与研究生教育改革与发展项目；研究生"三助一辅"、科研创新奖励、优秀干部、优秀毕业生；研究生学业奖学金；研究生工作站、网络课程、思政工作、研究生招生宣传、创新创业教育等工作。对高精尖学科、基本科研经费、学业奖学金等市级项目进行建卡，并督促项目负责人完成月报工作。

（二）师资保障

北京农学院高层次人才引进取得进展。入选或获批国家万人计划中青年科技创新领军人才、教育部长江学者计划特聘教授、国家杰出青年基金、国务院政府特殊津贴、教育部新世纪优秀人才、"科技北京"百名领军人才、北京市教学名师、"长城学者"培养计划、北京市科技新星计划及北京市现代农业产业技术体系创新团队首席专家等人才称号或人才项目 200 余人次。将师德师风表现作为教职员工聘用、职务晋升、评奖评优首要条件，引领广大教师做新时代"四有好老师"和"四个引路人"。师德建设的激励和约束机制初步形成，涌现出一批省部级荣誉称号优秀教师。

为使研究生任课教师更好地明确在承担教学任务中的职责，促进研究生教学管理工作的规范化，稳定研究生教学秩序，提高教学质量，结合研究生处关于《研究生任课教师职责》的有关规定，研究生课程新任课教师必须提交《北京农学院新任研究生课程教师资格审查表》。

（三）学位授权学科质量保障

1. 开展第五轮学科评估和专业学位水平评估

全国第五轮学科评估工作于 2020 年 11 月正式启动，学校制定发布了《关于做好全国第五轮学科评估参评工作的通知》。统计上报参评学科合计 7 个，分别是园艺学、作物学、兽医学、农林经济管理、林学、风景园林学、食品科学与工程。

根据国务院教育督导委员会办公室《关于印发〈全国专业水平评估实施方案〉的通知》（国教督办函〔2020〕61 号）和教育部学位与研究生教育发展中心（简称"学位中心"）《关于组织实施全国专业学位水平评估工作的通知》（学位中心〔2020〕47 号），全国专业学位水平评估工作正式启动。

本次全国专业学位水平评估范围为金融等 30 个专业学位类别，要求在 2015 年 12 月 31 日前获得专业学位授权，且通过专项评估或合格评估的专业学位授权点须参评。按照评估范围与参评条件，学校农业（包括 7 个领域）、兽医、风景园林 3 类专业学位硕士授权点参加此次全国专业学位水平评估。专业学位水平评估材料将于 2021 年 1 月 27 日前上传至评估系统。

2. 校学位办及导师管理工作

2020 年，组织召开 6 次校学位委员会会议，分别主要就学士学位授予、硕士学位授予及硕士研究生优秀学位论文评选、导师遴选、博士点申报等议题进行了审核。目前，根据北京市学位办要求，完成北京农学院 2020 年 6 月、7 月、9 月、12 月授予学士、硕士学位信息上报工作。

研究生处将把导师培训工作常态化，一方面不断邀请校内外专家学者一起走进课堂、营造氛围、共同提高；另一方面指导二级学院有序开展学院层面导师培训工作，从学科建设、研究生培养、立德树人、管理政策等方面进行培训，引导硕士生导师既要做学术训导人，更要做人生领路人，切实增强硕士生导师的社会责任感。

组织开展 2020 年新增硕士生导师资格遴选。经学院分学位委员会审议，人事处、科技处对相关申请材料协作审核，共有新增 18 人（其中 13 名校内人员、5 名校外人员）为硕士生导师。

组织开设"北农导师云课堂"，邀请校内外专家学者录制培训课程，通过尚农研工微信公众号和信息平台推送给导师学习，形成了内容丰富、形式多样、线上与线下相结合的全覆盖硕导培训工作。分别邀请了京内外不同高校的管理专家和学者，分别从学科建设及研究生培养角度为北京农学院导师建言献策，每期学习视频点击率均能达到 500 次以上，线下反馈效果良好。"北农导师云课堂"测评问卷整体参与人数为 235 人次，合格为 223 人次、良好为 63 人次、优秀为 110 人次（其中满分 43 人次），本次参加问卷导师平均合格率为 94.9%，优秀率为 46.8%。组织完成 2019—2020 年度硕士生导师考核。本年度应参加考核硕士生导师数为 245 人，实际参加考核人数为 241 人，未参加考核 4 人，其中 1 人退休、2 人调离、1 人延期提交，其余 241 人均考核合格，合格率达 98.4%。

3. 林业硕士专业学位研究生优秀学位论文评选工作

为进一步落实全国研究生教育工作会议精神，鼓励林业硕士专业学位研究生的创新精神，推动林业硕士专业学位研究生教育改革和创新，提高林业硕士专业学位研究生培养质量，北京农学院本着"科学公正、严格筛选、宁缺毋滥"的原则，开展第四届全国林业硕士专业学位研究生优秀学位论文评选工作，推荐要求为 2018 年 8 月 1 日—2020 年 7 月 31 日林业硕士专业学位获得者的学位论文。经学院评选，推荐李程、杨云尧 2 人为本次评选活动提交论文，北京农学院已根据要求将本次推荐论文提交至全国林业专业学位研究生教育指导委员会秘书处。

4. 发挥督导监督作用，加强督导监督力度

按期召开督导例会，研讨督导听课、教学运行检查、中期检查、开题、答辩巡查等情况，结合督导工作开展期中教学检查；本年度听课检查覆盖 98 门课程，覆盖面为 52%；期中检查期间参加研究生、导师座谈会，全面听取师生意见。

5. 设立学位与研究生改革发展项目

为进一步提高研究生人才培养质量，推进研究生教育教学改革和人才培养模式创新，切实提高研究生服务和管理水平，研究生处从 2014 年开始，开展"学位与研究生教育改革发展项目建设项目"。

根据学校《关于印发〈北京农学院学位与研究生教育改革与发展项目管理办法（试行）〉的通知》（北农校发〔2014〕16 号）和研究生处《关于申报 2020 年北京农学院学位与研究生教育改革与发展项目的通知》（研处字〔2019〕26 号）等文件精神，经个人申报、所在单位推荐、研究生处组织专家评审、校内公示等相关程序，目前已完成立项评审工作，决定批准"工商管理硕士点评估体系研究"等 89 个项目立项。

其中，"学位授权点建设与人才培养模式创新"子类立项 5 项，"研究生优秀课程建设"子类立项 6 项，"校外研究生联合培养实践基地建设"子类立项 8 项，"研究生创新科研"子类立项 35 项，"研究生党建"子类立项 6 项，"研究生社会实践"子类立项 10 项，"研究生教育改革管理研究"子类立项 19 项。

6. 深入推进京津冀农林高校协同创新联盟合作

2020 年北京农学院加强京津冀合作，聘请了来自中国农业大学、北京林业大学、天津农学院、河北农业大学、河北科技师范学院等京津冀高校副高级以上专家 40 人，评审研究生论文 169 篇次。2020 年夏季，京津冀副高级以上专家 291 人次通过网络视频或现场参与 57 场论文答辩中，当前研究生处专家信息库中共有京津冀农林高校专家 372 位，他们在历年研究生毕业生学位论文评审与答辩环节中给予大力支持。

研究生处多次邀请京津冀农林高校专家到校，为学科发展把脉，为相关专业学位点建设献计献策，并结合专家意见，适时调整申报方案，将兽医学一级学科

博士申请调整为兽医博士专业学位类别,将园艺学科原定的3个方向调整为4个方向。

在研究生招生复试中,北京农学院与河北科技师范学院、河北农业大学、天津农学院等院校密切合作,进行信息沟通,相互推荐生源,已有多年历史。在2020年招生工作中,各院校相互推荐生源,共录取来自北京林业大学、河北农业大学、河北科技师范学院等院校生源40余人,京津冀协同创新联盟高校通力合作,圆满完成招生任务。

在2021年硕士研究生招生中,京津冀协同创新联盟成员院校相互宣传、相互合作推荐。截至报名结束,共收到来自北京林业大学、河北农业大学、河北科技师范学院、天津农学院等生源50余人。

2020年,北京农学院继续扎实做好北京地区研究生联合培养实践基地,分别与中国科学院微生物研究所、北京金惠农农业专业合作社、北京康华远景科技股份有限公司、北京市动物疫病预防控制中心、青岛旭域土工材料股份有限公司、承德恒德本草农业科技有限公司、中国农业机械化科学研究院食品与食品机械检测中心、北京林地山野菜加工厂等8家单位建立研究生联合培养实践基地。研究生在实践基地的学习、实践中,将所学到的理论知识运动到实际应用当中,进一步强化了对专业知识的理解与领悟,在提升专业技能的同时,进一步促进了相关地区的发展,为京津冀协同创新发展做出了贡献。

(四)深入落实研究生思政与管理

1. 加强疫情常态化下思想政治教育

进一步深化价值引领,开展研究生思想状况调研。完成了2020—2021学年秋季学期在校研究生思想动态调研,充分把握研究生的思想动态状况,自调查实施以来参与研究生人数共计4700余人。研究生虽受疫情影响,不能在春季学期返校,但通过思政教育工作疏导,秋季开学后的整体思想状况平稳,研究生的世界观、人生观、价值观务实进取、积极向上。文法与城乡发展学院研究生徐振鹏获评2020年北京市优秀在校退役大学生士兵,并被北京农学院推荐为第十五届"中国大学生年度人物"候选人。对于这一正面典型,积极利用"尚农研工"公众号及信息平台进行宣传,引导研究生进行榜样学习。

注重学术培养,提高研究生综合素质。受新冠疫情影响,2020年春季学期,组织研究生参与观看"北农导师云课堂"9次,涉及培养教育、学科规划、学科发展、"三农"工作等内容。组织校研究生会开展"每周推荐"活动,疏解北京农学院研究生居家学习期间的心理压力,促进同学们身心健康。该活动自2020年3月2日开始,于2020年6月26日圆满结束,历时17周,共推荐国内外优秀影视作品17部,其中国产优秀影片5部、国产优秀纪录片7

部、国外优秀影片5部。

组织开展研究生教育引导。精心组织安排，在研究生入学、节假日、毕业离校等关键环节，进行有针对性的教育引导工作。通过视频录播的方式对2020级研究生开展新生入学教育，具体内容包括入学引导与学籍教育、民族宗教政策、安全教育、健康教育、图书资源与利用、化学品安全管理培训、创新创业教育等方面。围绕纪念"五四运动"101周年、建党99周年等重大节日，针对研究生进行安全教育及敏感时期思想教育。疫情防控期间，开展"疫情无情人有情'研'爱助力毕业季"活动，组织2020届毕业生安全有序返校离校460余人次，圆满完成2020年研究生"云毕业典礼"。评选出北京市优秀毕业生23人，校级优秀毕业生39人。为毕业生发放了学校毕业纪念文创物品。

2. 加强党团建设，依托项目凝聚科研活力

完善了研究生会校院二级组织，加强研究生团建工作，成立研究生团工委。完善了研究生会校院二级组织，所有学院均成立了研究生党支部。组织研究生认真学习贯彻习近平总书记系列重要讲话，围绕"不忘初心、牢记使命"主题，以自学、集体学习等形式定期组织学习研讨。疫情期间，开展"战'疫'有我——北农研究生党支部在行动"活动，通过多种方式开展"云战疫"，鼓励研究生党员在疫情防控工作中贡献青春力量，展现青春风采。

3. 发挥网络思想政治教育作用，携手抗击疫情

发挥"尚农研工""北农校研会"微信公众号功能，定期推送相关信息，对研究生开展思想引领、信息服务等。疫情期间，与园林学院联合开展"'北农研究生，聚力共抗疫'网络征文优秀作品展示"活动，自2020年2月18日活动开展以来，共收到8个二级学院54名研究生的56篇征文稿件，经专家评审，本次征文活动共评选出一、二、三等奖共10名。

4. 完成研究生奖助工作

开展研究生"三助一辅"并完成考核。通过"三助一辅"工作有效调动研究生参与学校教育、管理、科研工作的积极性，培养研究生的创新能力、实践能力和责任意识，2020年度共有195名研究生从事"三助一辅"工作，提高了实践能力。

完成2019—2020学年的研究生各类奖学金评定、表彰和发放工作。根据学校相关规定及实际需求，落实研究生奖助学金、评奖评优等各项规定，公平、公正、公开地完成了与研究生切身利益相关的奖学金评审、表彰和发放工作。本年度完成了研究生学业奖学金评定，并对研究生学业奖学金评选满意度进行了测评，通过填写调查问卷的方式，共有772人提交了问卷，各年级研究生均有参加，覆盖了全部研究生培养单位。其中，研一学生475人、占比61.53%，研二学生225人、占比29.15%，研三学生72人、占比9.33%；一等奖调查者138

人、占比17.88%，二等奖调查者531人、占比68.78%，三等奖调查者103人、占比13.34%。经统计，对学业奖学金评选制度总体满意度为97.54%。评选出国家奖学金23人、学术创新奖26人、优秀研究生干部21人、优秀研究生45人、百伯瑞科研奖学金25人。

关注困难研究生，开展特困资助。根据国家教育部、财政部有关文件精神，结合学校实际，对有特殊困难的研究生给予困难补助。疫情期间，为寒假一直留校的9名研究生发放了慰问补助，共计3200元；对7名滞留湖北地区全日制研究生每人发放1000元，合计7000元；对29名湖北以外地区全日制研究生每人发放400元，合计11600元；共计发放补助21800元，支持他们顺利完成学业。

开展研究生科研奖励。截至目前，共进行了2020年第一至第三季度研究生科研奖励，在校研究生共发表论文71篇，其中SCI发表11篇，核心期刊发表29篇，一般期刊31篇；学术科技竞赛获奖作品二等奖2项，学术科技竞赛获奖作品三等奖及其他奖1项。

5. 加强研究生心理健康教育工作

结合学校当前研究生心理健康状况实际情况，开展2020级全日制研究生心理测试工作，针对新生可能出现的问题进行心理排查。针对招生工作组织了2020年招生心理健康状况筛查，共筛查877人；发挥各学院积极主动性，继续依托各学院优势举办了研究生心理沙龙，2020年各学院共计举办研究生心理沙龙4期。

6. 职业规划与就业创业指导

开展一对一的就业指导、政策咨询服务，积极引导研究生京外就业。开展2020级全日制研究生新生的职业能力测试工作，为学生就业提前做好准备。完成了2020届研究生毕业生相关手续工作。2020年受疫情影响，就业形势严峻复杂，研工部坚持就业工作不断线，推进网上办公方式，积极宣传就业政策，传递就业信息，"一生一策"，精准帮扶就业，以期通过研究生处网站和"尚农研工"微信公众号发布就业信息、就业政策、双选会信息及就业技巧等内容，为毕业生提供毕业信息的服务，累计达700余条。经过部门和二级学院的共同努力，2020届472名研究生毕业生共有459人就业，就业率为97.25%，达到学校预期目标。

7. 高度重视校园安稳，积极建设平安校园

充分利用讲座进行安全稳定教育，涉及金融安全防范、非法校园贷、非法集资、网络诈骗、电信诈骗、保护个人隐私等。2020年9月开展2020级研究生新生的校园安全防范教育讲座，给全体在校研究生发放了"全民反诈"信件材料，共计1400余份。加强少数民族学生思想动态工作，贯彻中央和北京市关于加强大学生思想政治教育的精神和部署，建立新疆籍少数民族研究生台账，及时掌握少数民族研究生的情况。

（五）开展研究生团工委建设

1. 强化学生组织思想引领，坚定使命担当

开展思想政治理论学习、践行青年历史使命。指导研究生会通过多种方式，认真学习习近平新时代中国特色社会主义思想，进一步提升研究生骨干队伍思想水平。组织研究生骨干集体学习习近平总书记系列重要讲话、全国研究生教育会议精神和全国学联二十七大贺信、十九届五中全会等内容，有效提高研究生骨干思想认识。习近平新时代中国特色社会主义思想研习社积极带领广大学生学习习近平新时代中国特色社会主义思想和党的最新理论及相关会议精神，使同学们思路更加清晰，立场更加坚定，旗帜更加鲜明。通过开展一系列的学习交流，学生组织的思想建设效果得到提升，为全校研究生起到了模范带头作用。

2. 加强学生组织内部建设，建立"三级联动"

重视研究生会组织的内部建设，在加强理论培训的同时，注重建设朝气蓬勃的组织精神，形成团结互助、和谐友爱的团队氛围。根据《关于推动高校学生会（研究生会）深化改革的若干意见》的相关要求，对校研会现存部门进行精简、合并，最终形成6个部门：办公室、权益生活部、外联部、文体部、宣传部、学术部。改革后的部门设置，聚焦服务广大研究生的主责主业，满足研究生学业发展、身心健康、社会融入、权益维护等方面的需求。

研究生会注重各二级学院分会的建设，并通过定期召开二级学院分会会议加强二级学院分会组织建设，完善二级学院分会人员构成，促进与二级学院分会交流合作。在校研会的引领下，各二级学院分会建立起与班级的联动机制，从而逐步建立了研究生会工作"三级联动"系统，为研究生会各项工作的开展与广泛宣传提供了有力保障。第七次研究生代表大会于2020年11月27日顺利召开，大会选举产生了第七届研究生会主席团成员3人。

3. 培养学术风气，丰富文体活动

为培养研究生学术风气，提高研究生科研兴趣和综合能力，研究生会开展了多层面、多形式的学术科研交流活动，大力营造良好的学术氛围。举办"研究生论坛"，由优秀学生代表分享学习、实习、生活方面的经验，以及论文写作和投稿相关内容，为研究生同学答疑解惑，广受好评。疫情期间的"研究生面对面"交流活动改为线上进行，由优秀研究生代表向即将考研的本科同学分享复习考试经验，详细介绍专业课程及书籍资料，解答疑难问题，为扩大北京农学院研究生队伍、培养优良学习风气助力。

研究生会协助举办了疫情期间的2020届研究生毕业生线上毕业典礼、2020年国家奖学金获奖者专访、2020年百伯瑞获奖者展示，以此激励广大研究生不断进取、勇于创新。研究生会着力打造内容积极向上、形式多种多样的文体活

动,以高质量、高品位的活动吸引广大同学参与,提升同学们的综合素质。在校研会的组织下,2020年新生运动会研究生团体取得了优异的成绩,荣获男子100米第一名、第二名,女子100米第三名,男子铁饼第三名、男子团体第二名的优异成绩。

4. 响应教工委部署、加强宣传引导

通过北农校研会微信公众号开展爱国卫生运动、光盘行动、垃圾分类倡议、宪法周宣传,充分发挥学生组织的引领作用、模范作用,积极营造良好氛围,强化研究生的风险意识、节约意识、绿色环保意识、法制意识。

七、研究生教育国际化情况

北京农学院研究生教育全方位、多层次、宽领域国际交流与合作格局日益完善,先后与美、英、澳、日、新等17个国家35个高等院校和机构建立友好合作关系。中英、中澳合作办学项目高质量推进,与英、美、日、新等国家相关高校的"3+1"联合培养项目不断拓展。启动"一带一路"沿线国家来华留学生学历教育及硕士项目学历教育试点培养方案,获批北京市"一带一路"政府奖学金项目。

目前北京农学院与英国、波兰、日本有关学校加强合作,与英国哈珀亚当斯大学开展"1+1"研究生合作项目,与日本麻布大学、波兰波兹南大学开展了研究生交流学习项目,并聘请多名外籍导师。

八、研究生教育进一步改革与发展的思路

2020年,学校研究生教育事业取得较大进展,但仍存在一些问题。学科建设与研究生教育水平有待提升。学科建设内涵需要丰富,特色需要凸显,研究生培养模式需要创新,教学方法需要改进,校企合作的实践体系需要加强。分类培养方案和学位审核标准尚需在实践中进一步完善,国际化培养水平有待进一步提升,质量评价机制有待不断完善。

(一) 学科建设与学位管理

1. 进一步跟进博士点申报情况

根据本轮博士点申请进展情况,压实责任,持续跟进博士点申报进度,积极与上级学位办进行对接,紧盯申报的各个环节,组织做好后续各项工作。同时,加大对现有申请博士点学科及"十四五"拟建博士点学科的支持力度,认真研读相关文件、了解政策导向、吃透规则,对标条件、摸清家底,进一步凝练学科

方向，对接首都需求。

2. 完成第五轮学科评估后续工作

积极跟进学位中心通知，完成第五轮学科评估后续材料审核提交工作。总结本轮评估工作填报情况，并就第五轮学科评估简况表出现的新变化进行总结归纳，梳理出需要补充和完善的材料，把工作做实做细，找到问题，弥补短板，为今后工作提供支撑。

3. 继续完善高精尖学科建设与联合招生博士生工作

一是坚持"精准建设"高精尖学科，以立德树人为根本，以人才培养、科研创新、服务贡献为重点，要突出学科建设，突出人才培养；努力把建设成效体现在学科理论体系、人才培养体系及对北京城市发展的贡献力三个方面，要"自比有进步、他比有特色"。

二是强调年度绩效考核。高精尖学科的建设周期为五年，每年都需要进行绩效自评，两年后进行中期考核。要加强绩效考核工作，积极邀请专家对学科建设现状把脉，并对下一步发展提出建设性意见。

4. 做好2021年硕士学位授予工作

根据研究生学位授予工作日程表进行2021年夏季、冬季两次学位授予各环节工作及优秀论文评选工作。实现优化学位申请审核信息化，为研究生提供更便捷的学位申请方式，为导师提供更便利的线上审核条件，提高学位申请审核效率。做好学位授予信息报送工作。

5. 完成导师遴选、培训与考核工作

进一步加强研究生导师队伍建设，优化导师队伍结构，提升导师指导水平，优化遴选程序，继续做好导师考核各项工作，并加强对导师考核结果的运用。把考核结果作为研究生导师年度招生资格、评优评先等工作的重要参考依据，强化导师立德树人及研究生培养第一责任人的观念。持续优化导师培训方案，提前做好下一年度导师培训方案，采取"线上+线下"结合的模式，做到导师培训工作全覆盖。

6. 做好项目与经费管理

结合2021年度学位与研究生教育改革与发展项目专家评审立项情况以及学校2021年度内涵经费拨付额度，做好校内项目的立项及建卡等相关工作。积极跟计划财务处专项管理科对接，完成2021年高精尖学科、基本科研业务费、学业奖学金等三个项目的建卡相关工作，并按照上级要求完成信息报送、事前评估、绩效考核等相关工作。

（二）教学培养管理

1. 完善《北京农学院关于加快新时代学科与研究生教育改革发展的实施方案》

进一步跟进《北京农学院关于加快新时代学科与研究生教育改革发展的实施

方案》修订工作，在学校党委的领导下，认真贯彻落实习总书记关于研究生教育工作的重要指示和上级各项文件要求，对学校研究生教育工作实施统一领导、统筹规划、推动落实，指导二级培养单位研究生教育工作。

2. 开展专业学位水平评估工作

根据国务院教育督导委员会办公室发布的《关于印发〈全国专业学位水平评估实施方案〉的通知》（国教督办函〔2020〕61号），完成北京农学院专业学位水平评估工作。进一步梳理出需要补充和完善的材料，把工作做实做细，找到问题，弥补短板，为今后专业学位建设提供支撑。

3. 加强研究生培养过程管理

加强培养质量体系建设，试行专硕专项培养，逐步推进学术、专硕分类培养；强化培养过程管理，重点关注开题报告、期中检查、预答辩等关键环节，发挥督导作用，完善研究生教务管理系统教学培养各项功能，保障研究生教学有序运行。

4. 加强课程建设和基地建设管理

继续推进2020年优秀课程建设、课程思政建设、优秀校外联合实践基地建设、研究生工作站项目，并组织新一轮项目申报。

5. 推进研究生培养方案整改

根据研究生分类培养改革要求，按照硕士学位基本要求、研究生核心课程指南和复合应用型人才培养目标，全面修订研究生培养方案，进一步明确不同类型研究生培养方式与培养重点，达到不同类型研究生培养目标。

（三）招生与学籍管理

1. 做好2021年研究生复试和录取工作

做好2021年招生复试方案。继续在复试期间开展考生心理测试，做到100%覆盖。严格按照政策与制度要求组织复试、调剂和录取工作，落实监督检查与应急保障，确保公平、公正、公开。做好2021年度研究生招生先进评选和奖励发放。

2. 做好2021级新生入学报到

做好2021级新生录取通知书发放、入学手续办理和报到注册工作。做好新生报到数据统计，掌握每一名新生入学情况。

3. 启动2022年研究生招生宣传

充分利用新媒体手段，通过公众号、互联网等多渠道、多途径开展宣传，走访周边地区进行有针对性的招生宣传，与合作企业开展相关宣传活动。继续开展以生招生、以师招生政策，调动指导教师与在校研究生积极性，鼓励各二级学院开展招生宣传。支持鼓励各学院积极发动生源，力争报名人数继续上升。

4. 做好 2022 年招生考试工作

做好 2022 级考生报名与现场确认工作，及时上报相关数据。严格执行相关保密制度，做好各项保密保管工作。严格按照规定完成自命题、组考、阅卷等各项工作，做好命题人员、考务人员及评卷人员培训与管理，确保研招考试顺利完成。

5. 做好学籍管理与服务工作

按照时间节点，做好新生、在校生、毕业生学籍注册与学历注册事项，及时更新休学、复学、退学等学籍变动信息，做好各项数据统计。根据学籍库预警学制期限即将期满人员，及时反馈学院并通知相关学生。

（四）思政与综合事务管理

1. 继续开展"尚农大讲堂"

改革研究生"尚农大讲堂"管理机制，弘扬社会主义核心价值观，加强理想信念教育；提升研究生社会责任感、创新精神和实践能力。支持各相关学院开展具有专业特色的学术论坛、学术讲座、技能竞赛等，繁荣研究生学术文化。

2. 深化研究生"三全育人"工作

做好 2021 年研究生新生开学典礼、新生引航工程、毕业典礼、毕业季管理。加强意识形态工作，强化课堂、讲座、论坛、社团等管理。

3. 提升研究生综合素质

继续做好研究生思想状况动态调查，坚持开展研究生心理健康教育工作。以研究生社会实践为重点，完善相关工作机制，创新研究生培养机制，提升研究生综合素质。

4. 做好 2021 年度研究生奖勤助贷事务管理

完成 2021 年研究生奖助学金的评定和发放工作。做好研究生奖助贷困难帮扶等工作，不断完善与研究生培养制度改革相适应的奖助体系。组织开展研究生"三助一辅"招聘、培训及考核工作。

5. 做好研究生就业创业指导服务

提高研究生就业创业精准化指导与服务水平，推进针对性就业服务。进一步引导毕业生到基层就业。继续保持研究生毕业生就业率不低于 96%。加强和改进研究生就业指导与服务工作，适应上级就业统计政策调整，做好 2021 届毕业生的就业推进与统计工作。

6. 做好研究生安全稳定工作

加强研究生宿舍、实验室等安全教育，加强宿舍安全检查。做好少数民族学生安全稳定教育和相关工作。做好重要节、会、敏感节点维稳及各类节假日安全教育管理工作。落实各项安全稳定工作预案，预防并妥善处理群体事件和突发事件。

（五）研究生团工委建设

1. 整合优化制度体系，完善研会运行机制

深化制度意识，保证研会工作的有序性、严谨性。根据《关于推动高校学生会（研究生会）深化改革的若干意见》的相关要求，优化研究生会人员规模。在重大工作或活动举办时，将根据需要以项目化方式招募志愿者，吸收同学参加，增强研究生的参与度，更好地培养研究生的利他品质和担当精神。加强三级联动，通过校级研究生会、院系研究生会和班级的三级体系有效联动，实现工作重心下移、力量下沉，真正走近研究生身边，更好地服务广大研究生。

2. 创新活动形式，加强学生参与

受此次新冠疫情影响，为保障广大师生参与活动的安全性，研究生会应对活动开展的形式进行创新，可以采取线上与线下相结合的方式，开展线上研本交流会，为本科生介绍考研学习经验；开展线上与线下结合的文体、学术活动，学生通过手机、电脑等客户端观看，既避免了大规模的人群聚集，又响应国家防范疫情政策。根据历次活动经验，提升学生参与活动的积极性是本学年的一个重要目标，活动主题的设定应该紧密围绕学生的学习、生活、就业等方面。

3. 健全权益维护机制，服务同学学习生活

继续增强研究生会服务意识，切实做到从同学中来，到同学中去，发挥好"桥梁和纽带"的工作职能，要充分发挥校研究生会在加强学校与学生之间沟通与交流的重要作用，增强师生互动、交流的多元途径。继续深入听取广大研究生的意见和声音，继续广泛收集广大研究生最切实的利益诉求，建立起一个分类别、分步骤、有秩序的研究生意见平台，切实反映、反馈、解决研究生遇到的实际问题。

北京农学院 2020 年研究生招生质量分析报告

研究生处

一、招生情况

（一）学院与学科分布

1. 全日制研究生

2020 年度研究生招生学科、类别（领域）共 24 个（其中学术学位 11 个，专业学位 13 个），实际招生人数 677 人，比 2019 年增加 100 个招生指标，增长 17.30%，其中学术学位硕士和专业学位硕士分别占招生总人数的 33.68% 和 52.73%。

2018—2020 年学校整体招生情况良好，各学院录取人数稳步提升（见图 1），呈现了一个良好的发展态势。但一志愿生源所占比例较低（见表 1），尤其是学术学位，生源严重紧缺，部分专业全部依靠调剂生源。

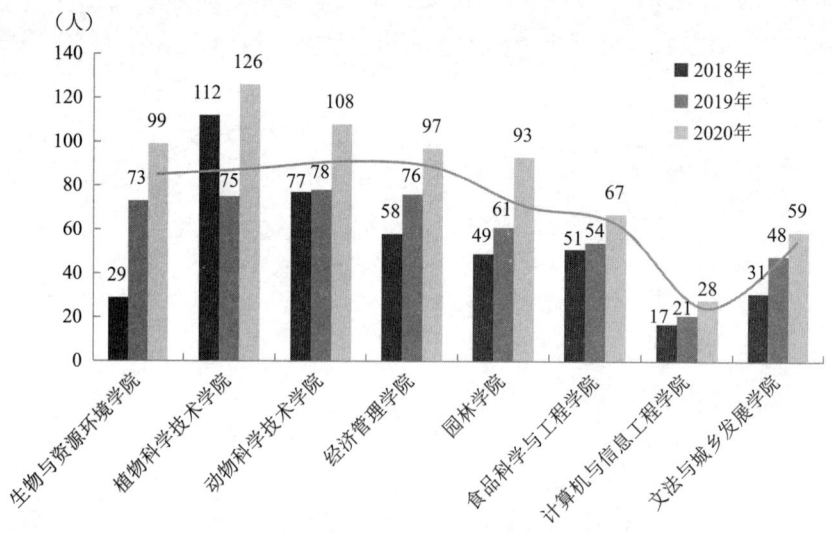

图 1 2018—2020 年全日制研究生录取学院分布

表1　　　　　2018—2020年全日制硕士研究生录取统计

学院	学位类别	学科/类别（领域）	2020年			2019年			2018年		
			一志愿上线人数（人）	录取人数（人）	一志愿录取率（%）	一志愿上线人数（人）	录取人数（人）	一志愿录取率（%）	一志愿上线人数（人）	录取人数（人）	一志愿录取率（%）
生物与资源环境学院	学术学位	生物工程	0	11	0	0	7	0	—	—	—
		植物保护	2	17	11.76	2	6	33.33	—	—	—
	专业学位	生物与医药	27	29	93.10	22	32	68.75	27	29	93.10
		资源利用与植物保护	26	30	86.67	25	28	89.29	33	31	106.45
植物科学技术学院	学术学位	作物学	0	12	0	1	6	16.67	1	8	12.50
		园艺学	6	54	11.11	5	28	17.86	2	28	7.14
	专业学位	农艺与种业	48	54	88.89	25	41	60.98	45	45	100.00
动物科学技术学院	学术学位	兽医学	9	13	69.23	15	23	65.22	5	20	25.00
		畜牧学	4	40	10.00	1	6	16.67	—	—	—
	专业学位	畜牧	11	19	57.89	13	19	68.42	16	18	88.89
		兽医	25	25	100.00	23	30	76.67	39	39	100.00
经济管理学院	学术学位	农林经济管理	0	17	0	2	13	15.38	0	9	0.00
		工商管理	0	6	0	0	6	0	—	—	—
	专业学位	农业管理	64	43	148.84	41	40	102.50	60	49	122.45
		国际商务	0	14	0	0	17	0	—	—	—
园林学院	学术学位	风景园林学	2	12	16.67	0	7	0	4	5	80.00
		林学	4	21	19.05	6	9	66.67	10	10	100.00
	专业学位	风景园林	65	25	260.00	24	26	92.31	23	34	67.65
		林业	16	21	76.19	5	19	26.32	—	—	—
食品科学与工程学院	学术学位	食品科学与工程	2	25	8.00	6	17	35.29	4	18	22.22
	专业学位	食品加工与安全	50	28	178.57	39	37	105.41	33	33	100.00
计算机与信息工程学院	专业学位	农业工程与信息技术	16	21	76.19	11	21	52.38	13	17	76.47
文法与城乡发展学院	专业学位	农村发展	43	26	165.38	32	28	114.29	30	31	96.77
		社会工作	24	22	109.09	20	20	100.00	—	—	—
合计			444	585	75.90	318	486	65.43	345	424	81.37

2. 非全日制研究生

2018—2020年学校非全日制研究生录取情况见图2。

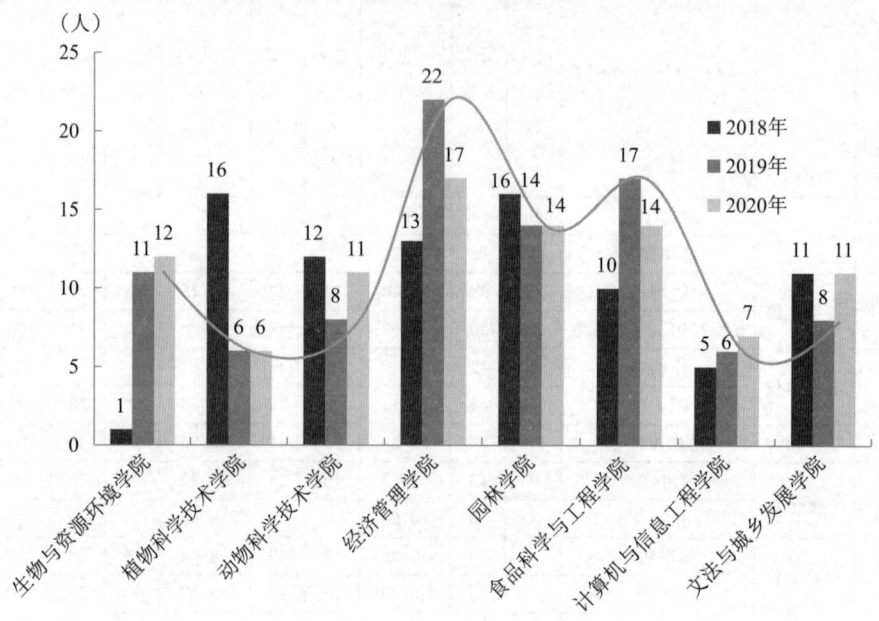

图2　2018—2020年非全日制研究生录取各学院分布

2020年非全日制硕士研究生招生指标为92人，实际录取人数为92人，与2019年相比指标保持不变，但仍然存在部分专业招生人数过少，增加了培养的成本，不利于研究生教学正常运行，具体情况见表2。

表2　　　　　2018—2020年非全日制硕士研究生录取统计　　　　　单位：人

学院	专业领域	2020年	2019年	2018年
生物与资源环境学院	生物与医药	6	6	1
	资源利用与植物保护	6	6	10
植物科学技术学院	农艺与种业	6	5	6
动物科学技术学院	兽医	11	8	12
经济管理学院	农业管理	17	22	13
园林学院	风景园林	14	14	16
食品科学与工程学院	食品加工与安全	14	17	10
计算机与信息工程学院	农业工程与信息技术	7	6	5
文法与城乡发展学院	农村发展	11	8	11
合计		92	92	84

（二）考生来源成分分析

1. 全日制研究生

2020年在考生来源方面，应届本科毕业生共429人，占总人数的73.33%，非应届人员156人，占总人数的26.67%（见表3）；581人通过普通全日制学习完成本科学历，占总人数的99.32%，同等学力的考生有4人，占总人数的0.68%（见表4）。

表3　2018—2020年全日制硕士研究生录取统计表（考生生源成分）　　　　单位：人

类　　型	2020年	2019年	2018年
应届本科毕业生	429	343	345
高等教育教师	0	1	0
中等教育教师	1	0	0
科学研究人员	2	1	1
其他在职人员	25	22	17
其他人员	128	119	61
合计	585	486	424

表4　2018—2020年全日制硕士研究生录取统计表（取得最后学历的学习形式）

单位：人

类　　型	2020年	2019年	2018年
普通全日制	581	482	423
成人教育	1	2	0
自学考试	3	2	1
合计	585	486	424

2020年录取的全日制研究生中一志愿生源为331人，占总录取人数的56.58%；其中学术学位研究生一志愿生源27人，占学术学位招生总数的11.84%；专业学位研究生一志愿生源304人，占专业学位招生总数的85.15%。一志愿录取率较去年有所下降（见表5）。

表5　　　2018—2020年全日制硕士研究生一志愿生录取率

年　份	录取率（%）
2020	56.58
2019	62.55
2018	74.53

2. 非全日制研究生

2020年共录取了92名非全日制硕士研究生,其中21人为定向就业。在考生来源方面(见表6),科学研究人员4人,占总人数的4.35%,应届本科毕业生共9人,占总人数的9.78%;成人应届本科毕业生1人,占总人数的1.09%,在职人员共48人,占总人数的52.17%;其他人员共30人,占总数的32.61%。

表6　2020年非全日制硕士研究生录取统计(考生生源成分)　　单位:人

类　型	2020年
应届本科毕业生	9
应届成人本科毕业生	1
科学研究人员	4
其他在职人员	48
其他人员	30
合计	92

2019年在录取的考生中(见表7),本科学历共计92人,占总人数的85.87%,其中79人通过普通全日制学习完成本科学历,占总人数的85.87%,7人通过成人教育完成本科学历,占总人数的7.61%;同等学力考生6人,占总人数的6.52%。

表7　2020年非全日制硕士研究生录取统计(取得最后学历的学习形式)　　单位:人

类　型	2020年
普通全日制	79
成人教育	7
网络教育	3
自学考试	3
合计	92

(三)考生来源地区分布

1. 全日制研究生

从考生来源地区来看,2020年录取的587名全日制硕士研究生考生中,共来自29个省(区、市),来源最多的是北京考生,共298名,占50.49%;其他考生来源比较多的地区是山东省、河北省、山西省、河南省(见图3)。

2. 非全日制研究生

从考生来源地区来看,2020年录取的92名非全日制硕士研究生考生中,共来自19个省(区、市),来源最多的是北京考生,共43名,占46.74%;其次考生来源比较多的地区是河北省、山东省,其他省份考生来源较少(见图4)。

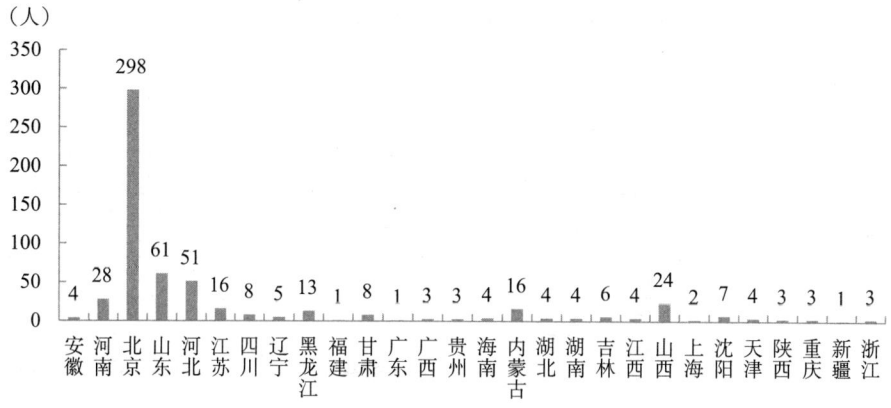

图 3　2020 年全日制研究生录取来源地区分布

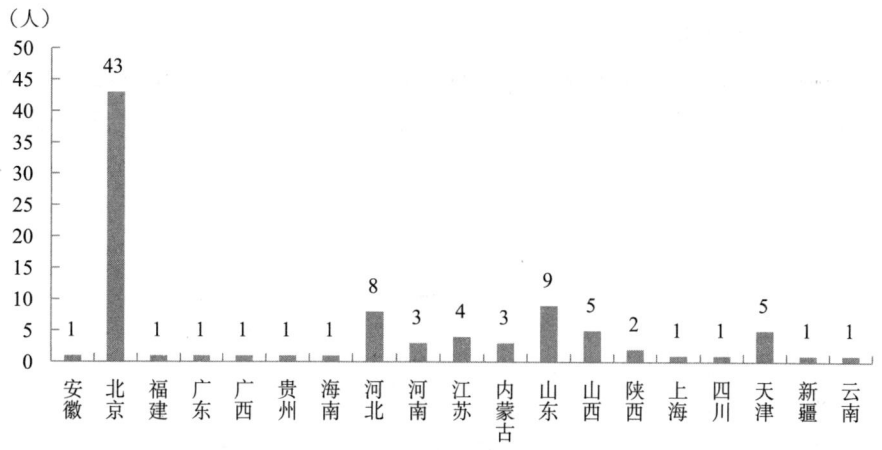

图 4　2020 年非全日制研究生录取来源地区分布

（四）考生来源院校分布

1. 全日制研究生

2020 年录取的全日制硕士研究生考生从来源院校分布来看（见表 8），本科毕业于北京农学院的考生共 278 人，占总人数的 47.52%，相比去年下降 8.24%；外校生源人数为 307 人，占总人数的 52.48%，其中来自 985、211 院校的考生共 14 人，占总人数的 2.39%。

2. 非全日制研究生

2020 年录取的非全日制硕士研究生考生从来源院校分布来看（见表 9），本科毕业于北京农学院的考生共 26 人，占总人数的 28.26%，外校生源是非全日制研究生的主要来源，占到 71.74%，其中来自 985、211 院校的考生共 14 人，占总人数的 15.22%。

表8　　　　　2018—2019年全日制硕士研究生院校分布

院校分布	2020年		2019年		2018年	
	人数（人）	比例（%）	人数（人）	比例（%）	人数（人）	比例（%）
北京农学院	278	47.52	271	55.76	271	63.92
985、211院校	14	2.39	13	2.67	15	3.54

表9　　　　　2020年非全日制硕士研究生院校分布

院校分布	人数（人）	比例（%）
北京农学院	26	28.26
985、211院校	14	15.22

（五）考生性别比例

1. 全日制研究生

2020年录取的全日制研究生中（见图5），男生182名，占31.11%；女生403名，占68.89%。近三年所录取的考生中，男女所占比例失调且基本保持不变（见图5）。

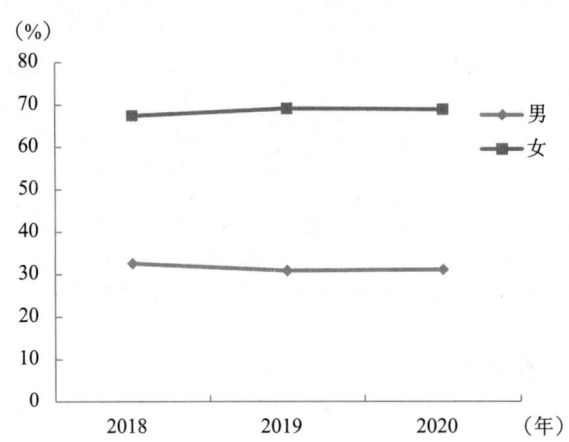

图5　2018—2019年全日制研究生男女生录取比例

2. 非全日制研究生

相比于全日制研究生，2018—2020年非全日制研究生录取男女比例基本持平（见表10），2020年度略微向女生倾斜。

表10　　　2018—2020年非全日制研究生录取考生性别比例　　　单位:%

性别	2020年	2019年	2018年
男	48.91	40.22	40.48
女	51.09	59.78	59.52

（六）以生招生政策成效显著

2020年继续实行"以生招生"政策，利用在校研究生宣传研究生招生相关政策，发动在校考生推荐师弟、师妹、同学等报考学校研究生，从而吸引考生报考，可以很好地提高一志愿报考率，并在提高生源质量上起到了一定的作用。

二、工作经验

2020年突发疫情，严峻的形势为研究生招生工作提出了新的要求、新的挑战，同时也带来了新的改变。

（一）领导重视，齐心协力

突如其来的疫情对研究生招生带来前所未有的影响。一方面为防止大面积聚集，教育部规定在京高校不得组织现场复试，北京农学院立即响应，组织召开研究生招生领导小组会，充分论证后制定出了详细的线上复试方案与应急预案，复试全部改为远程复试。经过各部门的不懈努力，2020年度顺利完成677名招生指标的录取工作，且未出现严重事故与错误，保障了研究生复试录取平稳、顺利、安全进行。另一方面2020年招生规模继续增加，学术学位指标增加100个，生源的压力进一步增加，在研究生处与各学院的共同努力下，积极发动生源，顺利完成了录取任务。

（二）创新形式，提高水平

新冠肺炎疫情的暴发，使北京农学院充分认识到了招生信息化发展的趋势，推动了招生信息化基础建设。疫情期间在线复试的实践充分证明，招生信息化要实现发展离不开基础设施的完善。"后疫情"时代，在线常态化，就需要学校进一步加强信息化基础建设。"后疫情"时代要着力提高招生工作人员的信息化素养，加强信息技术的培训，提高对信息技术的认识和理解，掌握基础的理论，更好地指导信息化招生实践。

（三）严肃纪律，注重程序

严格落实北京市与学校疫情防控工作要求，杜绝在京现场复试，最大限度减少人员聚集，降低感染风险，加强安全防护，确保广大师生和工作人员的生命安全和身体健康。严格复试组织管理，做到政策透明、流程规范、监督机制健全，维护考生的合法权益，确保公平公正。严格复试考核标准，坚持科学有效，做到全面衡量、综合评价、择优录取，确保招生质量。

三、存在问题

（一）一志愿生源需要改善

2020年一志愿报考人数、上线人数和录取人数显著增加。据教育部公布的数据，2020年研究生报名人数与2019年相比继续上升，但一志愿录取率仍有待提高，学术学位与非全日制第一志愿生源不足，2020年度学术学位指标228个，但上线人数仅有29人，剩余生源需要依靠调剂；非全日制指标92个，上线人数仅有55人，也需要大量调剂。

（二）性别比例不均衡

研究生考生男女比例持续失衡，目前全国高校普遍存在这一问题。在以后的研究生招生宣传和就业过程中，应采取积极的措施，避免产生就业难等问题。

（三）生源质量有待提高

2020年全日制硕士研究生虽然数量有所上升，但来自"985""211"高校的考生仅占到2.39%，所占比例较低，在以后的研究生招生宣传中，需进一步发掘"985""211"高校以及研究生院高校等综合类院校的高质量生源，加大对推免生相关工作的宣传力度，提高研究生生源质量。

四、工作建议

一是严格执行研究生招生工作各项制度，做好顶层设计与保密工作，加强工作培训、监督与管理，规范各项档案，为考生创造公平、公正、公开的环境。

二是进一步发挥各二级学院、各学科、专业的主动性与积极性，让学院、学科主动参与到研究生招生的过程中来。

三是继续推广"以生招生"政策，积极发动在校学生推荐师弟、师妹、同学以及校外考生等报考研究生。

四是加大宣传力度，精确投放宣传资料，重点针对学术学位与非全日制进行宣传；规范非全日制招生宣传和正确引导，加强学籍管理，强化培养过程管理及质量保障体系建设，确保非全日制研究生培养质量。

五是继续发挥微信、微博、手机网站等新媒体作用，通过老师、学生等微信圈、朋友圈，让考生能够更好地了解的研究生招生政策。

六是加强对外交流，鼓励各学院、学科与兄弟院校加强联系，及时获得调剂生信息，组织生源尽早进行复试。在京津冀协同发展的大形势下，农林高校之间可以在推免生生源互推、调剂生源互荐等方面加强合作，构建一个资源共享的招生大平台，促进优质生源的良性流动。

2020 年度学校研究生招生工作已经落幕，通过总结经验、完善制度，招生工作思路更加清晰。学校将再接再厉，齐心协力，认真做好生源工程，为学校研究生质量把好第一关，为学校建设高水平都市型农林大学贡献力量！

北京农学院 2020 年研究生思想政治教育工作总结

研工部

2020 年，研工部在北京农学院党委的正确领导下，在各部门的大力支持和部门全体工作人员的共同努力下，落实党的十九大和十九届三中、四中、五中全会精神，牢固树立"四个意识"，坚定"四个自信"，切实做到"两个维护"，紧紧围绕学校的发展目标，认真做好疫情防控工作，进一步加强和改进研究生思想政治教育与管理服务工作，不断完善全员育人、全方位育人、全过程育人的工作体系，为培养研究生拔尖创新人才，不断提高研究生培养质量提供强有力的思想保证。现将 2020 年研究生思想政治教育工作总结如下，并提出新一年工作要点。

一、深入开展研究生思想理论教育和价值引领工作

（一）进一步深化价值引领，开展研究生思想状况调研

研工部一是完成了 2020—2021 学年秋季学期在校研究生思想动态调研，充分把握研究生的思想动态状况，自调查实施以来参与研究生人数共计 4700 余人。研究生虽受疫情影响，不能在春季学期返校，但通过思政教育工作疏导，秋季开学后的整体思想状况平稳，研究生的世界观、人生观、价值观务实进取、积极向上。二是参加全国思政工作会议，在交流的过程中，探讨了研究生思想政治教育等方面的工作和特色活动，推动了研究生日常管理等方面工作的有序开展。

（二）组织开展学习宣传各类思想政治教育活动

加强主题教育活动，提高研究生综合素质。受新冠疫情影响，2020 年春季

学期，组织研究生积极参与学校"使命在肩 奋斗有我"系列主题作品征集活动，组织研究生参与观看"北农导师云课堂"9次，涉及培养教育、学科规划、学科发展、"三农"工作等内容。组织校研究生会开展"每周推荐"活动，疏解北京农学院研究生居家学习期间的心理压力，历时17周，共推荐国内外优秀影视作品17部，其中国产优秀影片5部、国产优秀纪录片7部、国外优秀影片5部。

围绕纪念"五四运动"101周年、建党99周年等重大节日，针对研究生进行安全教育及敏感时期思想教育。通过视频录播的方式对2020级研究生开展新生入学教育，具体内容包括入学引导与学籍教育、民族宗教政策、安全教育、健康教育、图书资源与利用、化学品安全管理培训、创新创业教育等方面。疫情防控期间，开展"疫情无情人有情'研'爱助力毕业季"活动，组织2020届毕业生安全有序返校离校460余人次，圆满完成2020年研究生"云毕业典礼"。

（三）建设"尚农大讲堂"教育平台，提高研究生综合素质

秋季学期开展"尚农大讲堂"线上讲座8期，先后邀请国家知识产权局、首都师范大学、北京心理危机研究与干预中心、北京市地方志办公室、中华书局、中国农业大学等知名人士7人。截至目前，北京农学院"尚农大讲堂"邀请校外专家共计69人，涉及26所高校及科研院所，主讲内容涉及心理健康、科研学习、传统文化、职业发展、金融知识、国家形势与政策、学术道德等专题领域，受到研究生的好评。组织研究生集中收看了2020年全国科学道德和学风建设专题报告会直播，进一步强化了研究生学术规范意识。

（四）完善组织建设，扎实开展各项日常工作

完善了研究生会校院二级组织，加强研究生团建工作，成立研究生团工委。完善了研究生会校院二级组织，所有学院均成立了研究生党支部。组织研究生认真学习贯彻习近平总书记系列重要讲话，围绕"不忘初心、牢记使命"主题，以自学、集体学习等形式定期组织学习研讨。疫情期间，开展"战'疫'有我——北农研究生党支部在行动"活动，通过多种方式开展"云战疫"，鼓励研究生党员在疫情防控工作中贡献青春力量，展现青春风采。

二、鼓励先进，落实研究生奖助制度，提升研究生创新实践能力

（一）结合北京农学院实际继续开展研究生"三助一辅"工作

开展研究生"三助一辅"工作，完成考核工作。通过"三助一辅"工作有效调动研究生参与学校教育、管理、科研工作的积极性，培养研究生的创新能

力、实践能力和责任意识,2020年度共有195名研究生从事"三助一辅"工作,提高了实践能力。

(二)关注困难研究生,开展特困资助

结合学校实际,继续依照《北京农学院研究生困难补助管理办法》,对有特殊困难的研究生给予困难补助,疫情期间,为寒假一直留校的9名研究生发放了慰问补助,共计3200元;对7名滞留湖北地区全日制研究生每人发放1000元,合计7000元;对29名湖北以外地区全日制研究生每人发放400元,合计11600元。共计发放补助21800元,支持他们顺利完成学业。

(三)奖助学金评定工作

2020年,研究生工作部继续根据学校相关规定及实际需求,深入开展资助育人工作,落实研究生奖助学金、评奖评优等各项规定,公平、公正、公开地完成了与研究生切身利益相关的奖学金评审、表彰等工作,树立了榜样群体。本年度完成了1164名研究生学业奖学金评定工作,覆盖率达100%;评选出国家奖学金23人、学术创新奖26人、优秀研究生干部21人、优秀研究生45人、百伯瑞科研奖学金25人。研工部对国家奖学金、百伯瑞科研奖学金获得者进行了风采展示专题宣传活动,并举办了"百伯瑞科研奖学金"颁奖仪式,邀请学校、企业领导出席,并邀请长江学者做了专题报告,进一步激发了研究生努力学习、超越自我的动力。

2020年,按照《科研奖励办法》共进行了四个季度研究生科研奖励,本年度在校研究生共发表论文111篇,其中SCI发表14篇,核心期刊发表51篇,一般期刊46篇;专利、软件著作权14项,学术科技竞赛获奖作品7项。

(四)鼓励研究生开展党建和社会实践项目研究

疫情期间,开展"战'疫'有我——北农研究生党支部在行动"活动,通过多种方式开展"云战疫",鼓励研究生党员在疫情防控工作中贡献青春力量,展现青春风采。动员研究生积极参与党建和社会实践项目活动,2020年研究生教改项目第五类党建项目共立项6项,第六类社会实践项目共立项10项,各项活动有序开展。

三、实施多措并举,服务研究生就业指导

针对毕业生特点,开展一对一就业指导服务。开展2020级全日制研究生新生的职业能力测试工作,为学生就业提前做好准备。完成了2020届研究生毕业

生相关手续工作。受疫情影响，2020年就业形势严峻复杂。研工部坚持就业工作不断线，推进网上办公方式，积极宣传就业政策，传递就业信息，"一生一策"，精准帮扶就业。期间通过研究生处网站和"尚农研工"微信公众号发布就业信息、就业政策、双选会信息及就业技巧等内容，为毕业生提供毕业信息的服务，累计达700余条。经过部门和二级学院的共同努力，2020届472名研究生毕业生共有459人就业，就业率为97.25%，达到学校预期目标。

四、重视校园安全稳定和意识形态工作，积极建设平安校园

（一）开展研究生心理健康工作

结合学校当前研究生心理健康状况实际情况，开展2020级全日制研究生心理测试工作，针对新生可能出现的问题进行心理排查。针对招生工作组织了2020年招生心理健康状况筛查，共筛查877人；发挥各学院积极主动性，继续依托各学院优势举办了研究生心理沙龙，2020年各学院共计举办研究生心理沙龙4期。

（二）举办各类安全稳定相关主题讲座

充分利用讲座进行安全稳定教育，涉及金融安全防范、非法校园贷、非法集资、网络诈骗、电信诈骗、保护个人隐私等。2020年9月开展2020级研究生新生的校园安全防范教育讲座，给全体在校研究生发放了"全民反诈"信件材料，共计1400余份。加强少数民族学生思想动态工作，贯彻中央和北京市关于加强大学生思想政治教育的精神和部署，建立新疆籍少数民族研究生台账，及时掌握少数民族研究生的情况。

（三）做好网络思想政治教育工作

发挥"尚农研工""北农校研会"微信公众号功能，定期推送相关信息，对研究生开展思想引领、信息服务等。疫情期间，与园林学院联合开展"'北农研究生，聚力共抗疫'网络征文优秀作品展示"活动，自2020年2月18日活动开展以来，共收到8个二级学院54名研究生的56篇征文稿件，对研究生开展思想引领与信息服务。

五、2021年工作要点

一是深入贯彻落实习近平新时代中国特色社会主义思想和党的十九大、十九届三中、四中、五中会议精神，落实学校党委《北京农学院落实〈北京高校教

师思想政治工作规划（2018—2022 年）〉实施方案》重要举措，做好"十四五"研究生思政工作谋划，进一步完善研究生宣传教育工作。

二是深入开展"不忘初心、牢记使命"主题教育活动，贯彻落实学校"立德树人"根本任务，聚焦"三全育人"建设完善路径探索，努力构建全员全过程全方位育人格局。

三是创新研究生培养机制，以探索改革研究生党建、社会实践活动项目开展措施，增强研究生思想政治教育的吸引力和说服力，增强研究生家国情怀，提升研究生综合素质。

四是将思想政治教育工作融入人才培养各环节，推动价值塑造、知识教育与能力培养"三位一体"有机结合。厚植实践育人内容，以研究生社会实践为重点，推进"课程思政"与"实践思政"一体化建设。完善相关工作机制，提高研究生的思想理论水平，与研究生党建与社会实践活动项目相结合，丰富红色"1+1"活动内涵，提升研究生综合素质。

五是加强研究生团工委建设，加强对研究生会、研究生社团的指导和建设；充分发挥学生组织的桥梁、纽带作用，实现校级、院级、班级的三级联动。

六是继续开展"尚农大讲堂"，打造北京农学院研究生素质教育特色品牌，支持各相关学院开展具有专业特色的学术论坛、学术讲座、技能竞赛等，繁荣研究生学术文化。

七是加强研究生奖助育人成效。做好研究生奖助贷困难帮扶等工作，不断完善与研究生培养制度改革相适应的奖助体系。根据上级有关文件精神，修订2021年研究生学业奖学金评定办法，做好2021年研究生奖助学金的评定和发放工作，组织开展"三助一辅"招聘、培训及考核工作。

八是继续加强和改进研究生就业指导和服务工作。在疫情常态化下创新就业工作，加强和改进研究生就业指导与服务工作，切实做好2021届毕业生的就业推进和统计工作。

北京农学院 2020 年研究生就业工作质量报告

研工部

在学校党委的高度重视下,研工部、二级学院、研究生导师共同努力,面临 2020 年疫情形势对研究生就业的影响,北京农学院研工部克服了重重困难,完成了学校 2020 届研究生毕业生就业工作,达到了学校预期目标。

一、研究生就业基本情况

(一)毕业生基本情况

2020 届研究生毕业生共有 472 人,分布在 25 个学科或类别(领域),其中学术学位硕士 97 人,专业学位硕士 375 人;男生 152 人,女生 320 人;北京生源 199 人,京外生源 273 人;本届毕业生有全日制 414 人,非全日制 58 人(见表 1)。本届毕业生来自全国 25 个省(区、市),共有 10 个民族,其中汉族 428 人,占总数的 90.68%;满族 25 人;蒙古族 5 人;回族 4 人;维吾尔族 3 人;苗族、壮族各 2 人;侗族、鄂温克族、赫哲族各 1 人。

表 1　　　　2020 届毕业研究生基本情况一览　　　　单位:人

学院名称	学科/类别(领域)	人数	生源地		女生数
			北京生源	京外生源	
生物与资源环境学院	生物工程	30	19	11	21
	资源利用与植物保护	30	14	16	19
	小计	60	33	27	40

续表

学院名称	学科/类别（领域）	人数	生源地		女生数
			北京生源	京外生源	
植物科学技术学院	作物学	9	2	7	6
	园艺学	29	4	25	20
	农艺与种业	43	14	29	32
	园艺——非全	1	1	—	—
	小计	82	21	61	58
动物科学技术学院	兽医学	17	6	11	12
	畜牧	13	8	5	7
	兽医	36	20	16	25
	兽医——非全	5	3	2	3
	小计	71	37	34	47
经济管理学院	农业经济管理	8	—	8	5
	农业管理	50	33	17	34
	农村与区域发展——非全	20	6	14	13
	小计	78	39	39	52
园林学院	风景园林学	5	—	5	3
	林学	11	1	10	9
	林业	1	1	—	—
	风景园林	35	17	18	29
	风景园林——非全	14	4	10	9
	小计	66	23	43	50
食品科学与工程学院	食品科学与工程	18	3	15	15
	食品加工与安全	31	14	174	22
	食品加工与安全——非全	7	1	6	5
	小计	56	18	38	42
计算机与信息工程学院	农业工程与信息技术	17	6	11	10
	农业信息化——非全	5	2	3	2
	小计	22	8	14	12
文法与城乡发展学院	农村发展	31	17	14	17
	农业科技组织与服务——非全	6	3	3	2
	小计	37	20	17	19
	学术型硕士合计	97	16	81	70
	专业型硕士合计	375	183	192	250
	全日制毕业生合计	414	179	235	286
	非全日制毕业生合计	58	20	38	34
	总计	472	199	273	320

(二) 毕业生就业率和签约率

学校研究生毕业生以农、工、管学科为主,经过不懈努力,截至 2020 年 10 月 31 日,学校研究生毕业生已就业人数为 459 人,实际就业率为 97.25%,签约率为 60.17%(见表 2)。

表 2   2020 届毕业研究生就业情况

学院名称	学科/类别(领域)	就业人数(人)	签约率(%)	就业率(%)
生物与资源环境学院	生物工程	30	83.33	100.00
	资源利用与植物保护	30	83.33	100.00
	小计	60	83.33	100.00
植物科学技术学院	作物学	9	66.67	77.78
	园艺学	29	82.76	100.00
	农艺与种业	43	55.81	100.00
	园艺——非全	1	100.00	100.00
	小计	82	67.07	97.56
动物科学技术学院	兽医学	17	52.94	100.00
	畜牧	13	69.23	100.00
	兽医	36	63.89	100.00
	兽医——非全	5	80.00	100.00
	小计	71	63.38	100.00
经济管理学院	农业经济管理	8	25.00	75.00
	农业管理	50	50.00	88.00
	农村与区域发展——非全	20	5.00	100.00
	小计	78	35.90	89.74
园林学院	风景园林学	5	20.00	100.00
	林学	11	45.45	100.00
	林业	1	100.00	100.00
	风景园林	35	42.86	100.00
	风景园林——非全	14	85.71	100.00
	小计	66	51.52	100.00
食品科学与工程学院	食品科学与工程	18	66.67	94.44
	食品加工与安全	31	51.61	93.55
	食品加工与安全——非全	7	71.43	100.00
	小计	56	58.93	94.64

续表

学院名称	学科/类别（领域）	就业人数（人）	签约率（%）	就业率（%）
计算机与信息工程学院	农业工程与信息技术	17	76.47	100.00
	农业信息化——非全	5	100.00	100.00
	小计	22	81.82	100.00
文法与城乡发展学院	农村发展	31	48.39	100.00
	农业科技组织与服务——非全	6	100.00	100.00
	小计	37	56.76	100.00
	学术型硕士合计	97	60.82	94.85
	专业型硕士合计	375	60.00	97.87
	全日制毕业生合计	414	60.39	96.86
	非全日制毕业生合计	58	58.62	100.00
	总计	472	60.17	97.25

注：签约率=（签订协议+签订劳动合同+升学）/毕业生总数；

就业率=（签订协议+签订劳动合同+升学+工作证明+创业或自由职业）/毕业生总数。

（三）毕业生就业流向

1. 按就业单位性质划分

2020届毕业研究生就业情况如表3和图1所示，考取博士生、出国28人，占毕业生总数的5.93%；到高等教育和研究院所就业36人，占毕业生总数的7.63%；到机关事业单位就业126人，占毕业生总数的26.69%；到涉农企业单位就业120人，占毕业生总数的25.42%；到其他企业单位就业149人，占毕业生总数的31.57%。

表3　　2020届毕业研究生就业单位性质情况

单位性质	考取博士、出国留学	高等教育和研究院所	机关事业单位	涉农企业单位	其他企业单位	未就业	合计
人数（人）	28	36	126	120	149	13	472
比例（%）	5.93	7.63	26.69	25.42	31.57	2.75	100.00

2. 按就业形式划分

由表4和图2可见，按就业形式来看，28人继续深造，占毕业生总数的5.93%；85人签订了就业协议，占毕业生总数的18.01%；171人签订劳动合同，占毕业生总数的36.23%；124人出具用人单位证明，占毕业生总数的26.27%；49人选择自由职业，占毕业生总数的10.38%；2人选择自主创业，占毕业生总数的0.42%。

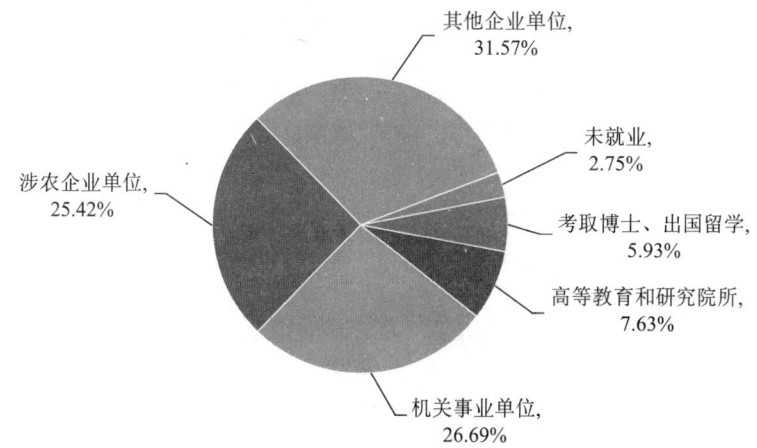

图 1 2020 届毕业研究生就业单位性质流向

表 4 2020 届毕业研究生就业形式情况

就业形式	升学	签三方	签合同	工作证明	自由职业	自主创业	未就业	合计
人数（人）	28	85	171	124	49	2	13	472
比例（%）	5.93	18.01	36.23	26.27	10.38	0.42	2.75	100.00

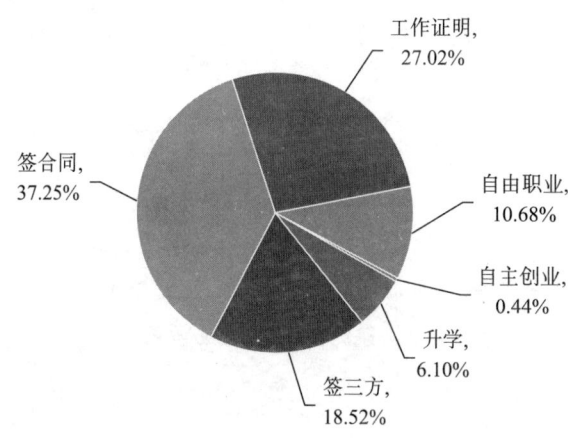

图 2 2020 届毕业研究生就业形式流向

3. 按专业匹配程度划分

由表 5 和图 3 可见，除去考取博士、出国留学的 14 人外，学校 2020 届毕业研究生有 311 人已经就业。按照所学专业与就业单位所属行业性质匹配度统计情况，今年学校毕业研究生专业与就业对口人数共计 261 人，专业与就业不对口人数共计 50 人，专业与就业匹配比例为 83.92%。

表5　　　　2020届毕业研究生各学院专业与就业匹配程度

学院	就业人数（人）	专业对口（人）	专业不对口（人）	匹配比例（%）
生物与资源环境学院	60	50	10	83.33
植物科学技术学院	80	52	28	65.00
动物科学技术学院	71	61	10	85.92
经济管理学院	70	62	8	88.57
园林学院	66	60	6	90.91
食品科学与工程学院	53	41	12	77.36
计算机与信息工程学院	22	20	2	90.91
文法与城乡发展学院	37	28	9	75.68
合计	459	374	85	81.48

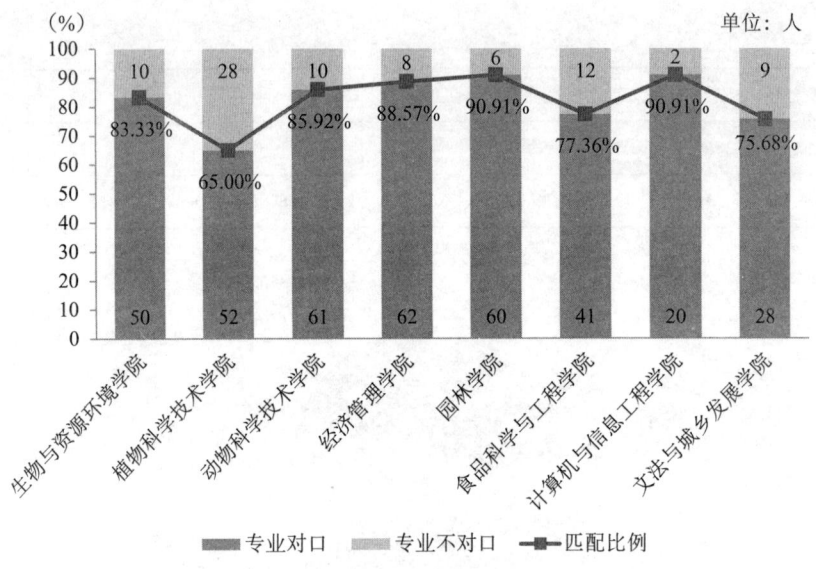

图3　2020届毕业研究生各学院专业与就业匹配程度

二、研究生近五年就业情况分析

（一）毕业生就业率、签约率分析

表6和图4数据显示，2016—2020年研究生毕业人数呈现逐年上升的趋势。学校研究生毕业生中女生、京外生源占比较大，留京就业人员较多、在京签约压力较大。从2013年开始，在就业形势日趋严峻，毕业生人数不断增加的情况下，

毕业研究生就业率与签约率依然保持较高水平，就业率一直保持在96%以上。2020年毕业生比往年数量相比增幅较大，同时受新冠肺炎疫情影响，用工单位复工时间推迟，招聘进度延缓，2020年毕业的签约率受到较大影响。

表6 2016—2020届毕业研究生就业率、签约率对比

项目	2016年	2017年	2018年	2019年	2020年
毕业生人数（人）	220	261	290	330	472
就业率（%）	99.55	100.00	98.62	98.48	97.25
签约率（%）	93.18	95.02	91.38	88.48	60.17

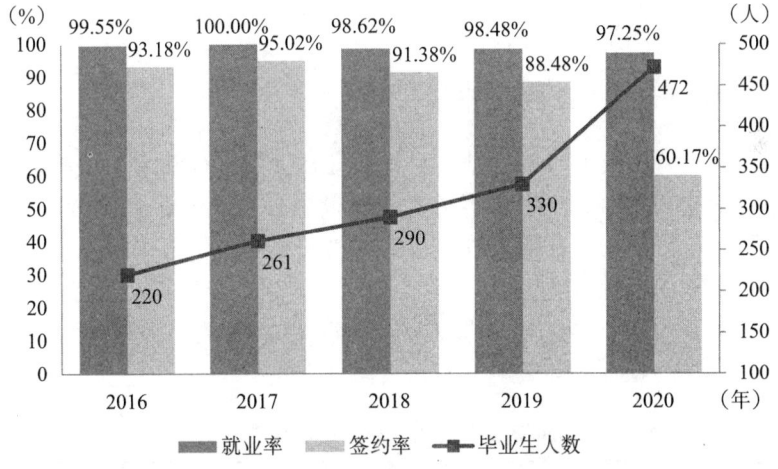

图4 2016—2020届毕业研究生就业率、签约率对比

（二）毕业生考博情况分析

由表7和图5可见，2020年有28名研究生考取了博士，其中学术学位硕士毕业生考博17人，专业学位硕士毕业生考博11人。与2019年相比，学术硕士考博比例有一定提高。

表7 2016—2020届毕业研究生考博情况对比

项目	2016年	2017年	2018年	2019年	2020年
学硕考博人数（人）	6	12	17	10	17
学硕总人数（人）	89	85	89	81	92
比例（%）	6.74	14.12	19.10	12.35	17.53

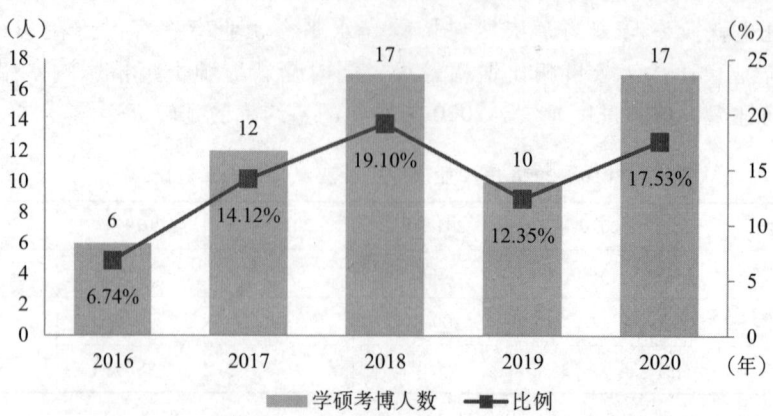

图 5 2016—2020 届毕业研究生考博情况对比

（三）毕业生就业单位性质分析

根据北京市有关就业政策，结合学校服务社会的定位和人才培养的目标，我们从四个方面来考察研究生毕业生的就业质量：一是继续深造（考博）的人数；二是到高校、科研院所工作的人数；三是到机关事业单位工作的人数；四是到涉农企业单位工作的人数。

为便于与往年就业单位流向进行对比，将 2020 年到机关事业单位工作的毕业生，按照往年的统计分类重新归类，具体见表 8。

表 8　　　　　　　　2020 届毕业研究生就业单位性质流向

单位性质	考取博士、出国留学	高等教育和研究院所	涉农企事业单位	其他企事业单位	合计
人数（人）	28	36	193	202	459
比例（%）	5.93	7.63	40.89	42.8	97.25

表 9 和图 6 显示，2020 年继续深造（考博）的人数比例比 2019 年有所上升；到高校、科研院所工作的人数比例比 2019 年有所下降；到涉农企事业单位工作的人数与 2019 年持平；到其他企事业单位工作的人数比 2019 年略有上升。部分毕业生选择了非农口的企事业单位工作，也是 2020 年新冠肺炎疫情对毕业生择业带来影响。

按照往年的就业单位流向性质统计，在前三个领域就业的毕业生比例为 54.45%，与 2019 年前三个领域就业的人数对比下降了 4.03%。毕业生到涉农企事业单位就业的比例略有下降。

表9　　　　　2016—2020届毕业研究生就业流向对比　　　　　单位:%

年份	考取博士、出国留学	高等教育和研究院所	涉农企事业单位	其他企事业单位
2016	4.55	2.73	75.00	17.27
2017	8.05	10.34	39.08	42.53
2018	7.24	8.97	39.31	43.10
2019	4.24	13.64	40.61	40.00
2020	5.93	7.63	40.89	42.80

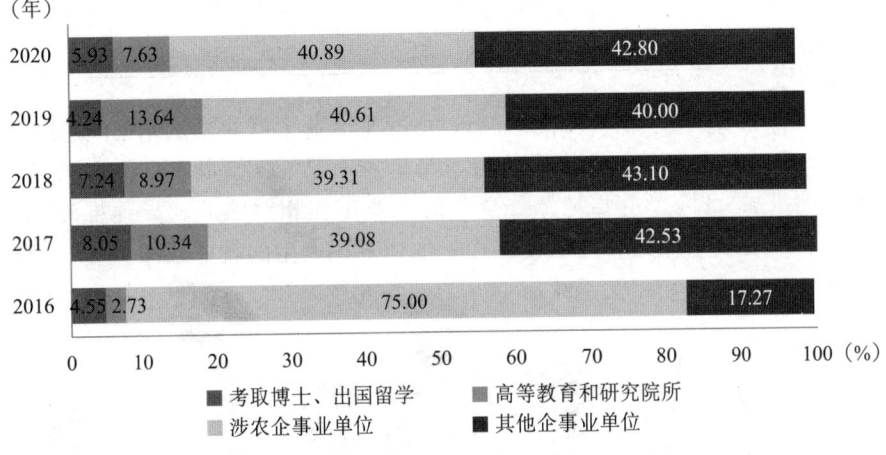

图6　2016—2020届毕业研究生就业流向对比

(四) 就业统计时点调整对比分析

随着教育部、北京市最新的就业创业政策相继出台,学校在推进研究生毕业生就业创业工作也会相应调整。根据就业统计时点调整,通过对2020届研究生毕业生8月31日前后的就业时间进行对比,研究生毕业生在8月31日前的整体就业率在52.33%;8月31日至10月31日完成就业的毕业生人数占总毕业生数的44.92%。具体见表10。

表10　　　　　2020届毕业研究生8月31日前后完成就业情况

学院	毕业生总数（人）	8月31日前		8月31日—10月31日		最终就业率（%）
		就业人数（人）	就业率（%）	就业人数（人）	就业率（%）	
生物与资源环境学院	60	23	38.33	37	61.67	100.00
植物科学技术学院	82	46	56.10	34	41.46	97.56
动物科学技术学院	71	30	42.25	41	57.75	100.00

续表

学院	毕业生总数（人）	8月31日前		8月31日—10月31日		最终就业率（%）
		就业人数（人）	就业率（%）	就业人数（人）	就业率（%）	
经济管理学院	78	39	50.00	31	39.74	89.74
园林学院	66	44	66.67	22	33.33	100.00
食品科学与工程学院	56	32	57.14	21	37.50	94.64
计算机与信息工程学院	22	13	59.09	9	40.91	100.00
文法与城乡发展学院	37	20	54.05	17	45.95	100.00
合计	472	247	52.33	212	44.92	97.25

图7显示，在2020年8月31日前，研究生毕业生就业率达到50%的学院有6个，有2个二级学院的就业率未达到50%，没有学院实现教育部提出的"就业率达到70%"的目标。主要是部分学院的就业工作相对滞后，导师推动就业的动力不足，需要及早做好就业启动工作，加强对毕业生的就业政策宣传，督促毕业年级研究生办理就业相关手续。

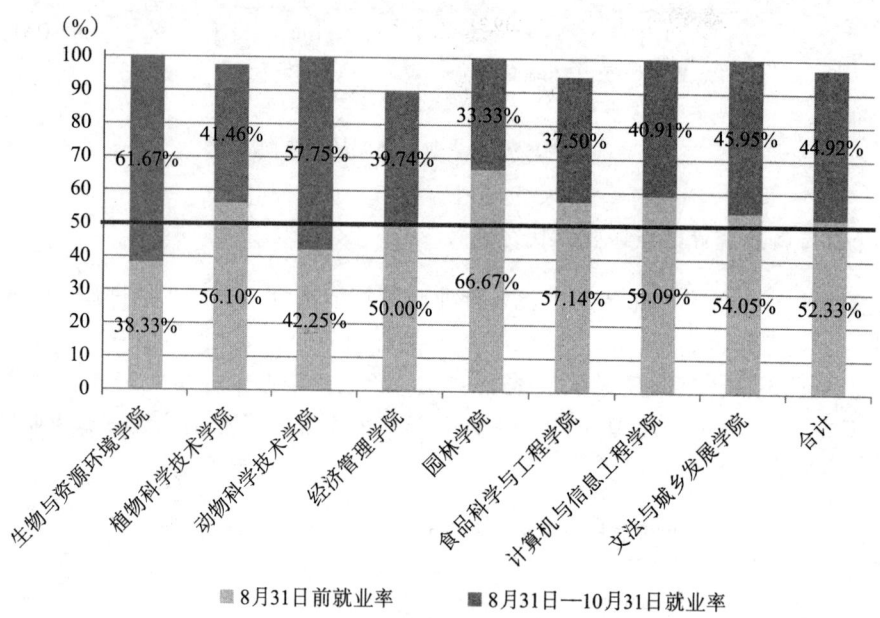

图7 2020届毕业研究生8月31日前后就业情况对比

（五）京外生源毕业生就业区域分析

北京农学院2020届毕业生中，京外生源毕业生273人，占毕业生总数的

57.84%，占比较大。受疫情的影响，2020年的就业环境异常复杂，就业尤其困难，在此种情况下，学校和学院集思广益，引导毕业生拓宽就业区域。与往年相比，京外毕业生在京就业仍然是首选，但有下降趋势；到生源地就业明显增加，说明毕业生的就业更加理性，且京外区域的就业选择更加广泛，应加大到京外就业的宣传力度。具体见表11和图8。

表11　　　　2018—2020届京外毕业研究生就业区域情况对比

年份	京外生源就业数（人）	在京就业比例（%）	生源地就业比例（%）	其他地区就业比例（%）
2018	177	76.84	12.99	10.17
2019	193	65.28	22.80	11.92
2020	268	60.82	29.48	8.58

图8显示，2018—2020年应届京外生源毕业生，择业首选依然是在北京，但随着非首都功能疏解，相关行业向周边城市转移，对毕业生择业也带来一定影响。回生源地就业的毕业生明显增加，说明毕业生对就业期望更加务实，通过在生源地就业更能发挥自身优势。

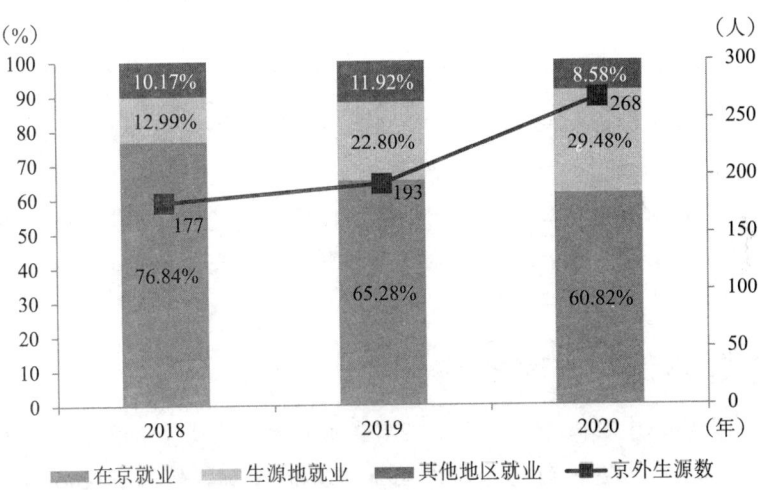

图8　2020届京外生源毕业研究生就业区域流向情况对比

三、主要经验做法

2020年受新冠肺炎疫情影响，就业形势严峻，毕业生就业困难重重，研工部与各二级学院加紧谋划，多措并举，制定了"一生一策"精准帮扶政策，加大对京外地区就业信息的推送力度，拓展线上办理渠道，广泛挖掘校友资源以及学院教师全员上阵，全力助推毕业生就业。

（一）领导高度重视，加强就业引导

校领导和部门领导对研究生就业工作高度重视，积极应对疫情影响，及早谋划，多次到基层调研。北京农学院 2020 届毕业生中女生占比较大，京外生源居多，研工部联合各二级学院进行情况摸排，加强精准指导和个性化服务，开展一对一的就业指导、政策咨询服务。

（二）积极宣传就业政策，传递就业信息

积极宣传就业政策，邀请校友、企业人力资源部门等进行经验介绍、就业政策及形势解读、就业技能与技巧相关教育与培训。加大对地方就业信息的推送，受疫情影响，加大对京外地区就业信息的推送力度，避免毕业生只局限关注北上广等一线城市的就业信息，扩大就业需求选择面。

研工部联合各学院，积极利用各种渠道收集就业招聘信息；建立了就业工作微信群、毕业研究生微信群，及时推送招聘活动信息，将京内、外的就业信息进行推送，推送就业招聘信息 900 余条，组织毕业生关注、参与网络双选会活动 40 余场，引导督促毕业生积极主动就业。

（三）坚持就业工作不断线，推进网上办公方式

疫情期间，研工部协同各二级学院辅导员定期与学生沟通就业需求，坚持工作不断线，加大网络办公力度。与教委学生处、高校就业指导中心保持畅通联系，拓展线上办理渠道，同时还推出印信扫描件、免费代发材料快递服务，为有三方协议需求、选调生推荐表、成绩单盖章需求的研究生免费邮寄材料，助推毕业、就业进程，消除毕业生的焦虑。

（四）"一生一策"，精准帮扶就业

受疫情影响，中小微企业的用人需求受到阻碍，不少毕业生在求职路上遇到了新挑战。为了最大限度降低疫情对就业工作的影响，研工部与各学院加紧谋划，多措并举，制定了"一生一策"精准帮扶政策，针对毕业班学生进行就业意向摸底，实施合理的分类指导，定时反馈未就业毕业生情况，对重点人群逐个分析未就业原因，利用学院资源及时帮扶，点对点解决。同时搭建线上招聘平台，广泛挖掘校友资源以及学院教师全员上阵，全力助推毕业生就业。

四、研究生就业工作存在的问题

通过分析 2020 年研究生就业情况，目前在研究生的就业工作中存在以下三

个方面的问题，需要着力解决。

一是非京生源人数占比较大，毕业生留京工作期望依然较高，需通过导师、辅导员等进行就业引导转变，拓宽就业范围，加大力度引导毕业生到生源地等地方就业，去基层、中小微等企业就业。

二是受新冠肺炎疫情及国际形势影响，就业岗位减少，就业竞争更加激烈，求职难度增加，对研究生就业工作产生不利影响。同时，毕业生更看重公务员、事业单位岗位稳定性，报考人数较多，但该类单位就业相关手续流程延缓，一定程度上影响了毕业生就业进度。

三是研究生到基层工作的积极性不高，研究生考取选调生、乡村助理、"三支一扶"等专项基层人数偏低，需继续加强对相关政策的宣传。

五、加强研究生就业工作的措施

党的十九大报告和十九届五中全会中，突出强调了就业创业的内容，要"提供全方位公共就业服务，促进高校毕业生等青年群体、农民工多渠道就业创业"，同时"实行更加积极、更加开放、更加有效的人才政策"，作为首都高等院校，要认真学习中央、北京市有关就业政策文件，落实好、解决好毕业研究生的就业工作。重点从以下几个方面开展工作：

一是树立全程就业服务理念，构建就业指导长效机制，继续加强就业指导，拓展就业渠道，加强信息推送，"一生一策"，精准帮扶就业。

二是推进全员服务体系，加大政策宣传，增强毕业生的就业技能，提高毕业研究生专业与就业岗位匹配程度。

三是进一步加强对毕业研究生就业观念正确引导。组织专场就业指导会，让毕业研究生认识到目前就业形势的严峻及社会对农业人才的需求，积极动员、组织毕业研究生深入基层工作。鼓励京外毕业生去生源地等地方就业，加强自主创业的引导。

四是研工部与二级学院畅通联系，进一步调动导师、校友对研究生就业工作的广泛参与和指导，利用校友资源拓展就业资源，拓宽专业相关领域内就业的渠道。